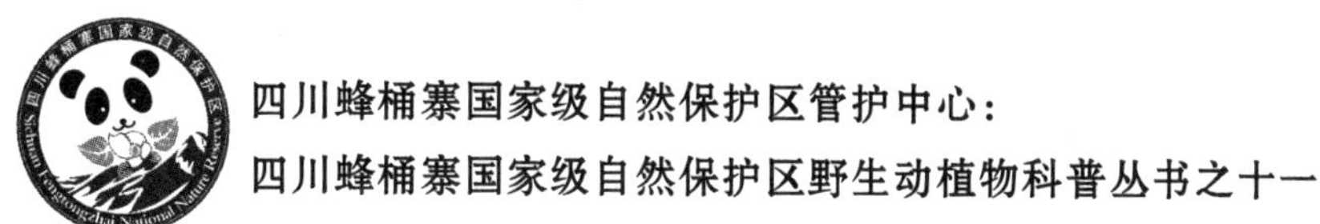

四川蜂桶寨国家级自然保护区管护中心：
四川蜂桶寨国家级自然保护区野生动植物科普丛书之十一

中国西部科学院雅安考察记

杨铧　杨杰新 ◎ 编著

西南交通大学出版社
·成　都·

图书在版编目（CIP）数据

中国西部科学院雅安考察记 / 杨铧，杨杰新编著
. -- 成都：西南交通大学出版社，2024.4
ISBN 978-7-5643-9788-3

Ⅰ. ①中… Ⅱ. ①杨… ②杨… Ⅲ. ①科学考察－史料－雅安 Ⅳ. ①N82

中国国家版本馆 CIP 数据核字（2024）第 074624 号

Zhongguo Xibu Kexueyuan Ya'an Kaochaji
中国西部科学院雅安考察记

杨 铧 杨杰新 编著

责任编辑	吴 迪
封面设计	曹天擎
出版发行	西南交通大学出版社 （四川省成都市金牛区二环路北一段 111 号 西南交通大学创新大厦 21 楼）
营销部电话	028-87600564 028-87600533
邮政编码	610031
网 址	http://www.xnjdcbs.com
印 刷	成都蜀通印务有限责任公司
成品尺寸	170 mm × 230 mm
印 张	18.5
字 数	280 千
版 次	2024 年 4 月第 1 版
印 次	2024 年 4 月第 1 次
书 号	ISBN 978-7-5643-9788-3
定 价	78.00 元

图书如有印装质量问题 本社负责退换

编 委 会

前言

PREFACE

目前，四川省雅安市正积极融入成渝地区双城经济圈，而鲜为人知的是九十多年前，诞生在重庆的中国西部科学院就开始探索开发属于边地的西康及雅安的资源，并谋划采伐雅安森林作枕木以修建成渝铁路，推动成渝地区一体化进程。成渝铁路是中华人民共和国成立后建成的第一条铁路，也是四川的第一条铁路，而今铁路从成都延伸到了雅安，还将延伸到西藏，建设川藏铁路第一城成为雅安的发展目标。

“中国西部科学院，于 1930 年 9 月在重庆北碚成立，是我国著名实业家卢作孚于军阀混战中成立的当时重庆乃至整个西部地区唯一冠以‘中国’二字的学术研究机关。该院以‘科学救国’为目的，研究实用科学、辅助西部地区经济、文化事业的发展，于科学考察、地质勘察、地下资源调查、地上标本采撷等方面做出了自己独特的贡献。抗战时期，以中央研究院为主体的一大批科学研究机构迁至北碚，依托中国西部科学院办公使北碚成为中国科学史上的重地。”国家重点档案保护与开发丛书《民国时期中国西部科学院档案开发》（唐润明主编）这样评价中国西部科学院。

“中国西部科学院是我国西部地区最早建立的民办科学研究机构，抗战时期为中国的民族科学的发展、经济建设和科普教育做出了巨大贡献；是中国科学家在艰苦条件下开展科研、以科学为武器坚持抗战的历史见证。中国西部科学院的建立，在民国时期的西部内地影响极大，在中国近代民族科学、科技文化发展史上起过重要作用。卢作孚在中国西南腹地北碚创办的中国西部科学院，以‘从事于科学之探讨，以开发宝藏，富裕民生’为目的，其下设理化、地质、生物、农林 4 个研究所以及博物馆、图书馆和兼善学校。中国西部科学院注重应用科学的研究，立足四川及西南地区，调查矿产及地质状况，探明矿藏储量，考察川西独特的风土民情及民族习俗，采集川西南、西北地区动植物标本，培育、改良、引进果木蔬畜。中国西部科学院在生物、地质、农林等方面，做出了显著的成绩，很快发展成为中国西南颇具规模的科学研究机构，促进了以川康两省为主的西南地区的工农业发展、科学研究的长足进步。在自然资源勘查方面取得的较大成绩，对西部地区的科技事业和社会经济的发展做出了重要贡献，在这方面所积累的基础性资料，满足抗战时期军需的要求，促进了抗战时期大后方战备工业的顺利发展，为抗战胜利起到积极作用。"《中国西部科学院研究》(侯江著)这样介绍中国西部科学院。

卢作孚(1893 年 4 月 14 日—1952 年 2 月 8 日)，原名卢魁先，别名卢思，重庆市合川人，近代著名爱国实业家、教育家、社会改革家；民生公司创始人、中国航运业先驱，被誉为"中国船王"。他早年参加辛亥革命，为同盟会会员。历任泸州永宁道尹公署教育科长、成都通俗教育馆长、嘉陵江三峡江(北)、巴(县)、璧(山)、合(川)特组峡防团务局长、川江航务管理处长、四川省建设厅长、全国粮食管理局长、中央交通部常务次长等职。1949 年后任全国政协委员和西南军政委员会委员。

卢作孚一生从事航运事业，于 1925 年创办民生实业公司，他艰苦创业，在短短的 24 年中，将民生实业公司由一条小小的民生轮，发展到 140 多艘客货轮船，并统一了西南内河航运，为维护川江航运权和发展我国江海航运事业、抵制帝国主义列强掠夺我国内河航运权作出了重大贡献，是我国著名的爱国实业家。

在抗日战争初期的危急关头，卢作孚指挥了被誉为"中国实业史上的敦刻尔克"的宜昌大撤退，率领民生公司船队，将大量后撤重庆的人员和迁川工厂物资抢运到了四川，保住了民族工业的血脉，为抗日战争作出了卓越贡献。毛泽东评价他是"中国近代史上万万不可忘记的人"。冯玉祥夸他是"最爱国的，也是最有作为的人"。著名植物学家胡先骕称"川省执政者有若卢君者五人而四川治，中央执政者有若卢君十人而中国治"。1945 年，国民政府为表彰卢作孚在抗战期间的卓越贡献，向他颁发了胜利勋章。

卢作孚 1927 年至 1936 年在北碚担任峡防局长期间，开发北碚、建设北碚，在辖区开展乡村建设试验，独树一帜，将北碚建成了举世瞩目的模范区。北碚人民对他的功绩念念不忘，尊称他为“北碚之父”。而他创办中国西部科学院，不仅泽惠北碚，也给西南地区带来了科学的曙光。

九十多年前，在卢作孚的组织下，多批少年义勇队学员、中国西部科学院科研人员，抱着科学救国的理想，怀着开发西部的使命，面对交通不畅、政局动荡、匪患严重等风险考验，从重庆北碚出发，深入到雅安境内，跋山涉水、风餐露宿，采集矿物、生物标本，开展生物资源、森林资源、矿产资源考察和科学研究。1931 年，中国西部科学院将雅安市宝兴县的小熊猫带到北碚饲养展出，开启我国人工饲养展出小熊猫的先河。中国西部科学院是国内最早饲养展出活体大熊猫、最早展出大熊猫标本的机构之一，其大熊猫均源自雅安。中国西部科学院先后在雅安采集上万份植物标本，发现新种 48 个。2019 年，四川蜂桶寨国家级自然保护区联合中国科学院成都生物研究所、四川省林业科学研究院生态研究所，对保护区区域内维管地模植物进行了调查，中国西部科学院是在宝兴县发现植物新种最多的国内机构，其中生物研究所植物部首任主任俞德浚发现 8 种、继任主任曲桂龄发现 18 种、采集员杜大华发现 6 种。曲仲湘是中国环境科学的开拓者、著名的生态学者，是在宝兴发现植物新种最多的国内学者，发现植物新种的数量次于法国人戴维（98 种）、英国人威尔逊（28 种）。俞德浚后成为我国著名的园艺学家、植物分类学家、植物园专家，是最早深入雅安进行科学考察的中国科学院学部委员（院士）。中国西部科学院见证了雅安生态资源、森林资源、矿产资源的丰富，其考察和研究成果为开发雅安资源提供了重要支撑，今天仍然有积极的借鉴意义和参考价值。

20 世纪 30 年代中期，日本军队占领东北，觊觎华北。国民政府为备战，拟经营开发西南，筹建成渝铁路。建设铁路需要大量枕木，枕木哪里来？当政者把目光投向了四川西部的雅安。1936 年，时任四川省建设厅厅长的卢作孚将找枕木的使命交给中国西部科学院生物研究所植物部主任曲仲湘。曲仲湘率领研究人员走进雅安，系统考察研究雅安的森林资源，形成《青衣江流域天全宝兴森林调查报告》《大渡河上游森林调查报告》等成果。曲仲湘其后在《经营四川森林之我见》中写道："川康公路盘旋于二郎山森林之中，将来通车后，应辟为国家森林公园，使国人皆有享受森林之美的机会。"

正如曲仲湘所想，在他用双脚丈量过的地方，森林覆盖率而今高出他当年考察时许多，达 69.42%，为全省最高，其间还有一个国字号的、比二郎山国家森林公园大十多倍的公园正在建设之中，这就是大熊猫国家公园雅安片区。全市 5 936 平方公里、占全市 39.45%的行政区划划入大熊猫国家公园，占全国大熊猫国家公园总面积 27%，占全省大熊猫国家公园面积 31%，雅安因此成为大熊猫国家公园面积最大、涉及最多县（市、区）的市（州）。

1869 年，法国传教士、博物学家戴维来到四川西部的雅安市宝兴县（旧称穆坪），在今蜂桶寨自然保护区区域内采集到大熊猫、金丝猴、珙桐、戴维两栖甲的模式标本。戴维见这里汉藏杂居、山高路远，以为已经到了西藏，故将采集地点标注为"西藏穆坪"，甚至采集自宝兴县的一种蝴蝶命名为 *Euthalia thibetana*、一种猴科动物命名为 *Macaca thibetana*，西藏的英文为"Tibet"，拉丁文种加词"*thibetana*"由"Tibet"演变而来，因而两种动物的中文分别被翻译为"西藏翠蛱蝶"和"藏酋猴"。戴维 1872 年回国后，潜心与其他学者合作整理研究他采集带回的标本。1888 年，《戴维植物志》（*Plantae Davidianae*）出版，此书第二卷的副标题是"藏东植物"，记载宝兴植物 402 种。此书附有 1 页珙桐的手绘彩色解剖插图、16 页单色印刷的手绘植物解剖插图，累计有 21 种植物，他们都是戴维当年在宝兴采集到的植物，还有不少模式标本的产地就是宝兴县，如宝兴杜鹃、腺果杜鹃、宝兴报春等。书唯一张彩图是珙桐花的纵剖图，素描和彩色渲染让花枝显得栩栩如生，在夸张的苞片上，人们甚至可以看到细致清晰的脉络。此书中的珙桐彩色插图打动读者，也引起园林商人的兴趣。"养在深闺人未识"的珙桐摇身一变，成为西方园艺界的新宠，大家争相想去遥远的中国引种栽培这种被称为植物界"熊猫"的美丽植物。为此，西方不少植物采集者都将引种珙桐树作为来华的目标之一。

雅安地理位置很特殊，有"川西咽喉""西藏门户""民族走廊"之称，为联结康藏地区的政治中心、经济重镇、文化走廊，在安康稳藏中具有重要战略地位。刘文辉主政雅安时，视雅安为"边地"，有化"边地"为"腹地"

的构想。20 世纪二三十年代，中国西南边疆地区由于交通闭塞、民族成分复杂、中央统治力量薄弱，民国初年外人很少进入该地，特别是康藏地区，除外国人进入探险、考察外，国人则少有问津。中国西部科学院组织多批人员进入经济文化落后、政局动荡、社会不稳定、交通闭塞的包括雅安在内的西康地区进行科学考察，他们科学报国救国、推动民族共同繁荣的使命担当，开发西部、泽惠众生的为民情怀，不畏艰难、勇于探索的精神品格，至今让人景仰，这也是今天进行科学精神、爱国主义教育的重要素材，我们可以从中汲取前进发展的精神力量和榜样力量。他们除从学术、推动资源开发等角度留下资料外，还在众多的考察报告、记述中留下了 20 世纪二三十年代关于雅安人文地理、社会民情、经济文化的一手资料，这些都是研究雅安历史文化的重要资料，从中可窥见雅安开放、发展的历史变迁。然而，雅安市目前的地方志、编辑出版的史料，多没有提及或很少涉及中国西部科学院在雅安的科学考察。

习近平总书记在文化传承发展座谈会上强调，在新的起点上继续推动文化繁荣、建设文化强国、建设中华民族现代文明，是我们在新时代新的文化使命。传承发扬中华优秀传统文化，建设中华民族现代文明，既需要代代守护、薪火相传，又要守正创新、与时俱进，推动中华优秀传统文化创造性转化、创新性发展。在深入推进西部大开发的背景下，在雅安积极融入成渝地区双城经济圈的新形势下，在繁荣发展地方文化的新要求下，收集、整理中国西部科学院在雅安开展资源考察和科学研究的史料，编撰《中国西部科学院雅安考察记》适逢其时。

编 者

2023 年 12 月

目录

CONTENTS

第一章

洞开的生物多样性之门

雅安市处在四川盆地与青藏高原结合地带，是华西雨屏地理带的中心区域，雨量充沛，素有“雨城”“一座最滋润城市”之称。雅安处于世界十大生物多样性中心之一的横断山区，境内群山高矗，沟壑纵横，地形地势由东南向西北逐渐升高，海拔由最低的 515.97 米升至 5 793 米，气候和植被随着海拔升高而变化，从山脚到山顶气候和植被均不相同，生长着不同的植物、动物，再加上特殊的地理因素，受第四纪冰川影响较小，从而保留了世界其他地区早已灭绝的古老的孑遗动植物，如大熊猫（*Ailuropoda melanoleuca*）、珙桐（*Davidia involucrata*）等。

雅安动植物种类繁多，被学术界称为“天然的生物基因库”和“动植物博物馆”。根据雅安市林业局最新提供的数据，全市境内有脊椎动物 800 余种、高等植物 5 200 余种，其中国家一级保护动物 35 种、二级保护动物 135 种，国家一级保护植物 5 种、二级保护植物 133 种，是名副其实的动植物王国和基因宝库，受到习总书记的盛赞和认可。

最早打开雅安动植物王国大门的人是法国博物学家戴维（A. David，中文名为谭卫道）。1869 年，他在雅安市宝兴县发现大熊猫、川金丝猴（*Rhinopithecus roxellana*）和珙桐等珍稀物种，并将标本带回欧洲展出，在西方立即引起了轰动。此后，无数中外科研机构和学术团体，将关注的目光投向雅安，组织探险家、生物学家循着戴维的足迹踏访雅安，采集动植物标本，研究调查雅安的动植物资源。其中，20 世纪 30 年代诞生于重庆北碚的中国西部科学院就是其中之一。

雅安不仅是世界上第一只大熊猫的科学发现地、命名地和模式标本产地，而且还是金丝猴、珙桐、宝兴报春花（*Primula moupinensis*）、宝兴杜鹃（*Rhododendron moupinense*）等众多明星动植物的模式标本产地。据不完全统计，中外科学家累计在雅安发现动植物新种（亚种）700 余种，以雅安及各区县地名命名的物种有 150 余个，其中，中国西部科学院的科研人员在雅安采集到 48 个植物新种的模式标本。

一、雅安的自然地理

1. 垂直分布的自然带

雅安市位于四川盆地向青藏高原的过渡地带，属盆地西缘山地，地理位置东经 101°56′26″ ~ 103°23′28″，北纬 28°51′10″ ~ 30°56′40″，东北边与成都市相邻；东靠眉山市；东南边接乐山市；南接凉山彝族自治州；西接甘孜藏族自治州；北壤阿坝藏族羌族自治州。全市轮廓呈长条形，南北最大纵距约 220 千米，东西最大横距约 70 千米，面积 15 046 平方千米。

雅安市境山脉纵横，地表崎岖，地貌类型复杂多样，山地多，丘陵平坝少。丘陵平坝多分布于河谷两侧，仅占市域面积的 6%，低山（500 ~ 1 000 米）在中部雨城区和名山区一带，占市域面积的 4%。以中山（1 500 ~ 3 500 米）分布最广，约占总用地的 60%以上。高山（3 500 ~ 5 000 米）占全市总面积的 6%，多分布于宝兴县、天全县西北部和石棉县西南部及芦山县北端，相对高差 1 000 ~ 2 000 米。境内主要山地均属邛崃山脉和大雪山脉，东南缘主要为南北向的小相岭北段。大相岭既是大渡河、青衣江的主要分水岭，为市域自然地理的重要分界线。

雅安市域属四川盆地西缘山地，跨四川盆地和青藏高原两大地形区，为盆地到青藏高原的过渡地带，地势北、西、南三面较高，中、东部低，最高点为西南缘石棉、康定、九龙三县交界的神仙梁子，土峰海拔 5 793 米，最低点在草坝青衣江出境处，海拔 515.97 米。雅安地区地势高低悬殊，最高点与最低点之差达 5 277.03 米。最低点是亚热带，最高点是终年积雪的寒带永冻带，中间由低到高依次是暖温带、中温带、寒温带、亚寒带共六个气候带。由于大相岭横亘形成雅安地区的南北气候差异，南北自然带谱在海拔上又有差别。北部降水量多，极高山上的积雪多，形成海洋性冰川，海拔 4 900 米为雪线；南部降水量少，极高山上积雪少，形成大陆性冰川，海拔 5 200 米为雪线。南部平均温度高于北部，亚热带上界为海拔 1 600 米，高于北部 550 米。[1]

[1] 曹宏. 雅安地区自然地理志. 雅安地方志办公室内部资料，2000：230.

雅安市河流属长江流域岷江水系。市内地形切割强烈，山脉纵横。境内除名山区朱场河、临溪河、两合水，分别从北边、东北边、东边流出境，汇入岷江外，以大相岭为天然分水岭，形成北部的青衣江水系和南部的大渡河水系。由于降水丰沛，因而水系发育，水网密集。全市流域面积达 30 平方千米以上河流有 131 条。其中超过 1 000 平方千米的河流有 11 条。河网密度每平方千米 0.24 千米，是全国河网密集度（每平方千米 0.045 千米）的 5.3 倍。其中两大水系较大的支流有：青衣江水系的周公河、荥河、经河、宝兴河、天全河、芦山河；大渡河水系的田湾河、安顺河、南垭河、流沙河等。青衣江下游段河谷开阔、阶地宽平，多冲积平坝，有利农业生产。

雅安土壤类型属亚热带气候红、黄壤带，垂直分布明显，随着海拔升高，土壤分布大体可分为以下 5 种类型：青衣江、大渡河流域两岸的河谷平坝，主要是冲积土、土质肥沃；丘陵低山区主要是冲积土及红壤带；中山区主要是黄壤、黄中壤及中壤分布带；海拔 3 000 米以上的高山区主要分布灰化土和高山草甸土；3 500 ~ 4 000 米为高山草甸土带；4 500 米以上为高山寒漠土带。除此之外，芦山、天全、宝兴也有石灰岩风化的石灰土、土壤 pH 酸碱度为 4.7 ~ 8。

雅安市气候类型为亚热带季风性湿润气候，大部在低纬度地带。在降水上，虽位于内陆，但由于地处四川盆地西隅，当北东走向和南北走向山岭结为喇叭口的向风面，背靠青藏高原冷高压，面向东南季风暖湿气流，因此，夏季多地形雨和锋面雨。冬半年，又属昆明准静止锋北界。当沿横断山北上的干暖西风在大相岭、二郎山受阻减弱时，与南下冬季风相遇于荥经、雨城、天全间，形成准静止锋徘徊于天全、雨城、荥经之间，因而多秋绵雨。由于寒暖气流交汇的时间多，造成云量多，加上山区谷地水汽不易散发，因而相对湿度大，日照少。湿度大，增大了空气的热容量，调节了气温，因而日温差不大。降水多，云量多，日照少，气温年较差也较小。与国内基本上同纬度的亚热带季风区城市相比较，是距海最远、温差最小、降水量最多的城市。

庄平、高贤明认为，雅安是“华西雨屏带”的中心，而“华西雨屏带”以自然风景优美、天然植被类型丰富、动植物资源种类多样而享誉中外，是一个大尺度、复合性的生态过渡带，是我国西部地区以阴湿为主要特征的、罕见的气候地理单元，应被视为我国生物多样性保护不可替代的关键地区之一。“华西雨屏带”为四川盆地西部边缘独特的自然地理区域，其地理位置大致为：北端位于平武县（33°N，104°E），南端位于雷波县（28°30′N，103°40′E），中心部位位于雅安地区（29°30′N，102°30′E），由岷山山脉、邛崃山脉、大相岭至黄茅埂以东的狭长地带构成，是青藏高原东部第一级地形阶梯向第二级阶梯过渡变化最剧烈的区域，这一特点对本区的环境和生物多样性具有强烈的控制作用。华西雨屏带的动植物区系丰富、复杂并具有明显的过渡性，其成因与地理位置、特殊的环境条件及地史变迁有密切的联系。独特的生境为大熊猫提供了最佳的栖息环境，我国 60% ~ 70%的大熊猫分布在本区。同时，脊椎动物中的兽、鸟、鱼类的西部高原分布类群和东部（或平原、农田）分布类群在此形成复杂的交汇分布格局。[1]

按照《中国动物地理》区划，雅安处于古北界和东洋界交会过渡地带，大部分区域属于东洋界西南山地亚区，动植物成分多样而复杂。因气候、土壤、地形、地势等方面的影响，雅安区域内不同的地方分布有不同的动植物，由低海拔向高海拔分布为常绿阔叶、落叶混交林带，针、阔叶混交林带，亚高山针叶林带，高山灌丛。再加上特殊的地理因素，受第四纪冰川影响较小，从而保留了世界其他地区早已灭绝的古老的孑遗动植物，如大熊猫、珙桐等，所以雅安动植物种类繁多，被中外生物学家誉为“动植物基因库”。这是雅安生物多样性丰富的主要成因。

2. 历史与自然造就生物多样性

2006 年度中国十大魅力城市评选给雅安的颁奖词为：“中国大熊猫的故乡，也是全世界茶的源头，还是盆地向高原过渡的生态阶梯，更是沟通川、藏、滇各民族的地缘走廊，一条古老的茶马古道，不仅把历史和今天，还把高原风光、地理奇观、民族风情连成一线，北纬 30 度的历史名城，四川雅安市。”

横断山区各绵延起伏山峰间有深谷相隔，植物的垂直分布不仅保留了多

[1] 庄平，高贤明. 华西雨屏带及其对我国生物多样性保育的意义[J]. 生物多样性，2002(3): 339-344.

样生物，相对胶囊状的地理气候特征，避免了喜马拉雅造山运动和第四纪冰川的剧烈影响，当其他地区的生命因为地球的冷暖炎凉而难以存续时，新生代第三纪留下的孑遗植物藏身于此，躲过了第四纪冰川的袭击，同时因地理隔绝，不断演化出新的物种。横断山区因为有利于动物纵向迁移等优越的地理条件和复杂地形，所以很好地保存了一批较原始的动物类群，并发展成为一些动物分化、繁育的中心。[1]

横断山区域面积虽然仅占中国陆地国土总面积的 13.92%，但却是中国乃至全世界生物多样性最丰富、最集中的地区之一，是世界十大生物多样性中心之一、全球 25 个生物多样性热点地区之一，素有“植物王国”“动物王国”之美誉。

雅安所在的横断山脉是青藏高原与四川盆地的过渡地带。横断山脉横断了东西，却也同时开启了南北沟通的孔道。6 000 多年前，黄河流域的一支古人沿着温暖湿润的横断山脉河谷不断南迁，在之后的演化中慢慢形成了包括藏族、彝族在内的多个族群聚居区，社会学家费孝通将它称为“藏彝走廊”。“藏彝走廊”是一个历史——民族区域概念，主要指今川、滇、藏三省区毗邻地区由一系列南北走向的山系、河流所构成的高山峡谷区域。

藏彝走廊可以是人类南北迁徙的孔道，也可成为动物迁徙的孔道。随着人的迁徙，一些与有人密切相关的动植物，如老鼠、宠爱的动物、珍爱的植物，有可能随之而动，甚至曾经的驯化或种养殖的动植物因流落野外，最终成为野生动植物。在生物学上，引种 500 年的生物，均可作本土野生生物。

历史上，南方丝绸之路和茶马古道在雅安交叉叠加，古道纵横，丝路贯通，驿站连连，商旅不断，使雅安成为贸易集散地。雅安市的蒙顶山是人工种茶最早的地方，有 2 000 多年的人工栽培史，延续 1 100 多年的贡茶史，是川藏茶马古道的起点。

1872 年 3 月，首提“丝绸之路”的德国地理学家李希霍芬曾经到雅安考察，他在其日记中记述了他看到的茶树，“这里的人会让茶树长到十米高，很多山坡都种满茶树”[2]。荥经县目前有 10 多米高的乔木大叶茶、300 多年的

[1] 罗桂环. 近代西方识华生物史[M]. 济南：山东教育出版社，2005：7.

[2] 李希霍芬. 李希霍芬日记[M]. 北京：商务印书馆，2016：678.

小乔木大叶种和众多的灌木茶，有的树龄上百年，这类大叶种茶树一般生长在长江以南。李希霍芬看到的，能长到 10 米的茶树，可能为大叶种的枇杷茶一类，而雅安本地的茶为小叶种茶，一般为灌木型，只能长到 3 米左右。荥经县高大的大叶种茶是原生的，还是因为这里是南方丝绸之路和茶马古道的交汇处，被人移植到这里，不得而知。

雅安境内有蜂桶寨——硗碛、喇叭河自然保护区、二郎山、栗子坪自然保护区等四个中国重点鸟区，处于全球八大候鸟迁徙通道中的中亚、东亚——澳大利亚这两条迁徙通道交汇地带。按照《中国动物地理》区划，雅安处于古北界和东洋界交会过渡地带，大部分区域属于东洋界西南山地亚区，鸟类成分多样而复杂。鸟类的迁徙可能沿河谷山脉，鸟类迁徙途中，可通过粪便、羽毛，传播植物种子。

● 雅安森林成为重要旅游资源（杉君摄影）

3. 民族的多样性与生物多样性有关

科学工作者研究发现，生物多样性与文化多样性的关系首先反映在二者在地理空间的重合上，许多生物多样性的热点区域也是文化多样性核心区域。[1]

[1] 毛舒欣，沈园，邓红兵. 生物文化多样性研究进展[J]. 生态学报，2017，37（24）：8179-8186.

雅安地处汉、藏、彝区交会处，是全省唯一与甘州、阿坝州、凉山州 3 个民族自治地区都接壤的市。截至 2019 年年底，全市有石棉县、汉源县、宝兴县、荥经县 4 个县享受少数民族地区待遇县，有 13 个民族乡；全市有 39 个少数民族成分，有以彝族和藏族为主的少数民族人口近 8 万人，约占全市总人口的 5%。[1]

山神崇拜是嘉绒藏族（硗碛）信仰体系的重要组成部分，也是嘉绒藏族社会结合的纽带。在硗碛人的观念中，自然是需要敬畏，索取要有度。比如认为大熊猫叫白熊神、熊菩萨，大熊猫的皮是宝贝，一般人铺不得，铺了山神要怪罪。[2]

雅安当地人还认为一些蛇，特别是进入宅基地、庙宇的蛇是一些神、菩萨、祖先的化身，只能驱赶，不能打。雅安的一些少数民族主张不杀生。1929 年，第 26 任美国总统之子罗斯福兄弟（Theodore Roosevelt，Kermit Roosevelt）在四川西部游猎。4 月上旬的一天，他们进到雅安市石棉县擦罗乡，获得了一条关于大熊猫的信息，一只“白熊”正在这里偷吃养蜂人的蜂蜜。养蜂人为彝族，把“白熊”视为超自然的生物，一种半人半神的神圣动物，彝族人从不猎杀“白熊”，顶多只是弄伤它，把它吓跑就行了。罗斯福兄弟俩反复与当地人周旋，并给予好处，当地头人最终同意他们在这里猎杀这只大熊猫。最终他们是一路追踪到冕宁县冶勒乡射杀了这只熊猫。[3]

历史上，雅安因地理环境限制，交通闭塞，开发强度低，人口较少，很多地方杳无人烟，为多样生物留下了原始的生存空间。

二、外国博物学家打开雅安生物多样性之门

我国是一个拥有古老文明的国度，我们的祖先在探索周围自然的时候，积累了大量的辨识生物类别及利用生物资源的知识。进入 16 世纪后，西方的科学技术开始迅速发展。出于资源搜求和殖民扩张等各种目的，西方各国在

[1] 雅安地方志编纂中心. 雅安年鉴（2020）[M]. 西安：陕西新华出版传媒集团，2020：59.

[2] 李锦. 植物、动物、人与山神：嘉绒藏族山神信仰的本土知识体系——对四川省雅安市宝兴县硗碛藏族乡的田野调查[J]. 云南师范大学学报（哲学社会科学版），2012，44（5）：73-79.

[3] 西奥多·罗斯福，克米特·罗斯福. 跟踪大熊猫的足迹[M]. 昆明：云南民族出版社，2014：179-197.

世界范围内进行了长期和大规模的考察、探险和生物标本收集，客观上促进了当时博物学的迅速发展。相形之下，我国远远地落后了。特别是 1840 年鸦片战争以后，我国被迫对西方开放，在不到一个世纪的时间内，他们积累的有关我国生物资源的知识已经远远超出国人。[1]

1. 传教士充当采集动植物标本的马前卒

罗桂环在《近代西方识华生物史》中说："法国人注重在华传教，试图把他们的信仰和道德观念灌输给中国大众，很早就在我国确立了一些立足之处。他们中的一些学识较优者在我国内地甚至宫廷成功立足，他们提供的资料对西方各国了解我国生物资源起了很大的作用。后来在西方列强打开我国国门，他们的行动不再受到特别的约束时，许多传教士立即踊跃投身到收集我国的动植物的工作中。有些不但自己非常活跃地为西方各国收集资源生物的种苗，而且也为来我国的生物采集者提供适合的生物收集地情报资料和相关建议，并为收集者提供落脚点。不少传教士还经常充当向导或协助采集者收集。19 世纪谭卫道（A. David）到内蒙、宝兴、挂墩等地都是受当地传教士引导的。法国传教士在这方面的出色表现，可以说让其他西方国家的传教士望尘莫及。"[2]

明朝末年，天主教传教士利类思（Ludovic Bugli，1606—1682，意大利籍）、安文思（Gabriel de Magalhaes，1609—1677，葡萄牙籍）进入四川传教，起初并没有固定的场所。1644 年 8 月，张献忠入川，正在今成都彭州一带传教的利类思、安文思带着一部分教友，逃到与今成都市邛崃、大邑一山之隔的天全州大山中（今芦山县大川镇），因为这里崇山峻岭，方便"避祸"。没过多久，张献忠派人将他俩迎接回成都，并赐他们"天学国师"。与利类思、安文思一起"避祸"的其他教徒留在这里繁衍生息。后来一部分则翻过今天芦山县与宝兴县交界的瓮顶山，西迁到宝兴县盐井溪（邓池沟），在此建立四川最早的天主教堂；另一部分则沿邛崃山、龙门山等东北行进到崇庆、彭县、绵竹、什邡等地。1814 年，教徒们先是在大川建立"立书堂"。1815 年，主

[1] 罗桂环. 近代西方识华生物史[M]. 济南：山东教育出版社，2005：2.

[2] 罗桂环. 近代西方识华生物史[M]. 济南：山东教育出版社，2005：16-17.

教冯类思、马伯乐筹划在穆坪（今雅安市宝兴县）邓池沟重建修院，1831 年法籍神父罗安白在穆坪重建修院。[1]

穆坪地处我国横断山脉东段的邛崃山系，不仅风景非常优美，而且也是我国动植物区系最丰富的地方之一。早在 19 世纪初的时候就有一些传教士跑到这里设立了传教点。这里汉藏杂居，统治者的管理相对比较松散，法国传教士利用这种有利条件，在此以办学、行医为名立足。[2]

传教士在传教之余，也将收集到的动植物标本送回国内。法国博物学家艾蒂安·若弗鲁瓦·圣伊莱尔（Etienne Geoffroy Saint-Hilaire，1772—1844）深入研究采集自宝兴的标本，命名了绿尾虹雉（*Lophophorus lhuysii*）。研究成果于其死后 22 年的 1866 年发表，故宝兴县是绿尾虹雉的模式标本产地。经查证，用采集自雅安的标本对动物进行命名，绿尾虹雉是第一例。

1869 年，法国传教士戴维来到穆坪（现四川省雅安市宝兴县）境内的邓池沟，采集制作了两成（年）一幼（年）大熊猫标本，另加一个头骨，并运回法国。戴维在宝兴县待了 8 个月 23 天[3]，发现了中国国宝大熊猫、世界上最漂亮的猴——金丝猴、植物活化石——珙桐、昆虫活化石——大卫两栖甲等两百余个动植物新属种，采集了一千多号动植物标本送回法国。

据朱昱海的《法国来华博物学家谭卫道》，谭卫道在宝兴获得了 676 种植物、441 种鸟类和 145 种哺乳动物标本，在哺乳动物、鸟类、昆虫和植物等方面都取得了质和量的突出成就。[4]中国科学院成都生物研究所、四川省林业科学研究院生态研究所完成的《四川蜂桶寨国家级自然保护区维管地模植物调查报告》称，戴维仅在雅安市宝兴县就发现植物新种（亚种）98 种，是在雅安发现命名动植物新种最多的学者。[5]

[1] 高富华. 大熊猫史话[M]. 成都：四川民族出版社，2019：19-20.
[2] 罗桂环. 近代西方识华生物史[M]. 济南：山东教育出版社，2005：227.
[3] 孙前. 大熊猫文化笔记[M]. 北京：五洲传播出版社，2009：80.
[4] 朱昱海. 法国来华博物学家谭卫道[J]. 自然辩证法通讯，2014，36（4）：102-128.
[5] 中国科学院成都生物研究所，四川省林业科学研究院生态研究所. 四川蜂桶寨国家级自然保护区维管地模植物调查报告[R]. 2019：34.

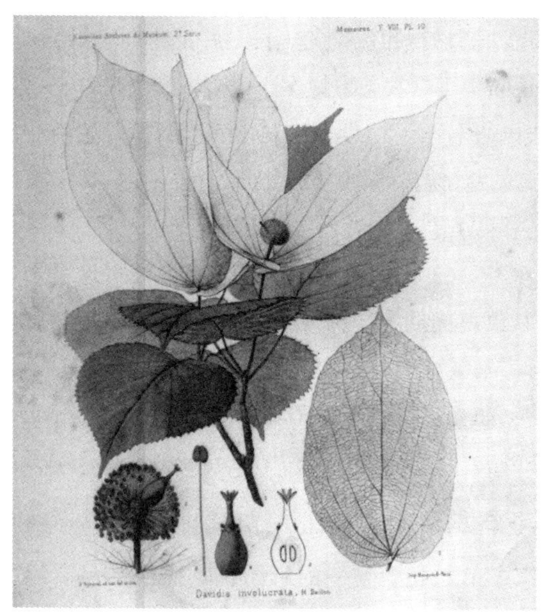

1888 年出版的《戴维植物志》中唯一张彩色插图为珙桐（*Davidia involucrata*），珙桐的模式标本由戴维 1869 年采集于雅安市宝兴县

戴维是第一位到我国西南青藏高原边缘山区采集的博物学者。他把收集的丰富的动植物标本送回去后，给巴黎的生物学家带来了极大欣喜。因为学术界的重视，他的旅行和所取得的成果很快就由法国的一个科学院院士进行了报告；巴黎自然博物馆的《博物杂志》也迅速于 1871 年 8 月报道了他的此次收集成果。他在川西轻而易举地得到许多兽类标本，使法国人对中国兽类的了解产生新的飞跃，一下使他们在这方面研究显得异军突起，大大超过了英国、俄国以往的工作。法国科学学会因此决定对他进行表彰。此次收集，使西方人对我国西南地区生物种类的繁多和新奇留下了极其深刻的印象。[1]

1888 年 4 月，戴维在巴黎举行的天主教国际科学大会的致辞里面总结了他的研究工作。他在中国发现了 200 多个种类的动物，其中 63 个种类当时不为动物学家所知，并且发现了 807 种鸟，其中 65 种以前未被描述过。他做了大量收

[1] 罗桂环．近代西方识华生物史[M]．济南：山东教育出版社，2005：239.

藏爬行动物、无尾两栖动物和鱼类的工作，并把它们送给物种学家进行进一步研究。他还大量地收集飞蛾和昆虫标本，大多数在当时都不为人所知。[1]

1878 年，法国著名学者弗朗谢（A. Franchet）开始潜心研究传教士戴维从宝兴等地采集的标本。弗朗谢的主要著作有《戴维植物志》（*Plantae Davidianae*）。此书第二卷的副标题是“藏东植物”，于 1888 年出版，记载宝兴植物 402 种，其中 163 种为新种。最近，笔者淘得这部书，发现此书附有 1 页珙桐的手绘彩色解剖插图、16 页单色印刷的手绘植物解剖插图，累计有 21 种植物，它们都是戴维当年在宝兴采集到的植物，还有不少模式标本的产地就是宝兴县，如宝兴杜鹃（*Rhododendron moupinense*）、腺果杜鹃（*Rhododendron davidii*）、宝兴报春（*Primula moupinensis*）等。

2. 国外专业机构组织人员进入雅安

《戴维植物志》第二卷中唯一的彩图正是珙桐最具有鸽子花特征的纵剖图，素描和彩色渲染让花枝显得栩栩如生，在夸张的苞片上，人们甚至可以看到细致清晰的脉络。此书中的珙桐彩色插图打动了读者，也引起园林商人的兴趣。“养在深闺人未识”的珙桐摇身一变，成为西方园艺界的新宠，大家争相想去遥远的中国引种栽培这种被称为植物界“熊猫”的美丽植物。为此，西方不少植物采集者都将引种珙桐树作为来华的目标之一。英国著名花木公司维彻公司的老板哈里·维彻爵士（Harry Veitch）希望公司能够成为第一个引种珙桐成功的公司，于是派出年仅 23 岁的威尔逊（E. H. Wilson）前往中国，目标直指珙桐。

1899 年至 1911 年，英国博物学家、世界著名的“植物猎人”威尔逊怀揣《戴维植物志》《戴维日记》，寻着戴维的足迹五次来到中国，先后收集了 65 000 多份植物标本（共计 4 700 种植物），并将 1 593 份植物种子和 168 份植物切片带到了西方，将 1 500 余种原产于我国西部的园艺植物和花卉植物引种到欧美等地栽培。1913 年，威尔逊出版《一个博物学家在华西》（此书于 1929 年再版时，更名为《中国——园林之母》），作出了“中国是世界园林之母”的论断，被西方人称为“打开中国西部花园的人”。

---

[1] 陈焱. 法国传教士戴维在雅安的科学考察[J]. 中国天主教，2010（5）：51-54.

据中国科学院成都生物研究所印开蒲考证，1903—1908年，为收集中国西部的植物标本和种子，威尔逊曾5次穿行于雅安境内的茶马古道，先后到过雅安市境内的汉源、雨城区、荥经和宝兴等地。[1]在雅安及周边发现并将大量有观赏价值的物种，如珙桐、报春花、杜鹃花、百合等引种到欧洲。

像威尔逊一样的植物猎人、探险家还有很多。戴维发现大熊猫、金丝猴、珙桐等的结果公布，特别是大熊猫标本在巴黎展出后，在西方立即引起了轰动，激发了西方博物馆、科研机构、探险者、旅行者、狩猎狂人、生物学家的兴趣，他们不远万里到川西这一生物多样性丰富的地区，采用收购、亲自捕猎等方式，近乎疯狂地猎取和掠夺这些珍贵动物的标本与活体，以获得功名与巨大经济利益，满足其兴趣与激情。19世纪70年代至20世纪40年代初，英、美、法、德、俄等无数的探险家循着戴维的足迹踏访四川西部，除猎杀大熊猫等动物外，还采集珍稀植物标本和植物种子。这股“淘宝”热潮持续了近七十年，丰富了西方国家博物馆的陈展品，也丰富了欧洲大陆的植物资源，自此珙桐、杜鹃、报春花、野生桂花（短丝木犀，*Osmanthus serrulatus*）等雅安植物飞入了欧洲的皇家庭园和私家花园。

● 20世纪30年代，外国人的狩猎队伍行进在四川西部（据王一飞《一位德国动物学家的川藏探险》）

[1] 印开蒲. 穿行在茶马古道上的英国植物学家——威尔逊[C] //雅安市人民政府，四川省文物局. 边茶藏马——茶马古道文化遗产保护（雅安）研讨会论文集. 北京：文物出版社，2012：179-181.

1929年，美国芝加哥自然博物馆派出考察队到中国收集动植物标本，美国第26任总统罗斯福的两个儿子西奥多·罗斯福（Theodore Roosevelt）和克米特·罗斯福（Kermit Roosevelt）就是核心成员。他们一行从缅甸入境，经丽江、木里、九龙、康定到达穆坪（今宝兴县），沿途开展动植物标本采集活动，重点目标是大熊猫。他们在宝兴县猎杀了11只金丝猴，购买到大熊猫皮2张。后来南行至石棉县擦罗乡，发现一只大熊猫的踪迹，追踪至冕宁县冶勒乡，射杀了这一只大熊猫。有资料说他们是首次亲手猎杀大熊猫与金丝猴的西方人。[1]

葛维汉（David Crockett Graham）是美国文化人类学会、美国民俗协会、远东研究所成员和英国皇家地理学会成员，也是美国纽约动物学会终身会员。从1932年至1948年，葛维汉任华西协合大学博物馆馆长，兼任文化人类学和考古学教授，对四川的民俗学、宗教学、生物学等方面作过不少研究。在（美国）史密斯索尼学院的支持下，葛维汉在中国搜集自然、历史标本长达20余年。他先后在雅安、乐山、宜宾、甘孜、凉山、阿坝等地进行考察，收集动植物标本、少数民族工艺品、历史文物等。

在多年的搜集活动中，葛维汉给史密斯索尼学院一共送去了4万余件标本，其中250余个新物种和新亚种，29个以他的名字命名。葛维汉抓住了两只大熊猫并将他们作为中国政府送给美国的礼物送到布朗克斯动物园。他还负责抓住了一只大熊猫，送到1939年纽约世界博览会上展出。1928年6月，葛维汉在雅安采集到横纹玉斑蛇（*Euprepiophis perlacea*，原名横斑锦蛇）模式标本。1929年6月，葛维汉专程到穆坪（今宝兴）进行搜集活动，在宝兴县的崇山峻岭中转了近一个半月，在采集标本的同时，还拍摄了很多记录雅安历史文化信息的珍贵图片，其中有背茶包的背夫、宝兴县城全景图片等。和罗氏兄弟一样，葛维汉组建了狩猎队伍，但仍然没有亲手猎杀到大熊猫，最终还是从当地猎人手中购买到一张熊猫皮。据葛维汉的日记记载，罗斯福兄弟当年为了买到大熊猫皮，一张熊猫皮的开价为50元（墨西哥银元），致使稍后进入穆坪的葛维汉只能以类似的价格买到残次品。[2]据《在中国的文

[1] 熊猫山河记课题组. 熊猫山河记[M]. 成都：西南交通大学出版社，2022：119.

[2] 姜鸿. 科学、商业与政治走向世界的中国大熊猫（1869—1948）[J]. 近代史研究，2021（1）：74-89、161.

化人类学家和教士——大卫·克罗克特·葛维汉》，1928—1929 年，葛维汉在西昌、宝兴县等地进行收集活动中，首次收集到了一张大熊猫皮。[1]综合以上资料判定，这一张大熊猫皮的采集地点不是西昌，而是宝兴县。结束宝兴的考察之旅后，葛维汉把在宝兴收集到熊猫皮及其他标本寄回美国，由史密斯索尼学院收藏。1929 年 7 月，葛维汉采集于 Mupin（穆坪，今宝兴县）的昆虫标本，经 D. Ahrens 研究，2002 年发表为新种葛氏绒金龟 [*Serica*（*s. str.*）*grahami sp.n.*]，下图为该正模式标本图片。

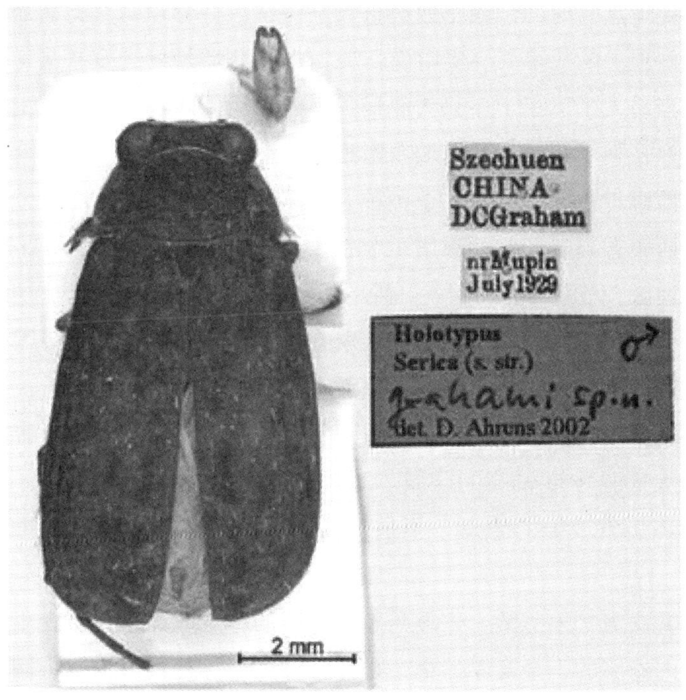

● 葛维汉 1929 年 7 月采集于宝兴的昆虫标本（据伍波、彭远波《纪念葛维汉博士》）

1941 年，宋美龄与宋霭龄赠与美国一对大熊猫，目的是答谢美国联合救济中国难民会在抗战中对我国的支持，通常被视为开启“熊猫外交”的标志

[1] 苏珊·R. 布朗，饶锦. 在中国的文化人类学家和教士——大卫·克罗克特·葛维汉（上）[J]. 中华文化论坛，2001（3）：115-123.

性事件。历史学者邵铭煌在《抗战时期鲜为人知的“熊猫外交”》说：“当年，葛维汉奉命搜捕熊猫，亲自率领 20 名经验丰富、年轻力壮的西康猎户，费尽心力，于 9 月间在川康地区捕获一头熊猫，由西康运回成都。在狩猎及运送过程中，西康省主席刘文辉均予种种方便。……雌熊猫系在川康交界处猎获，雄熊猫则在汶川县西南的草坡乡山中捕获。”[1]而据成都日报（2014 年 11 月 15 日）《赫斐楼记事》记载：“这两只大熊猫由华西协合大学博物馆馆长葛维汉在雅安境内捕获。”[2]

就捕捉地点与时间，原华西医科大学医学教育管理研究员金开泰在《大熊猫在华西坝上的故事》一文中说：“9 月间在川康地区今宝兴县，葛维汉最终还是从当地人手里买了一只大熊猫，由西康运回成都。10 月 13 日，葛维汉带着猎户在阿坝州汶川县草坡乡附近又捕获了一只大熊猫。在狩猎及运送过程中，西康省主席刘文辉均予种种方便。”[3]

虽然西康省当时还包括康属（今甘孜州）、宁属（今凉山州），两地属于少数民族地区，因民族隔阂因素，到此区域采集大熊猫的安全风险要高一些，而熊猫的密度相对小得多。根据葛维汉在宝兴县获得熊猫标本等因素，当时宝兴县出产熊猫名声在外，捕获地点就在宝兴县硗碛藏族乡一带。因为这一地区恰是毗邻当时四川省的小金、汶川等，符合“川康交界”等表述，且这一带恰是大熊猫密度较高的区域。若两只熊猫捕捉地点在小金、汶川，此地当时是四川省政府的地盘，不是西康省主席刘文辉的地盘，刘文辉无力去关照。

故笔者认为，宋美龄、宋霭龄赠给美国的一对熊猫中，至少雌熊猫是在雅安市境内捕获的，金开泰的记述是可信的。当年葛维汉为何将捕获熊猫地选择在雅安，因素是多方面的。第一，葛维汉对西康省的熊猫产地熟悉，曾多次到雅安或路过雅安进行科学考察，1929 年曾经在宝兴获得过大熊猫标本。第二，西康省刚建省，主政的刘文辉非常欢迎到西康进行科学研究与考察的人士。在刘文辉的支持与邀请下，电影教育家孙明经为代表的川康科学

[1] 邵铭煌. 抗战时期鲜为人知的“熊猫外交”[J]. 百年潮，2012（9）：64-69.

[2] 戚亚男. 赫斐楼记事[N]. 成都日报，2014-11-15.

[3] 金开泰. 大熊猫在华西坝上的故事[Z]. https://zhuanlan.zhihu.com/p/355925341.

考察团、著名民族史学家任乃强等先后到雅安考察。1939 年，孙明经还拍摄了第一部反映大熊猫的电影《西康一瞥》。第三，刘文辉重视教育，与华西协合大学有良好的合作关系。刘文辉曾经捐资修建华西大学乡村建设系的教学楼，其子女也在华西协合大学就读。第四，可能因为刚刚建省，刘文辉极有可能想借此融洽与中央政府的关系，宣传推介作为抗战大后方的西康。所以，两方应该是一拍即合。

除上述外籍人士在雅安进行过生物学考察和标本采集外，经梳理，还有英国外交官贝德禄（E. C. Baber，1877）、英国军官吉尔（W. J. Gill，1877）、英国驻成都总领事霍斯（Alecander Hosie，1883）、俄国地理学家波塔宁（G. N. Potanin，1891—1894）、英国自然科学家普拉特（A. E. Pratt，1889—1890）、法国人奥尔良·亨利（Prince Henrid Orleans，1890）、英国人包沃（H. Bower，1891）及索洛德（W. G. Thorold，1891）、德国植物学家林普星赫特（W. Limpricht，1913—1914）、瑞典植物学家史密斯（H. Smith，1934）等先后深入雅安采集生物标本或路过雅安沿途采集生物标本。采集的标本存于欧美各大标本馆，并发表关于雅安植物的论文和相关记述。

三、我国现代生物学起步与发展为调查雅安生物资源奠定基础

我国是世界著名文明古国，有 5 000 多年没有断代的文明史。先民在渔猎、种植、养殖、防病治病等生产生活实践中，积累了丰富的生物学知识，产生了《植物名实图考》《神农本草经》《本草纲目》等著作。这些著作记载明确，叙述详细，是动植物分类学的重要参考典籍。“除此之外，大多是彼此互相抄录，全在文字上用工夫，甚少从生物的本体去考察。以文字考据为主体的中国本草学，当然难以产生现代生物科学。”[1]

1. 高校设立生物学专业

自近代中国与西洋海通以来，西方传教士纷纷来华传教，在办教会学校

[1] 胡宗刚. 静生生物调查所史稿[M]. 济南：山东教育出版社，2005：1-2.

的同时也传播西方的现代自然科学知识，此中也有生物学著作翻译出版。

中国因其生物资源的丰富，也引来西方生物学家、采集家、探险家来华大肆采集，所得均归其国，以供研究之用。不过，由此也引发国人对本国所产物种之兴趣和珍惜。戊戌政变之后，中国学校渐多，中国最初派往日本的留学生陆续归国，将西方科学知识在新式学堂中传授。当时各省所创办的新学，有高等师范、蚕桑农林中学。大学堂中均开设有博物课程，有些还编辑博物杂志，生物学归于此中。

19 世纪的两次鸦片战争后，西方列强用坚船利炮打开了深闭固拒的国门。在民族存亡的紧要关头，我国的一批社会精英开始清醒地认识到，不思变革，继续抱残守缺不啻自寻绝路，只有向西方学习，才能谋求生存和发展。正是在这样沉重的压力下，中华民族开始了向西方学习的艰难历程。当时的学者显然已经明确认识到西方的科学研究的确比较先进，科学是推动进步的重要力量。西方近代生物学正是在这样一种社会背景之下，开始被逐渐引进国内，而且以其在农学和医学方面巨大的实用价值迅速为社会各界认可。一时间西方近代生物学在 20 世纪前期风生水起，取代了我国有 2 000 多年历史的传统“博物”之学。[1]

我国现代教育的起步较晚，受制于经费和师资的缺乏，高等学校发展缓慢。1921 年，全国公立大学只有 5 所，私立大学只有 8 所，而东南大学就是 5 所公立大学之一。1922 年，教育部公布了由美国留学回来的胡适等人起草的《学校系统改革案》(俗称“壬戌学制”)，采用美国的学制，日式的教育标准逐渐被废除。当时的《学校系统改革案》规定，高等师范应在一定时间内提高程度，改为师范大学。据《中国生物学史近现代卷》记述，1923 年以后，各地高等师范学校纷纷升格，多数改成普通大学，学校的博物部也相应地改建成生物系。1926 年以后，留学欧美的学生归国数量大增，使大学的师资得到迅速充实。这也为各大学不断增设生物系创造了良好的前提条件，很多大学都建立了生物学系。至 1926 年，全国有近 20 所大学设立了生物系，至 1936 年，全国有 42 所大学设立了生物系。[2]

[1] 罗桂环. 中国生物学史近现代卷[M]. 南宁：广西教育出版社，2018：2-3.
[2] 罗桂环. 中国生物学史近现代卷[M]. 南宁：广西教育出版社，2018：164-166.

2. 中国生物学研究机构渐次设立

20 世纪 20 年代起，中国生物学研究机构渐次设立，在研究方法上尽量采取西方的研究方法，而在研究对象上则以“中国的生物”为材料。

中国科学社是中国成立最早的现代科学学术团体、近代中国历史上第一个民间综合性科学团体，由留学美国康奈尔大学的中国学生赵元任、任鸿隽、杨铨等在 1915 年发起成立的民间学术团体，以“联络同志、研究学术，以共图中国科学之发达”为宗旨。1918 年迁回国内，总社设于南京高等师范学校（现南京大学）。中国科学社是中国成立最早、影响最大的科学团体，于 1959 年停止活动。中国科学社虽然是一个私人学术团体，但是自成立以后，就成了我国科学事业最权威的领导机构，这与英国皇家学会非常相似。科学社除出版刊物外，还建设科学图书馆，参与设计改良科学教育，审定科学名词，参与国际科学会议，建立科学咨询处，举行学术讲演。

1922 年 8 月，在秉志等社员的一再倡议和操持下，中国科学社组建的第一个研究机构——中国科学社生物研究所在南京成立，这是我国继实业部地质调查所之后建立的第二个科学研究机构，也是中国近现代第一个民办生物学研究机构，开启了民办科研机构研究生物学之先声。

中国科学社原计划创立其他学科的研究所，但限于经费、设备等原因，只创办了生物研究所。任鸿隽在《中国科学社之过去与将来》给出原因：“本社对于将来科学皆有待于研究，其所以先开办生物研究所者，则以生物研究因地取材，收效较易，仪器设备需费亦廉，故敢先其易举，非意必轩轾也。”[1]生物研究所主要开展生物的调查与采集，并在此基础上进行生物学研究。其调查、采集的范围较为广泛，“北及齐鲁，南抵闽粤，西迄川康，东至于海”。然而西部地区地形复杂，军阀互攻，土匪猖獗，民族隔阂，于调查与采集诸多不利，调查人员常常身处生与死的边缘。[2]

[1] 罗桂环. 中国生物学史现代卷[M]. 南宁：广西教育出版社，2018：247.
[2] 范铁权. 评中国科学社的西部活动[J]. 中州学刊，2004（1）：89-91.

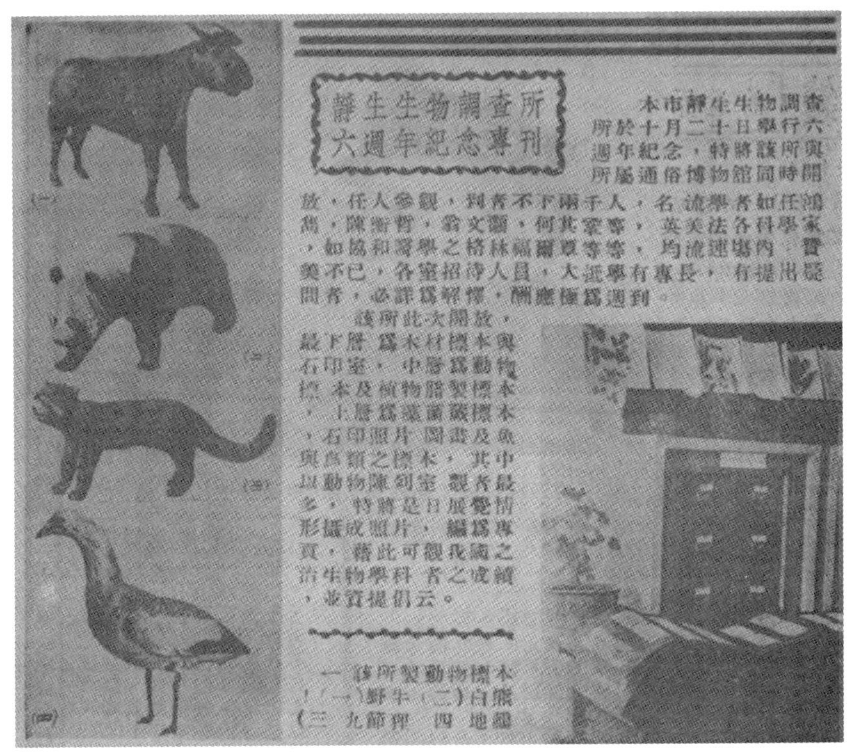

靜生生物調查所六週年紀念專刊

本市靜生生物調查所於十月二十日舉行六週年紀念，特將該所與所屬通俗博物館同時開放，任人參觀，到者不下兩千人，名流學者如任鴻雋，陳衡哲，翁文灝，何其鞏等，英美法各科學家，如協和醫學之格林福爾覃等等，均流連場內，贊美不已，各室招待人員，大抵學有專長，有提出疑問者，必詳為解釋，酬應極為週到。

該所此次開放，最下層為木材標本與石印室，中層為動物標本及植物腊製標本，上層為藻菌蕨標本，石印照片圖畫及魚與鳥類之標本，其中以動物陳列室觀者最多，特將是日展覽情形攝成照片，編為專頁，藉此可觀我國之治生物學科者之成績，並資提倡云。

一該所製動物標本！（一）野牛（二）白熊（三九節狸 四地鵏

● 1934年10月20日，静生生物调查所召开第六周年纪念大会，同步举行标本展览，其中展出了大熊猫、小熊猫标本（据《新光（北平）》1934年第29期之《静生生物物调查所六周年纪念专刊》）

静生生物调查所是近代中国建立较早、最有成就的生物学研究机构之一，于1928年2月28日成立于北京，是现今中国科学院动物研究所和植物研究所的前身之一。主要创办人为中国著名动物学家秉志和植物学家胡先骕，以建所前去世的中国生物学研究的早期赞助人范静生（范源濂）命名。静生生物调查所的许多研究人员由中国科学社生物研究所输送，1932年前，秉志同时主持中国科学社生物研究所、静生生物调查所。静生生物调查所设立的初衷旨在与科学社生物研究所等机构合作调查中国动植物种类，工作内容定位在分类、形态等地方性的描述性生物学方面，其理想是把中国境内的动植物调查清楚，并旁及植物生态学、木材学等领域，藉以此来解决中国的社会经济问题，并盼望对生物学理论有所贡献。另外，还计划编撰中国动植物志。

所以，它确定以“调查及研究全国动植物之分类，藉谋增进国民生物学之知识，促进农、林、医、工各种实业生物学之应用为宗旨”。[1]

1928 年，国民政府在南京建立中央研究院，一年后，筹建自然历史博物馆，其主要任务是陈列从全国各地收集到的动植物标本和古生物化石，同时也做动植物的区系调查和分类研究。1930 年 1 月，自然历史博物馆正式成立。全馆由研究、事务、顾问三部分组成，研究部分设动物组、植物组，每组由技师一人总其成。动物组技师方炳文，植物组技师秦仁昌。1932 年 8 月，伍献文从法国归来，与方炳文共同担任动物组技师。[2]该馆的建立也有秉志和钱崇澍等人协助筹建的功劳，馆中的研究人员不少是由（中国科学社）生物研究所输送过去的，如伍献文、常麟定等。[3]

● 民国时期的国立中央研究院（据张晓良的博客文章《中央研究院史料拾零》）

[1] 姜玉平. 静生生物调查所——中国近代最有成就的生物学研究机构之一[C]//上海市社会科学界联合会. 当代中国：发展·安全·价值——第二届（2004 年度）上海市社会科学界学术年会文集（下），2004：100-113.

[2] 张晓良. 国立中央研究院及自然历史博物馆成立经过[EB/OL]. http://www.ihb.cas.cn/gkjj/lsyg/200909/t20090918_2511540. html.

[3] 罗桂环. 中国生物学史现代卷[M]. 南宁：广西教育出版社，2018：269.

20 世纪 20 年代国内成立的生物学研究机构，开始深入包括四川在内的省区，进行系统的考察与标本采集。然而四川地处我国西南，道路险阻，风习殊异。中外学者赴川考察，困难重重。基于此，多与当地政府联系获得帮助。请托时任江、巴、璧、合峡防局局长，民生实业公司总经理卢作孚给予帮助。卢作孚安排少年义勇队学生参与协助，亦获中外学者的悉心教导，学习采集知识和方法，对科学事业逐渐产生浓厚的兴趣。在接待和帮助深入四川考察的学术团体的过程中，卢作孚萌发建立中国西部科学院的设想，并得到这些学术团体，以及政府有关部门的支持。

据《中国科学技术史生物学卷》，中国科学社生物研究所经常与其他研究单位共同进行标本采集活动在这一过程中，同时对随行人员进行生物研究训练，如 1930 年生物研究所入川采集团在川进行采集活动，“经历合川、成都、灌县、嘉定、峨嵋、峨边诸郡邑，（中国）西部科学院并派遣学子，随从学习采猎、剥制等技术……”，他们接受生物研究工作的训练，其中许多人后来成为我国著名的生物学家。[1]

[1] 罗桂环. 中国科学技术史生物学卷[M]. 北京：科学出版社，2005：413.

第二章

中国西部科学院成立前的标本采集与交换

1928 年，南京先后成立了中国科学社和国立中央研究院，北平也建立了国立北平研究院和静生生物调查所等科研机构。此种建立机构研究科学的风气，给主政重庆北碚的卢作孚以极大的影响。

卢作孚 1927 年担任江巴璧合特组峡防团务局局长后，在积极推行其社会改革试验的同时，也想方设法发展当地的科学事业。随后许多中外学者来川进行科学采集和调查，卢作孚都多方协助，并派出正在受训的少年义勇队学生随同专家学者学习，以实现他提出的“我们应从野外去获得自然的知识，到社会上去获得社会的知识”的号召。

卢作孚早有在重庆上游嘉陵江滨设立一个科学馆（包括博物馆在内的科学研究机构）的想法。大规模的采集在筹设博物馆之初就有几次。中外学者入川进行自然科学调查采集，中国西部科学院派员同行助理采集工作，所得标本皆留一份最全者，且另提数份以备科学院将来交换。[1]

一、1928 年的标本采集

范铁权在《评中国科学社的西部活动》中说：“1927 年，方文培等组成科学社川康植物标本采集团到西部采集植物标本。采集团深入人烟稀少、交通不便的‘不毛之地’，一路荒山野岭，时常有土匪恶霸的劫杀。为人身安全起见，事先采集团通过重庆社友与当时四川的军界要人刘湘、刘文辉等取得联系，争取他们的帮助；还联络四川、西康和昌都地区少数民族地区的哥老会，以取得其协助和保护。另外，又从卢作孚之弟卢子英所带的北碚少年义勇队的学生中选出 8 人作为采集团的助理员。1928 年春，采集团满载而归，共得到植物标本 4 000 余种，鱼类标本若干，分装 25 箱。”[2]

《川康植物标本采集记》这篇文章由到四川西部采集标本的方文培、章树枫所著，前言由著名植物学家、时任中国科学社生物研究所教授兼植物部主任钱崇澍撰写。钱崇澍写道：“民国十四年美国阿诺尔特树木园由胡步曾博士之介绍，资助经费若干，为赴中国西部采集植物之用，嗣以国内事变纷起，

[1] 侯江. 中国西部科学院研究[M]. 北京：中央文献出版社，2012：162.

[2] 范铁权. 评中国科学社的西部活动[J]. 中州学刊，2004（1）：89-91.

至十七年春始得成行。由中国科学社生物研究所采集员方君文培任其事，历时八月，步行数千里采得标本四千余号，为中国历来采集植物成绩之最大者。”[1]此行随同方文培采集的人员有杜大华，此人后为少年义勇队学生、中国西部科学院生物研究所助理员。此文记述的时间，与中国数字植物标本馆查询方文培采集标本的时间、地点吻合，故范铁权在《评中国科学社的西部活动》所述时间有误。

第十一期　　川康植物標本採集記　　1509

川康植物標本採集記

方文培　章樹楓

民國十四年美國阿諾爾特樹木園,由胡步曾博士之介紹,資助經費若干,爲赴中國西部採集植物之用,嗣以國內事變紛起,至十七年春始得成行.由中國科學社生物研究所採集員方君文培任其事,歷時八月,步行數千里,採得標本四千餘號,爲中國歷來採集植物成績之最大者.川中植物自威爾遜採集後,始知其大概,然嗣後無作詳細之搜求者.且中國無一植物標本室藏有較多之四川植物可以供植物學者之研究.此次採集所經之地方,較威爾遜爲廣,所得當亦較多,觀以下二篇採集記可以預決也.篇中雖稍略於植物之記載,然所經之路程,所歷之困難,及所見植物大部落之地點,多足爲將來採集者有價值之參攷.而川中諸軍政機關能沿途保護,雖深入土匪猖獗之區,仍得安全出入,其重視科學有足多也.爰記數語,以誌感謝.

錢崇澍謹識

川康採集記[1]

四川土地肥沃,氣候溫和,且多高山峻嶺,因之特殊植物,異常繁多.經威爾遜(E. H. Wilson),亨利(Augustine Henry)諸氏來川採集,發表紀錄,於是世界植物學者,皆以華西爲植物寶庫,爭先恐後,來此採集.中國科學社以八十年來,西人先後在四川採集,已數十次,而國人於該處植物竟未詳細採集,極爲憾事.數年前卽預備旅費,派員採集,以路途不靖,

1. 方文培所述

● 方文培、章树枫撰写的《川康植物标本采集记》(据《科学》1929年第13卷第11期)

[1] 方文培，章树枫. 川康植物标本采集记[J]. 科学，1929，13(11)：1509-1521.

北碚少年义勇队成立的日期是 1928 年 10 月，杜大华是第一期学员。范铁权“又从卢作孚之弟卢子英所带的北碚少年义勇队的学生中选出 8 人作为采集团的助理员”之说，也疑不准确。

根据卢国模在《八十年前的北碚少年义勇队》[1]所述，少年义勇队 1928 年 10 月招收的第一期，30 余人，学习期限一年，分两阶段进行。1931 年刊载在《少年（上海 1911）》的《一个值得介绍的少年团体——四川巴县的少年义勇队》也说：“在训练青年努力于科学之探讨，及社会之救助，自民国十七年十一月成立以来，迄今已愈两载，中间曾作种种社会的调查，及旅行到西康、甘肃、青海、新疆等地，为动植物矿物的标本采集。”[2]综合相关资料，少年义勇队成立于 1928 年 10 月或 11 月，故杜大华 1928 年春陪同方文培考察时，其身份可能不是义勇队学生，而是卢作孚、卢子英招募的人员，此时少年义勇队未成立或招生。笔者推测杜大华此时的身份可能为卢作孚、卢子英招募或雇佣的“兵”，或学生队学生。原来，1927 年卢作孚出任峡防局局长后，即把肃清匪患作为重要工作，整编整治原来的治安队伍，新招收青年学生进行军事训练，壮大剿匪的军事力量。

● 峡防局常备一中队队本部及少年义勇队队本部（据《中华（上海）》1932 年第 14 期之《四川之模范镇北碚场》）

[1] 卢国模. 八十年前的北碚少年义勇队[J]. 红岩春秋，2010（2）：64.

[2] 倍思. 一个值得介绍的少年团体——四川巴县的少年义勇队[J]. 少年（上海 1911），1931，21（9）：2-4.

1928年秋，高孟先考入少年义勇队第一期，后在中国西部科学院博物馆工作，曾经任《嘉陵江日报》和《北碚月刊》主编，是北碚乡村建设的实践者和见证者。他在《卢作孚与北碚建设》中说：“一九二八年前后，南京先后成立中国科学社、中央研究院、北平静生生物调查所等，并有中外学者到四川进行自然科学的采集、调查。卢作孚与省外来川的学术团体合作，派正在训练的第一期少年义勇队学生随同专家、学者学习，以实现他提出的‘我们应从野外去获得自然的知识，到社会上去获得社会的知识’的口号，从而为筹设科学研究机构打下基础。”[1]

据潘洵考证，卢作孚建立科学院的思想萌芽应上溯到1928年11月前，即提出建立嘉陵江科学馆的设想。1928年11月11日的《嘉陵江》报上有一条关于《嘉陵江上科学馆》的报道：“三峡区域以内，自峡防局经营温泉公园以来，很受各地方人士赞许，军商各界络绎捐款。往来游览者，亦逐日增多，重庆合川各地学校旅行该处，多为短时的游赏乃去。最近，峡局卢局长更拟在温泉公园内添设嘉陵江科学馆一所，内分物理试验室、化学试验室、生物研究室、地质研究室、卫生陈列室，已寄信上海购置仪器、药品及材料物品，预定年内或明年春间开馆，将来本馆即定名为嘉陵江科学馆，以备一般人之参观研究云。”[2]

二、1929年的标本采集

为筹建立嘉陵江科学馆，卢作孚积极进行研究、陈列用标本的采集、征集及交换以及经费筹措等物质准备。1929年，卢作孚陆续派出峡防局招收的少年义勇队学生随入川采集的科研机构外出大规模采集，进行标本的储备。为了指导峡防局少年义勇队学生在四川及川边作大规模标本采集，卢作孚委托巴县建设局长黄伯易，打电话到南京，请中国科学社派人来川指导帮助。1929年7月31日，卢作孚之弟卢子英率少年义勇队学生30余人随同中国科学社动植物专家方文培等赴峨眉山和峨边、越西等彝族地区作动植物采集和社会调查，历时两个多月，“计得夷人风物及动植物标本数十箱”，回渝后举

[1] 高代华，高燕. 高孟先文选[M]. 重庆：西南师范大学出版社，2016：123.
[2] 潘洵. 中国西部科学院创建的缘起与经过[J]. 中国科技史杂志，2005（1）：23-30.

办了科学展览会，引起了各方面的重视。卢作孚对来川的学术团体，“皆尽力想法辅助之”。[1]

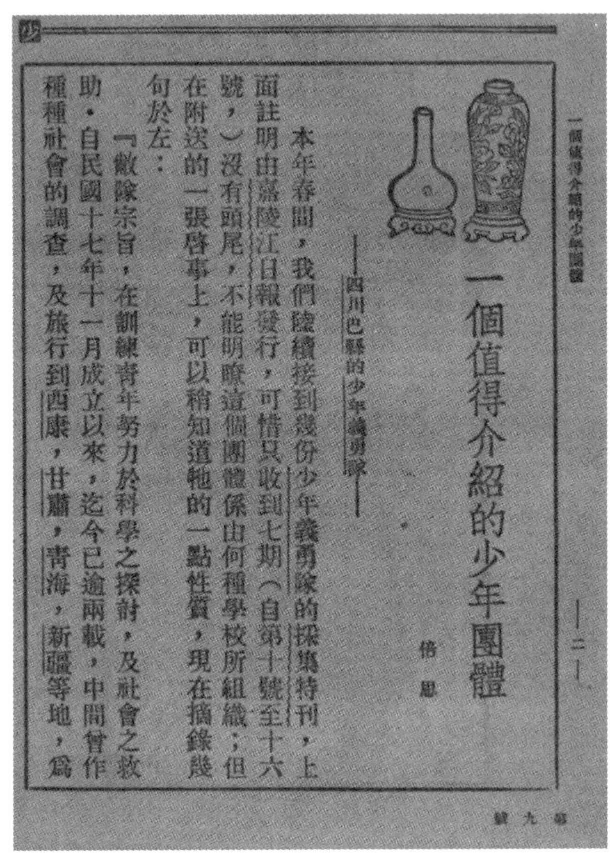

一個值得介紹的少年團體

——四川巴縣的少年義勇隊——

倍思

本年春間，我們陸續接到幾份少年義勇隊的採集特刊，上面註明由嘉陵江日報發行，可惜只收到七期（自第十號至十六號，）沒有頭尾，不能明瞭這個團體係由何種學校所組織；但在附送的一張啓事上，可以稍知道牠的一點性質，現在摘錄幾句於左：

『敝隊宗旨，在訓練青年努力於科學之探討，及社會之救助。自民國十七年十一月成立以來，迄今已逾兩載，中間曾作種種社會的調查，及旅行到西康，甘肅，青海，新疆等地，爲

一個値得介紹的少年團體 —二—

第九號

● 《一个值得介绍的少年团体——四川巴县的少年义勇队》（据《少年（上海 1911）》1931 年第 21 卷第 9 期）

1929 年，卢作孚还另派出 3 组少年义勇队赴野外采集：7—11 月义勇队学生在华蓥山天池一带采集，其中获植物标本 550 余号。与巴县建设局合组赴南川金佛山等各大山采集，其中获植物标本 200 余号、茶种 20 余号。同年 9 月，峡防局少年义勇队学生徒步到蓉赴峨眉采集，并附带考察边地汉夷社

[1] 潘洵. 中国西部科学院创建的缘起与经过[J]. 中国科技史杂志，2005（1）：23-30.

会状况。由 24 军边务处长胡子昂偕同义勇队队长卢子英晋谒四川省主席刘湘，刘湘甚为嘉勉，饬员司立将护照通行证办妥，并派边务处矿务技师、留学比利时的李山甫同行。同年 12 月，峡防局举办“将来的三峡”展览会，展览会分教育、交通、经济、风景、人民五个方面，其中教育方面描绘了设立科学院的景象——内有气象台、理化实验室、植物馆、动物馆、地质馆、社会科学院。[1]

三、1930 年的大规模标本采集

据《中国西部科学院研究》，1930 年 3—12 月，卢作孚派少年义勇队学生在中国科学社生物研究所、静生生物调查所、中瑞新甘考察团以及德国昆虫学者傅德利的率领下，分 6 组往川边采集生物、地质标本及夷区用品。[2]

同年 3—12 月，川西北组由中国科学社生物研究所郑万钧率义勇队学生在康定、九龙、雅江、丹巴、灌县、汶川、峨眉山等地采集，获植物标本 2 000 余号，种籽若干号。郑万钧当年率领少年义勇队学生从成都到康定的具体线路未见记载，笔者认为郑万钧一行走的线路为成都—雅安（雨城区）—荥经—汉源—泸定—康定，这是成都到康定的大路，关键证据是国家植物标本资源库信息网数据，目前可查到郑万钧在汉源采集到的 5 号标本，从这 5 号标本的日期看，他们在汉源逗留了几日，可能为顺路搜寻植物标本。

同年 4—10 月，川西南组由中国科学社生物研究所方文培率义勇队学生在峨眉、瓦屋、马边、峨边、越西、西昌、盐边、盐源、会理以及滇属东川、昭通等县采集，获植物标本 1 000 余号。根据《绿海探宝——林奈与方文培》记叙，此次采集活动，方文培一行因迷路经洪雅方向越瓦屋山进入荥经县境内[3]，采集到梓叶槭（*Acer catalpifolium*）、杜仲（*Eucommia ulmoides*）、芒刺杜鹃（*Rhododendron strigillosum*）、红豆杉（*Taxus chinensis*）等标本，标本今存四川大学植物标本馆、中科院昆明植物研究所植物标本馆等处。根据国家植物标本资源库信息网数据，这一年的 9 月，方文培还登上了周公山顶，

[1] 侯江. 中国西部科学院研究[M]. 北京：中央文献出版社，2012：8-9.
[2] 侯江. 中国西部科学院研究[M]. 北京：中央文献出版社，2012：9-10.
[3] 董仁威，邱沛篁. 绿海探宝——林奈与方文培[M]. 成都：四川少儿出版社，1983：77-78.

采集到四裂花黄芩（*Scutellaria quadrilobulata*）的正模标本，标本今珍藏于中国科学院植物研究所植物标本馆。

1930年9月2日，方文培在雅安市雨城区周公顶采集到四裂花黄芩（*Scutellaria quadrilobulata*）的模式标本，现珍藏于中科院植物研究所（据中国数字植物标本馆）

同年4—10月，川西北组由静生生物调查所汪发缵率义勇队学生在懋功、抚边、理番、汶川、茂县、江油、绵阳、平武、青川、昭化、广元、南江、通江、巴中各县采集，获标本1 000余号。

同年4—10月，川北组由郝景盛、瑞典人赫满尔（胡迈尔，David Hummel）率义勇队学生4人随中瑞合组的新甘考察团自川北而上，赴武都、岷县、兰州、西宁等地调查采集，获标本数百号。

1930 年，中国科学社对川边地区进行了更大规模的采集活动，中国西部科学院的档案就此事和其他科考活动记载说：采集“分为五路，前往松潘、宁远、西康各地。有函磋商，决为帮助，并派学生与之同行。适有德人傅德利君决往川边采集昆虫标本，又派学生 10 人助之：中瑞新甘考察团，合中国、瑞典学者前往新疆、甘肃采集标本，亦派学生 4 人助之。……尽采中国西部各省之所有陈列于一地：复以其所余与国内国外各学术机关交换之，以宏大其积聚，更延请学者分类整理，外以供国内外考察中国西部各省生物地质者之参考，内以供附近各地学校之讲习”。此类活动与交流使卢作孚创办西部科学院的愿望更强，而构思亦日渐明晰。[1]

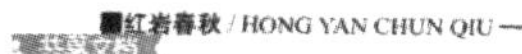

八十年前的北碚少年义勇队

1928年10月至1935年，在卢作孚的领导下，北碚少年义勇队招收了三期共208名学员。他们志存高远，勇敢机智，吃苦耐劳，乐于助人，将乡村建设坚持始终，为北碚的开拓、建设和发展奉献了青春年华。

文◎卢国模

80年前，重庆北碚有支与众不同的的队伍，这就是卢作孚组建的少年义勇队。

其队歌就很不一般：“争光复争光，争上山之巅。上有金碧之云天，下有锦绣之田园，中有五千余年神明华胄之少年。嗟我少年不发奋，何以慰此美丽之山川？嗟我少年不发奋，何以慰此锦绣之田园，嗟我少年不发奋，何以慰我创业之先贤！”歌词充满着以天下为己任的豪气，反映出队员们志存高远。他们扛着枪，唱着队歌，朝气蓬勃地走在街上，常引来驻足观看。

在队员们身上，寄托着卢作孚的一个理想。

行新政用新人

卢作孚1926年创办民生实业股份公司，1927年2月出任江（津）巴（县）璧（山）合（川）四县峡防团务局局长。峡防局的职责是保境防匪，维护嘉陵江小三峡地区的航务安全和社会治安。但卢作孚素怀强国富民之志，他并不拘泥于岗位职能，而是利用这个平台，进行以北碚为中心的嘉陵江小三峡地区的乡村建设，想把这块贫瘠地区办成他在中国进行现代化建设的试验基地。于是，上任之后，他就按照心中的目标去努力。

卢作孚进行乡村建设的主要思路是：社会改造的核心是人，首先把人的建设搞起来，用新人，行新政。基于这个理念，他除了在辖区加强普及性教育，如兴办中小学，改造旧私学，开设职业学校，倡导普及民众教育等，更采取一系列具体措施，选拔、培养新生力量，计划培出一批有献身精神，并能带动民众的骨干人才，让这批人才去推动社会发展。

培养新生力量的工作，卢作孚分作3个层次进行，一是组建各种学生队，二是办各种专业培训班，三是办各种短训班。从1927年起，卢作孚亲自主持，采取公开招考的办法，在辖区内招收了500余名16至25岁的文化青年，组建起学生一队、二队、警察学生队以及少年义勇队一、二、三期。专业培训则主要是根据民生公司工作需要开办，比如水手班、茶房班、理货员班及护航员班等，前后培训了1000余人。学生队和专业班比较规范，学时也较长，相对而言，各种短训班规模小一些，主要是针对各个时段或各项工作需要而适时开办，带有临时性和实用性，但这种班数量不少，也很解决实际问题。

卢作孚培养的重点是包括少年义勇队在内的学生队，他对其寄予了很大希望，特别委派胞弟卢子英担任学生队队长和少年义勇队队长。卢子英刚从黄埔军校出来，革命热情极高，这是卢作孚选中他的主要原因。事

◎少年义勇队的新营房

● 卢国模撰写的《八十年前的北碚少年义勇队》（据《红岩春秋》2010 年第 2 期）

[1] 侯德础，赵国忠. 爱国实业家卢作孚与中国西部科学院[J]. 四川师范大学学报(社会科学版)，2000（1）：76-83.

卢作孚热衷于参加中国科学社等组织的标本采集与生物学考察，其初衷是通过采集和调查培养人才，此外采集标本以为将来开展科学研究做准备。[1]

四、标本交换

标本的获得除采集外，还有社会征集及交换。主要有人生社送赠的陈列品；及由东北考察团（民生公司、峡防局、川江航务管理处、北川铁路公司四团体合组）搜集得来之大批陈列品；乃至逐年购制捐募之陈列品。此外，1930 年 2 月底，卢作孚请德国博物专家博德利（Walter Friedrich）作采集指导，并请其帮助与德国进行标本交换。另外还有 1930 年重庆法国圣修院捐赠物品等。

1930 年，少年义勇队队员采集于汉源县的益母草标本，今藏于西北农林科技大学生命科学学院植物标本馆（据中国数字植物标本馆）

[1] 潘洵. 中国西部科学院创建的缘起与经过[J]. 中国科技史杂志，2005（1）：23-30.

1930 年 3—8 月，卢作孚率领华北、东北综合考察团出川，带去大批峡防局少年义勇队 1929 年在川边采集的动物、植物、矿物标本和夷人风物标本与各文化机关交换，中央研究院、中国科学社、金陵大学、中央大学等几处交换植物标本最多，其中，国立中央研究院自然历史博物馆（即后来的国立中央研究院动植物研究所）1930 年得到中国西部科学院捐赠植物标本 1 165 份，为答谢卢作孚到馆亲赠四川标本多种，该馆以广西标本回赠。考察团拜访黄炎培、蔡元培、李煜瀛（李石曾）、翁文灏、任鸿隽（任叔永）、丁文江（丁在君）、秉志（秉农山）、张伯苓、张季鸾等国内著名专家学者，请其介绍人才、交换标本，并采购一批化验仪器和药品装船运回备用。其中，4 月 21 日，中央研究院院长蔡元培致函中国科学社生物研究所及中央研究院博物院，请其为卢作孚等关系学术之考察、与各文化机关商议标本征求或交换等事宜，赐函介绍、招待接洽、提供参观磋商方便。同日，蔡元培致函上海商人团体整委会，请其为卢作孚等征求上海工厂的各类工业制造标本各壹全份，从原料到成品的每一阶段标本，并加以说明，以供陈列。7 月 17 日，卢作孚在北平访中华教育文化基金董事会任鸿隽，叙谈四川局势及中国西部科学院标本采集交换等，任鸿隽极愿帮助。通过各种途径，为科学院的建立储备标本、仪器、设备等物质。[1]

[1] 侯江．中国西部科学院研究[M]．北京：中央文献出版社，2012：10.

第三章

中国西部科学院成立的缘起与经过

卢作孚（1893 年 4 月 14 日—1952 年 2 月 8 日），重庆市合川人，近代著名爱国实业家、教育家、社会改革家，民生公司创始人，中国航运业先驱，被誉为“中国船王”“北碚之父”。他早年参加辛亥革命，为同盟会会员。历任泸州道尹公署教育科长、成都通俗教育馆长、嘉陵江三峡江巴璧合特组峡防团务局长、川江航务管理处长、四川建设厅长、全国粮食管理局长、中央交通部常务次长等职。中华人民共和国成立后曾任全国政协委员和西南军政委员会委员。

卢作孚一生从事航运事业，于 1926 年创办民生实业公司，艰苦创业，在短短的 24 年中，将民生公司由一条小小的民生轮，发展到 140 多艘江海轮；统一了西南内河航运，为维护川江航运权和发展我国江海航运事业、抵制帝国主义列强掠夺我国内河航运权作出了重大贡献，是我国著名的爱国实业家。

民国十六年（1927）春，卢作孚到北碚出任江（北）、巴（县）、璧（山）、合（川）峡防团务局局长后，并以北碚为基地，从事乡村建设的理论探索和社会实践，将北碚建成了举世瞩目的模范区。北碚人民对他的功绩念念不忘，尊称他为“北碚之父”。

1937 年 7 月 7 日抗战爆发，卢作孚向民生公司全体员工宣布：“国家对外的战争开始了，民生公司的任务也就开始了。”他号召“民生公司应当首先动员起来参加战争”。他率领民生公司全体员工，全力投入到战时运输中。1938 年 10 月，武汉失守，宜昌拥塞 3 万多难民、10 万吨机器设备，可以说，全中国的兵工、航空、轻重工业的生命都交付在此，急需撤往大后方，而长江还有 40 天就到枯水期，卢作孚亲临宜昌，坐镇指挥，硬是在 40 天内将人员、物资抢运入川，保住了民族工业的血脉，创造了被誉为“中国实业界上的敦刻尔克”奇迹。

1937 年到 1945 年，民生公司共运送出川抗战军队 270 多万人，运送武器弹药 30 多万吨，将数万难民和大量机器设备撤至大后方。民生公司在抗战中作出巨大牺牲，16 只船被炸沉炸毁，69 只船被炸伤，117 名员工牺牲，76 名员工伤残。毛泽东评他是“中国近代史上万万不可忘记的人”，冯玉祥夸他是“最爱国的，也是最有作为的人”。

中国西部科学院是卢作孚先生于1930年9月在重庆北碚创立的一所民办科研机构。他创办的中国西部科学院极大地促进了近代中国西部地区的工业、农业、交通运输业以及科学事业的发展。

一、卢作孚创建中国西部科学院

卢作孚创建中国西部科学院，与其求学和工作经历有莫大关系。卢作孚原名魁先，别名卢思，清光绪十九年（1893）出生于四川合川县（现重庆市合川区）一个普通的小商贩家庭。7 岁时和其兄在私塾发蒙读书。1901 年转入瑞山书院读书。1907 年以优异成绩毕业，却终因无钱不能继续升学，且以后再没有进过任何正规学校。1908 年改名作孚，进成都补习学校，学习数学和英语。1910 年接触革命学说，加入中国同盟会，从事反清保路运动。1913 年，第二次革命失败，卢作孚离开成都去上海。他在上海结识黄炎培，建立深厚友谊，被黄炎培称许的“自学成功的人”。黄炎培推荐他到商务印书馆去当编辑，他婉辞未就，怀着广开教育、启迪民智的救国之志，离沪回川，后回乡在合川中学任教，参与编写《合川县志》。

THE MOST RECORD

卢作孚让科学变成了传奇
寻踪中国西部科学院

LOOK FOR
Academy of sciences

侯江撰写的《卢作孚让科学变成了传奇——寻踪中国西部科学院》（据 2010 年 11 月的《最重庆》）

后来他又去成都，随后相继担任成都《群报》《川报》编辑、主笔和记者。写过不少抨击时弊的文章。民国八年（1919），接任《川报》社长兼总编辑。时值新文化运动潮涌神州，卢作孚迅即成为西陲之地“德”“赛”二先生最热忱的鼓吹者。高孟先曾追忆说：“五四运动提出的发展科学的口号，对卢影响极深。”卢作孚每每言及“社会的进步、落后，与科学是否发达关联极大”。1919 年五四运动爆发，卢作孚担任主笔的《川报》，是成都唯一为学生说话的报纸。[1]

卢作孚积极投身五四运动，参加李大钊等组织的少年中国学会，主张“教育救国”。1921 年任泸州永宁公署教育科长，积极开展通俗教育活动，聘请中国少年学会会员王德熙和恽代英分别担任川南师范学校校长和教务主任，开展以民众为中心的通俗教育与新教育试验，影响全川。因四川军阀混战，中途被迫夭折。

1924 年，应军阀杨森之邀，到成都创办民众通俗教育馆，担任馆长，在少城公园内建起陈列馆、博物馆、图书馆、运动场、音乐演奏室、游艺场和动物园等文化娱乐场所，集中了成都工程技术人才和文学艺术专家，充分发挥了他们的才智。然而红火一阵，又蹈川南教育实验的覆辙。

卢作孚在泸州川南师范及成都通俗教育馆从事教育工作，均因战事影响半途而废后，乃决心到桑梓，为地方做些有益于国计民生的事业。他在重庆、合川地区进行了社会和自然的调查，将其所得写了一个册子，名曰《两市村之建设》。书中有两个内容：一是关于合川县城南路市村建设的意见，企图通过实验，从经济经营为起点来改变旧社会的环境；二是关于渝合（重庆，合川）间三峡诸山经营采矿之意见，介绍三峡地区矿藏、森林丰富，并提出开采和建设的计划，这个小册子，当时由“人生社”刊印，分送各方友好，进行宣传。

卢作孚特殊的求学经历，在媒体、教育部门的工作经历和民众教育的实践，使科学报国救国的思想扎根于心。

---

[1] 侯德础，赵国忠. 爱国实业家卢作孚与中国西部科学院[J]. 四川师范大学学报（社会科学版），2000（1）：76-83.

二、北碚现代化乡村建设试验

1925 年，卢作孚在各方人士的协助下，通过集资方式在合川创办了经营航运为中心的民生实业股份公司，自任总经理。他还在合川开办电厂和自来水厂，为县城市民解决了照明和饮水问题，接着在北碚逐步实现他对地方建设的夙志。[1]

1. 稳定社会，发展经济

流经重庆市北碚区、合川区的嘉陵江段，全长 27 千米。嘉陵江小三峡是沥鼻峡、温塘峡、观音峡的统称，跨江北、巴县、璧山、合川四县境界，辖三十九个乡镇，面积约一百平方公里。长期以来，这一地区处于军阀割据和土匪骚扰之下，百姓困苦不堪。1923 年，四县绅民共议组成峡防团务局，局址设在北碚，秩序渐趋安定。1936 年，设置嘉陵江三峡乡村建设实验区，区署设北碚场。1942 年 3 月，改实验区署为北碚管理局。

1927 年春，卢作孚继任峡防局局长后，即提出："打破苟安的现局，创造理想的社会。"他认为要建设要创造，必须有一个安宁的环境和一个有秩序的社会。于是他根据当时的情况，制定计划和步骤，首先解决地方治安秩序的问题，其次是为民众服务的问题。

在肃清匪患，地方有了安宁的秩序后，卢作孚一边训练人才，一边有计划地、积极地进行了现代化乡村建设试验。在经济事业方面，建立北碚市场，组建天府煤矿公司，建筑运煤铁路，引进企业建煤球厂、铁厂、养蜂厂，支持企业购地种桐树、建果园。

2. 加强市政设施和文化设施建设

在社会公共事业方面，1928 年安设城乡电话，开重庆电话普及的先河；创办一所地方医院，为远近的人们治疗疾病，免费为市民打防疫针，并在江边设饮水消毒站；为了预防病疫，发起灭蝇、灭鼠运动；创办公共运动场，让广大群众在那里进行体育活动。

[1] 高代华，高燕. 高孟先文选[M]. 重庆：西南师范大学出版社，2016：118.

创办嘉陵江日报馆，每日出报一中张，刊载国内外消息和峡区事业进展的情况，在公共地方张贴，让人阅读；设立实用小学，着重训练儿童；利用温泉寺的温泉、森林自然之美，于1927年秋创办温泉公园。在举办社会公共事业的同时，严禁烟酒嫖赌，破除封建迷信，在峡防局设立民众教育办事处，以职员、警察、学生队和少年义勇队为骨干力量，通过夜校、工人学校、妇女学校、电影、演出、展览、节假日活动、运动会等方式，组织教育民众。

3. 创设博物馆、公园、图书馆

卢作孚创办的嘉陵江温泉公园，初具规模后，于1929年春，又筹划开辟北碚火焰山公园。火焰山坐落在北碚场的下端，雄踞嘉陵江畔，山顶有东岳古庙，林木葱郁，花草丛生。卢作孚认为这是一个开办公园的好地方，当即调派峡防局常备队，上山开凿道路，让人可沿山周游。

20世纪30年代初，为将火焰山开辟成公园，卢作孚（左起第4）等在荒山进行现场勘查（据《卢作孚研究》2019年第2期）

1930年3月初，卢作孚在东岳庙创办峡区博物馆后，更加快了开办公园的进程。3月13日晚，峡防局开主任联席会，专门讨论火焰山公园的建设问题。会上决定，由各机关主任担任公园建设指导专员，各单位划片包干，投入义务劳动。参加的单位有军事股、总务股、地方医院、体育部、图书馆以及常备队各中队等。

据《北碚乡建故事》和《中国西部科学院研究》，1930 年 3 月 8 日晚，卢作孚峡防局常备队一中队进入火焰山东岳庙，捣毁偶像，建峡区博物馆。峡区博物馆 3 月筹设，4 月募款修造馆屋，峡防局补助经费 400 元，科学院筹备组拨款 400 元，合计开支 800 元。博物馆利用火焰山东岳庙旧有殿宇 500 多平方米，略加改建，9 月落成，于双十节开馆。博物馆陈列少年义勇队历年采集的动植物标本、收集的少数民族社会风物和各方征集物品，计 10 万余件，分动物、植物、西藏风物、卫生、煤炭等 5 室陈列展出，观看者络绎不绝。采集与展览引起了各方面的重视，实际上是为日后创设科学院大造了舆论。

1930 年夏在峡区博物馆陈列室四周栽植花木，布置地景，又租附近王姓土地一幅、并购得熊姓地亩一幅，栽植树木花草，于园内构筑动物园，修造鸡舍、雀笼、鸟房、兽窟、熊屋，培养鸟兽。公园具备雏形后，用花草排列成“平民”两个大字，在嘉陵江上过往的人均可见，公园之名因此定为“平民公园”。

1929 年筹议、1930 年 10 月 12 日成立的平民公园和 10 月 10 日设立的饲养良种家禽家畜的动物园，均由峡区博物馆直接领导。中国西部科学院成立后不久，峡区博物馆由峡防局拨交科学院办理，更名中国西部科学院博物馆，分陈列所及动物园两部。

三、中国西部科学院培养引进人才

卢作孚非常重视人才的引进、培养，用人的办法是“大才过找，小才过考”，即依据事业的需要，对学者、专家、工程技术或高级领导人员从社会实践卓有成效的人中去寻找聘请，中层以下的干部，则经严格的招考和训练。他为事业寻求专才，曾访遍国内，甚至国外，如聘德国人傅德利为昆虫研究员，聘胶济铁路总工程徐利氏为北川铁路工程师，后改聘丹麦人守儿慈为北川铁路总工程师等。

1. 自行培养

卢作孚对青年的训练，不只为了事业发展的需要，不只是为了解决青年的就业和出路，而主要是为国家培训大批有理想、有技能，而又愿意为社会服务的人。从 1927 年夏开始，先后招收了中学程度的青年 500 余人，办了学生一、二两队，少年义勇队三期，警察学生队一期，根据需要和任务，规定训练的内容和时间，短的六个月、长的两年。另外，除办理各种临时训练班外，还为民生公司办了些专业训练，如护航队、茶房、水手、理货生等训练班多期，其人数近千人。对各训练班的受训人员，开展军事、政治、常识、思想行为、工作、生活作风等方面施训。凡学生队在入队的前三个月，都要受军事训练，卢作孚教育青年采取许多有效的形式。他强调说："可靠的功夫须从实地练习乃能得着，骑马须用在马上学，泅水须在水上学。""我们应从野外去获得自然的知识，到社会上去获得社会的知识"，为了创办科学院，他派学生随专家、学者到川边及西南、西北各省去采集生物，并作少数民族的社会调查。[1]

卢作孚培养的重点包括少年义勇队、学生队，他对其寄予了很大希望，特别委派胞弟卢子英担任学生队队长和少年义勇队队长。卢子英刚从黄埔军校出来，革命热情极高，这是卢作孚选中他的主要原因。卢子英将黄埔军校的理念及训练方法创造性地用于培训工作，把理想和道德教育放在第一位，他强调"成人重于成事，人才重于资财"，认为培训青年不仅是解决青年的就业出路，主要是要培养大批有理想、文理兼备、有技能而又愿意为社会服务的人，为除陋俗、除灾害，开创未来，创造基础条件。因此，他除有计划地对学生进行体能训练外，用了大量精力对学生进行纪律、意志、行为的锻炼，把爱国强国的精神种子一点一点地植入学生心里，在卢氏兄弟的努力下，学生队相继出了许多优秀人才。

2. 实践锻炼

与科学院的人员训练有关的有 1929 年、1930 年两次大规模派少年义勇

---

[1] 高代华，高燕. 高孟先文选[M]. 重庆：西南师范大学出版社，2016：119.

队学生随入川考察的中外学者到四川、西康、新疆、甘肃、青海等省进行动植物标本采集和社会调查，通过这种在实践中学习的方式，训练出一批建设所需的人才。1929 年 7 月到 11 月，由卢子英率少年义勇队 30 余人随中国科学社来川考察的方文培等一批动植物专家同去峨眉山、雷马屏峨大小凉山采集动植物标本并做科学考察，同时又进行民族地区的社会调查。这次肩负重任出征，少年义勇队一路风餐露宿，多次遭遇猛兽及泥石流，备尝艰苦，后又与少数民族同胞从误解对立到最后结友合作，队员们历经数月艰辛，终于圆满完成任务凯旋。此行共获 10 万余件珍贵的动植物标本及大量藏、彝民族服饰、用具、风情文物等资料，收获极大。带回来的东西被陈列在北碚平民公园中的峡区博物馆。[1]1930 年 3—12 月，卢作孚派少年义勇队学生在中国科学社生物研究所、静生生物调查所、中瑞新甘考察团以及德国昆虫学者傅德利的率领下，分 6 组往川边采集生物、地质标本及夷区用品。

关于少年义勇队的工作与成绩，《一个值得介绍的少年团体——四川巴县的少年义勇队》记载："在训练青年努力于科学之探讨，及社会之救助。自民国十七年十一月成立以来，迄今已愈两载，中间曾作种种社会的调查，及旅行到西康、甘肃、青海、新疆等地，为动植物矿物的标本采集。"该文赞扬少年义勇队的精神和工作，并感叹道："我们睁开眼看一看，国内的一切新的出版物……有多少是经过辛苦和努力而创造出来……真实的学问，不在书本上，在实验室里，在社会上，在自然界里，要自己去试验，去观察，去调查采集。少年义勇队具有这种精神，这是值得我们全国青少年界仿效的。"[2]

卢作孚还从少年义勇队的佼佼者中选派部分学员到外地进修深造，比如，送罗正远到重庆大学学地质，罗正远后来成为科学院地质研究所的骨干专业人员。1930 年，卢作孚率合组考察团出川联系妥当后，派员到中国科学社学动物标本制作，到中大农学院实习畜牧兽医。

少年义勇队第一队两年训练期满，多分派于峡防局、中国西部科学院、北川铁路公司及民生实业公司服务。1934 年 3 月，又成立少年义勇队第二队。

[1] 卢国模. 八十年前的北碚少年义勇队[J]. 红岩春秋，2010（2）：64-66.
[2] 倍思. 一个值得介绍的少年团体——四川巴县的少年义勇队[J]. 少年（上海 1911），1931，21（9）：2-4.

目的在于训练青年，以科学方法讲学、做事，以科学方法应付自然、应付社会，并以适应新兴事业之需要，而培育实用人才。招收学生 96 人，训练期 1 年。分 3 期训练；第 1 期授军事学术科，童子军训练，及文书、簿记、统计等服务常识；第 2 期授警察知识，社会调查及社会教育：第 3 期旅行边地，调查乡土民情，采集自然标本。上述两队少年义勇队员，均先后派往北碚实验区、北川铁路、天府煤矿和民生公司，后来都成为这些单位的骨干。[1]

3. 人才引进

建科研机构，必然要一批专业人才。1930 年 3 月至 8 月，卢作孚率领华北、东北综合考察团出川，拜访考察各学术机构，寻求在人才、技术方面的支持。卢作孚还主动与国内学界密切联系，通过蔡元培、胡先骕、翁文灏、秉志、钱天鹤、任鸿隽、王琎等科学大家，请其介绍人才到中国西部科学院各研究所担纲研究工作。静生生物调查所植物部主任胡先骕推荐“不可多得的人才”、1931 年刚从北京师范大学生物系毕业的俞德浚到西部科学院担任生物研究所植物部主任。卢作孚托中国科学社社长任鸿隽物色化学专业的研究人员。任鸿隽请北大理学院院长和化学系主任曾昭抡介绍其毕业生李乐元到西部科学院工作。1932 年 8 月，李乐元从北京经天津，再转上海，据任鸿隽信，李乐元应先在上海见卢作孚“面承教诲”后由其安排乘民生公司的民贵轮到重庆，再至北碚担任西部科学院理化研究所主任、研究员。任鸿隽致卢作孚函：“李君系北大毕业生由其主任教授曾君昭抡介绍，弟知曾君诚笃学者，其赏识之人才不至于太差。”又如，在中国科学社生物研究所和静生生物调查所任所长兼研究员的秉志介绍德国佛来堡大学理学博士王希成到西部科学院动物部工作，1933 年 12 月由上海入川，1934—1935 年任该院生物研究所所长；继任的所长戴立生博士也是由秉志介绍，1935 年秋到中国西部科学院的。

卢作孚求贤若渴，用“找”的方式，为科学院聚集了一批高水准、具有现代科学知识与理念的中外学者。担任各研究所主任或研究员的有法、美、德等国留学生以及来自中央大学、北平大学、北平师范大学、南开大学、上

[1] 李萱华. 北碚乡建故事. 内刊，2012：23.

海大学、暨南大学、东南大学、重庆大学等的理学士、工学士等，他们都是本专业领域的佼佼者，均在其研究生涯中贡献卓著。德国佛来堡大学理学博士王希成担任生物研究所所长，俞德浚担任生物研究所植物部主任、研究员，德国人傅德利在生物研究所从事昆虫研究，施白南担任动物部主任、研究员；留法生物学士刘振书和旅美留学生刘雨若先后担任农林研究所主任；常隆庆担任地质研究所主任、研究员；李乐元担任理化研究所主任、研究员；修业巴黎大学的黄子裳担任博物馆主任。中国西部科学院还聘请国内顶级的研究大家为其特约研究员，如中央地质调查所研究员、中央研究院首任院士黄汲清等。[1]

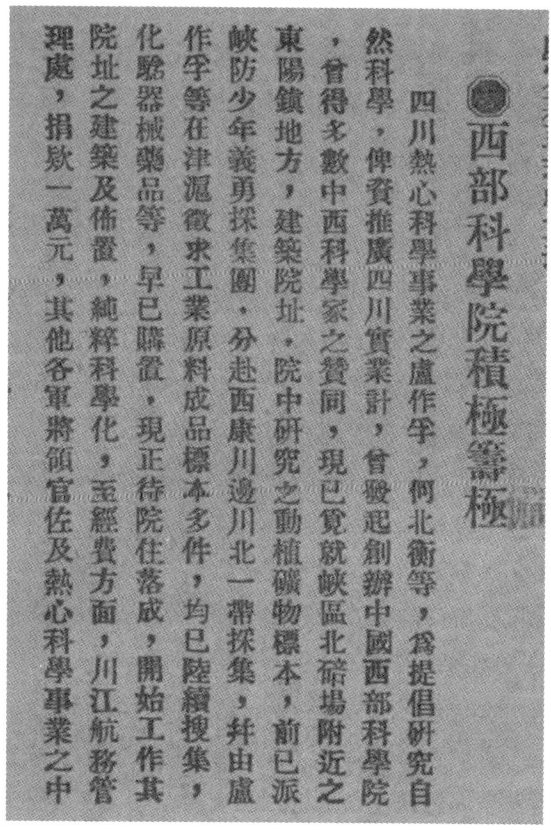

西部科學院積極籌極

四川熱心科學事業之盧作孚，何北衡等，爲提倡研究自然科學，俾資推廣四川實業計，曾發起創辦中國西部科學院，曾得多數中西科學家之贊同，現已覓就峽區北碚場附近之東陽鎮地方，建築院址，院中研究之動植礦物標本，前已派峽防少年義勇採集團，分赴西康川邊川北一帶採集，并由盧作孚等在津滬徵求工業原料成品標本多件，均已陸續搜集，化驗器械藥品等，早已購置，現正待院住落成，開始工作其院址之建築及佈置，純粹科學化，至經費方面，川江航務管理處，捐欵一萬元，其他各軍將領官佐及熱心科學事業之中

《西部科学院积极筹备》（据《湖北教育厅公报》1930年第1卷第12期）

[1] 侯江. 中国西部科学院研究[M]. 北京：中央文献出版社，2012：9-10.

通过自行培养、社会实践、技能培训、进修学习、学校学习等多种方式，本地培养与外地引进相结合，走出去学习和请进进来指导相结合，基础人员培养与高端人才招贤相结合，储备、并不断充实中国西部科学院筹建所必需的人才队伍。

四、建立中国西部科学院的历程

1. 提出建立嘉陵江科学馆的设想

五四运动提出的发展科学的口号，对卢作孚影响极深。他认为，社会的进步、落后，与科学是否发达关联极大，因此，他致力于社会科学的研究并应用于实际工作中，又鉴于西南各省物产丰富，幅员辽阔，亟宜从事于科学之探讨，以开发宝藏，富裕民生。为了适应地方各项事业发展的需要，遂引起筹建科学机构的动机。[1]

据《中国生物学史近现代卷》，1926 年，中国科学社生物研究所就派人在四川南川、江津一带采集；1928 年，四川川东、川南各地采集。[2]

关于卢作孚萌发建嘉陵江科学馆的念头有这样一些表述，潘洵在《中国西部科学院创建的缘起与经过》中说："1928 年，北平静生生物调查所、中国科学社生物研究所、金陵大学川康木本植物采集团、中央研究院等科学机构纷纷派动植物专家入川调查采集，并将采集所得标本在重庆举行大规模展览。这些科学活动，极大地刺激了卢作孚。为实现自己的科学理想，卢作孚一方面派出少年义勇队随同专家、学者进行标本采集和科学考察，另一方面不断加强与其他科研机构的交流和联系，为正式成立科学研究机构而积极准备。"[3]侯江在《中国西部科学院研究》中说："自 1927 年中国科学社川康植物采集团进入四川、西康两省采集以来，1928 年北平静生生物调查所、中国科学社生物研究所、中央研究院生物研究所、金陵大学川康木本植物采集团等学术团体纷纷派员入川调查采集生物和地矿标本。卢作孚热情接待国内学

[1] 高代华，高燕. 高孟先文选[M]. 重庆：西南师范大学出版社，2016：119.
[2] 罗桂环. 中国生物学史近现代卷[M]. 南宁：广西教育出版社，2018：357.
[3] 潘洵. 中国西部科学院创建的缘起与经过[J]. 中国科技史杂志，2005（1）：23-30.

界入川考察，并从中受到启迪，构想创造一个研究科学的环境，搜集罗列生物地质的标本、理化实验的仪器药品、社会调查的统计材料，在此较学校更为充实的科学环境中，作科学的研究，并有助于各学校。”[1]

2. 拟定实施科学院计划大纲

1930 年 4 月 2 日的《嘉陵江》报上，刊载了卢作孚草拟的《科学院计划大纲》，包括设备配置、标本采集、对外交流、参观研究、建筑选址等内容。卢作孚草拟这份计划大纲的具体时间已无法考证，推测应在 2 月下旬以后。《嘉陵江》1930 年 3 月 9 日报道：“半月前，卢局长在渝同傅氏（傅德利）已商决本年领导学生作川边各项标本之采集。”这是卢作孚第一次同傅氏会面，《科学院计划大纲》两次提到傅德利，说明大纲的拟定是在同傅德利会面之后。

从这份计划大纲中的设备配置来看，不仅有自然方面（植物、动物、地质、理化用具与药品等）的，而且包括社会方面（衣食住与用具、政治与战争、教育与宗教、风俗习惯与人口统计等）的，表明当时卢作孚设想建立的科学院，是一个包括自然科学和社会科学的综合性科学院。在标本采集和交换方面，大纲不仅计划在省内国内进行，而且准备到日本、南洋进行采集，与日、德、英、美等国机构进行交换。尽管这份《科学院计划大纲》还非常粗略，特别是在研究方面的设想还远不能达到一个专业研究机构的要求，但计划大纲的草拟，表明卢作孚创立科学院的构想又向前迈进了一大步。[2]

3. 考察设立筹备处

1930 年 3 月至 8 月，卢作孚亲率民生公司、北川公司、峡防局和川江航务管理处等单位同仁前往东北、北平、青岛、南京、上海等地进行了为期半年的考察。考察团携带了大批动、植、矿物标本以及凉山彝族生活用品等，与南京中央研究院、中国科学社、金陵大学、中央大学等科研机构和学校进行标本交换；还在上海、东北等地征集标本，采购各种科学仪器、药品，以

[1] 侯江．中国西部科学院研究[M]．北京：中央文献出版社，2012：8-9.
[2] 潘洵．中国西部科学院创建的缘起与经过[J]．中国科技史杂志，2005（1）：23-30.

及意大利种鸡、鸣禽和法国梧桐（*Platanus orientalis*）树苗等。卢作孚拜访了黄炎培、蔡元培、李石曾、丁文江、任鸿隽、翁文灏、张伯苓、秉志等一批旧交新友，得到了他们对于建立中国西部科学院的支持。考察团对浙江昆虫局、江苏昆虫局、南京中央研究院、中国科学社、故宫博物院、静生生物调查所、金陵大学、中央大学、燕京大学、南开大学等科研机构、博物馆、学校进行了认真的考察，为创办中国西部科学院、发展科学文化教育事业学习经验。

此次考察活动，使卢作孚更加深刻地认识到科学在事业发展和国家兴盛中的重要地位和作用。在江浙之行中，卢作孚对清除昆虫害、制作秋蚕种、使用农田灌溉机、改良棉种等留下了深刻的印象，认为这四桩事业是"由学术的研究而及于社会的影响，是中华民国中间一点最有希望的新进化；一切事业都由学术的研究出发，一切学术都应着眼或竟归宿于社会的用途上，在今天的中国尤其感着急切的需要"。通过考察，卢作孚对未来科学院的发展重点有了更加明确的认识。在 6 月 6 日致黄子裳的信中，卢作孚明确指出："科学院除作学理研究外，尤准备应用，决以制春秋两季蚕种，提倡养秋蚕，指导农作，提倡种棉，指导养猪，化验各种原料成品为主要事业，决买五百元以上之动植物种（如猪鸡蚕等），二千元以上化验用品携带回川，并聘专员担任研究，将来即任中学教授。"而东北之行，卢作孚见日本人以科学手段为侵略先导的所作所为，"才憬然于日本人之处心积虑，才于处心积虑一句话有了深刻的解释"。卢作孚在游记中写道："他们（指日本人）侵略满蒙，有两个更厉害的武器，为平常人所忽视：一个是满蒙资源馆，一个是中央试验所。凡满蒙的矿产农产畜牧，都被日本人将标本收集起来，将数量统计起来，将地形测量起来，绘图列表，并制模型，加以说明，一一陈列在满蒙资源馆里。我们不须到满蒙，只须到满蒙资源馆，便可以把满蒙的家屋看得清清楚楚了。别人已把我们的家屋囊括到几间屋子里去，我们自己还在梦中。规模很大的中央试验所，则更把满蒙的出产一一化验出来，考求其原质、用途及其制造方法。有两个显著的成绩：一个是抚顺的油岩，由化验而至于试采，现在已经正式经营起来，年约出重油五万吨了；一个是榨过豆油的豆饼，以前只用来作肥料或喂猪，而今才知道更可作面包饼干，人的优良食品了。”所有这些对卢作孚都产生了强烈的刺激，认识到“最要紧的办法是自己起来经营，才能灭杀日本人的野心”。在卢作孚等人看来，“吾国西部诸省物产丰富，幅员辽阔，不但为西南屏障，且与东北有同等之价值”，建立研究机构，从事科学探讨，开发西部宝藏，乃刻不容缓之事。考察活动直接推动了中国西部科学院的建立。据随行考察的高孟先先生遗稿《卢作孚与北碚建设》记载，考察期间，卢作孚在上海决定设立“中国西部科学院筹备处”。对于此举，京、沪各学术团体及其领导人蔡元培、秉志、翁文灏、王尧臣、黄炎培等极表赞同，舆论界亦甚支持。[1]

为建立中国西部科学院，在 1929 年、1930 年积极进行动植物等标本的采集和仪器药品等的物资储备过程中，卢作孚大力向各方募集捐款。1930 年 3 月，卢作孚就往川边采集生物、地质标本及夷区用品的采集事宜电请 21 军军长刘湘（刘甫澄）、24 军军长刘文辉（刘自乾）、西康政务委员长龙守贤给予赞助，军政方面皆表示乐于帮助。同年 3 月，已筹到王治易师长 1 000 元、蓝文彬师长 1 000 元、廖海涛师长 3 000 元、万县 1 000 元募捐。

于 1930 年 3 月 8 日—8 月 26 日，卢作孚率队出川赴东三省、直隶、江苏、浙江等省考察，在从重庆至万县途中，为科学院筹款 4 000 元以上。考察途中，6 月 15 日，卢作孚致函熊明甫，谈及在上海为峡区染织厂、地方医院、中国西部科学院等购买各种机器设备、仪器、药品、树苗种子等事，信中说：关于科学院者，已买化学仪器、药品，去银二千余元；将买各种树苗种子计银七八百元，此款拟募捐偿还。同年 6 月 20 日，卢作孚再次致函熊明甫，谈及已订下为科学院购买的机器约值银 1 548 两。[2]

经过多方募集捐款，提供了建立科学院所必需的经济、物质支撑。

卢作孚等地方爱国志士倡议在时属四川省的巴县北碚设立研究机关，定名为中国西部科学院，以“从事于科学之探讨，以开发宝藏，富裕民生”为目的。在边计划、边实施、边筹设的过程中，中国西部科学院于 1930 年 9 月在北碚火焰山东岳庙正式成立。

[1] 潘洵．中国西部科学院创建的缘起与经过[J]．中国科技史杂志，2005（1）：23-30.
[2] 侯江．中国西部科学院研究[M]．北京：中央文献出版社，2012：12-13.

科學拾零

中國西部科學院概況

一 緣起

數年以來，四川軍政當局各界人士，及中外學者，鑒於吾國西部各省物產豐富，幅員遼闊，不但為吾國西南屏障，且於經濟上，與東北各省有同等之價值，爰議設立科學研究機關於巴縣北碚，定名中國西部科學院，從事於科學之探討，開發寶藏，富裕民生。民國十九年正式成立，先後派員調查地質，採集生物，遍歷甘，寧，青，雲，貴，康各省，及四川各屬，次第設生物，理化，農林，地質，四研究所，附設中學小學，博物館，圖書館，及染織工廠各一所，開辦迄今，略具雛形。

二 組織

1. 董事會　設常務董事十三人，聘劉湘，郭文欽，甘典夔，劉航琛，盧作孚諸先生任之。
2. 院長一人。聘盧作孚任之。
3. 總務處　民國十九年秋間成立，設主任一人，襄助院長處理院務，並代行院長職務，聘張博和任之。
4. 生物研究所　民國二十年夏間成立，設植物，昆虫兩部，十八九兩年曾派學生隨同中外學者，分赴西北各地採集標本，聘俞季川任植物研究員，兼任植物部主任，聘德人傅德利任昆蟲研究員。二十二年秋設動物部及植物園，聘施伯南任動物研究員，兼動物部主任；聘劉振書任植物研究員兼植物園主任。二十三年春聘王希成任生物研究所所長，至是生物研究所組織粗具規模矣。
5. 理化研究所　民國十九年十月成立，聘王以章任研究員兼任主任，二十一年冬，聘李樂元任研究員，二十二年春聘徐崇林任研究員。

●《中国西部科学院概况》（据《科学》1935 年第 19 卷第 1 期）

中国西部科学院成立后即组织董事会，筹募捐款。董事会公推刘湘为董事长，郭文钦为副董事长，同时聘请卢作孚为院长，主持院务，次第设立生物、理化、地质、农林 4 个研究所，并附设图书馆、博物馆、兼善学校等，接管平民公园内的动物园。

第四章

中国西部科学院及其各机构概况

"出观音山，就望见北碚镇，船靠拢岸，已经十一点半了，上岸后在农村饭店进餐，饭后开始参观北碚实验区各种事业，先到公园游览，园筑在一座小山上，可以俯眺江景，山的背后是兼善中学，山顶有一座博物馆，陈列着各种矿产和动物标本，院的背后还畜养着许多鸟兽。匆匆的走了一转，便穿过镇心去参观中国西部科学院，院内设有地质、生物、理化、农林四个研究所，这一所设立未及十年的科学研究院机构对于教育相当落后的四川是大有贡献的。"[1]张沅恒在《嘉陵三峡：四川游记之三》中的描述，基本概括了中国西部科学的现状。

一、中国西部科学院组织概要[2]

1. 内设机构

中国西部科学院设立董事会，筹措经费，维持院务。1931 年 1 月 2 日，科学院在兼善中学开第一次筹备会议,确立董事会下的院长负责制管理体制。董事会设常务董事 13 人；聘院长 1 人，总理全院行政事宜。董事必须是具有从事专门科学研究、热心倡导科学研究事业、捐款巨资三种资格之一，且经常务董事会开会讨论通过者；常务董事由董事会互选；董事长和副董事由常务董事会互选。董事会的职责是：考察工作成绩，并核定其计划；审查经费的决算，并核定算；决定经费和基金的筹集方法；推选常务董事。常务董事会的职责是：考察工作的进行状况，核定其办法；审查经费计算书；筹集经费和基金；选聘院长。董事长代表董事会执行一切事务，缺席时由副董事长代理。董事会之下设院长，总揽全院行政事务，并通过总务处具体执行。总务处下设文书、编辑、会计、庶务各组，分办诸项事务；各组由 1 名组长和若干名助理员组成。

初创时期，中国西部科学院董事会成员 14 人，董事长刘甫澄（刘湘），副董事长郭文钦（郭昌明），卢作孚任院长。从初创时期至 1937 年，推荐的三届董事会成员均为热心教育与公益的军政要员、实业家。从 1930 年至 1938

[1] 张沅恒. 嘉陵三峡：四川游记之三[J]. 良友，1939（140）：14.
[2] 本章资料除特别标注外，均来自侯江《中国西部科学院研究》，中央文献出版社 2012 年版。

年，董事长均为刘湘。刘湘时任国民革命军第二十一军军长，1932 年后为四川“剿匪”总司令，1934 年任四川省政府主席、川康绥靖公署主任“剿匪”总司令。1937 年 10 月任第七战区司令长官，同年 12 月 3 日任第二十三集团军总司令。

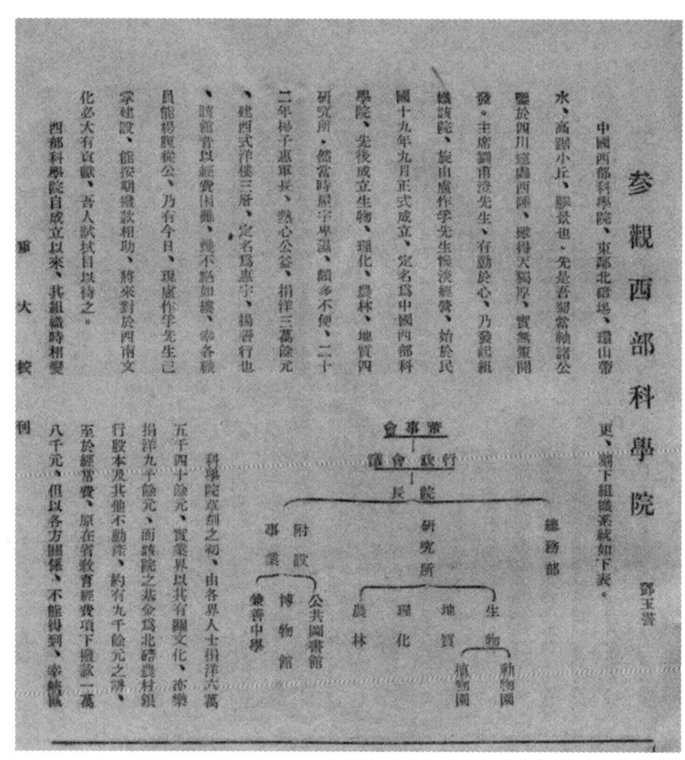

参觀西部科學院

鄧玉書

中國西部科學院、東鄰北碚場、環山帶水、高踞小丘、勝景也。先是吾蜀當軸諸公鑒於四川寶藏西陲、雖得天獨厚、實無從開發。主席劉甫澄先生、有動於心、乃發起組織該院、旋由盧作孚先生慘淡經營、始於民國十九年九月正式成立、定名為中國西部科學院、先後成立生物、理化、農林、地質四研究所。然當時屋宇卑濕、頗多不便、二十二年楊子惠軍長、熱心公益、捐洋三萬餘元、建西式洋樓三層、定名為惠宇、揚善行也、該館昔以經費困難、幾不能如續、幸各職員能務觀從公、乃有今日、現盧作孚先生已掌建設、能按期撥款相助、將來對於西南文化必大有貢獻、吾人試拭目以待之。

西部科學院自成立以來、共組織時相變更、列下組織系統如下表。

- 董事會
  - 行政會議
    - 院長
      - 總務部
      - 研究所
        - 生物
          - 動物園
          - 植物園
        - 地質
        - 理化
        - 農林
      - 附設事業
        - 公共圖書館
        - 博物館
        - 兼善中學

科學院草創之初、由各界人士捐洋六萬五千四十餘元、實業界以其有關文化、亦樂捐洋九千餘元、而該院之基金為北碚農村銀行股本及其他不動產、約有九千餘元之譜、至於經常費、原在省教育經費項下撥款一萬八千元、但以各方關係、不能得到、幸峽防

重大校刊

● 邓玉书撰写的《参观西部科学院》(据《重大校刊》1936 年第 5 期)

2. 经费来源

中国西部科学院的经费由董事会筹集，历年由董事会筹募捐款 19 295.73 元，作各部建筑、设备等各项费用。并先后请准国民革命军陆军第 21 军军部、江巴璧合特组峡防团务局、四川省政府教育厅补助作为经常开支。此外还来源于三峡染织工厂盈利、民生实业公司常年捐款。开办之初，有 164 600 余元的产业基金（另一资料 151 000 多元建设基金）、50 000 多元的经常性收入

以及各界人士捐款。1931 年各种拨款总数 12 000 元。1934 年，科学院设备、建筑、采集，以及一切开支用款 200 000 元。1937 年全年经费收入 17 000 余元。

科学院主要经费来源：

（1）各界捐款：科学院经费主要源于此。其中，1931 年得捐款 27 份，共计 20 000 余元，其中 24 份属于个人捐款、而卢作孚 1931 年将其在重庆川康殖业银行全年薪水及红利共 4 000 余元全部捐出。1935 年 9 月卢作孚捐银 600 元。1934 年 3 月重庆民生公司捐助银 8 000 元、北川铁路公司捐助银 500 元。1937 年各界捐款收入 7 000 余元，历年由中国西部科学院董事会向各界人士及经济事业机关筹募捐款 192 495.73 元，一部分作各所、馆各项开支，一部分为历年建筑设备费用计 155 000 余元。

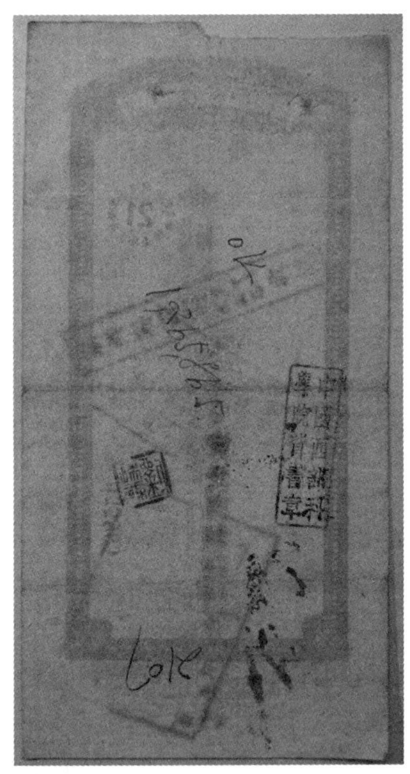

1949 年 1 月 20 日的一张重庆商业银行本票背面盖有“中国西部科学院背书章”（据孔夫子旧书网）

（2）军政补助：川江航务管理处每月补助 600 元。陆军第 21 军军部每月补助 600 元，曾年助 18 000 元。1935 年 21 军改组，停拨补助费。当年 5 月又奉四川省政府 5 月 1 日指令自 3 月份起照准 21 军部按旧例月助 600 元。峡防局每月补助 200 元至 700 元不等，1936 年峡局改组，停拨补助费。四川省政府教育厅补助费每月 1 500 元，年补助 18 000 元。1932 年补助 7 200 元，1937 年核减为全年 5 000 元。

（3）公司、工厂赞助：三峡工厂股息约 6 000 元。民生公司 10 000 余元借款。1950 年民生公司清理股权时，记载有专人管理的“文记”股 1 万股（时民生公司全部股份不足 80 万股），其股息年拨付西部科学院。

（4）银行赞助：川康殖业银行每月拨款 300 元，1931 年获川康殖业银行 1 500 元借款。北碚农村银行息金、红利，年收入 500 元，1937 年计有北碚农村银行股本 3 600 元。1938 年 6 月美丰银行捐款 1 000 元。

（5）文化研究机构资助：通过合作研究及接受有关部门的委托研究而获得一定资助。中华教育文化基金董事会（China Foundation for the Promotion of Education and Culture）资助，1933 年 3 029 元，1934 年 3 627.38 元，1935 年 2 000 元。北平地质调查所补助 1 300 余元。静生生物查所补助 2 300 余元。1935 年 11 月份实业部地质调查所补助中国西部科学院地质研究所调查旅费 500 元。

（6）自创产业收入：开办农场、兼善公寓、餐厅、石灰厂、面粉厂等积累部分资金。其中，1937 年农场投资 35 218 元，年收入息金及生产盈余共 5 000 余元。1937 年计田房产收入约 800 元。

二、理化研究所

1930 年 10 月，成立中国西部科学院理化研究所（Department of Physics & Chemistry），聘王以章任主任，有助员黄治平，化验员、工役各 1 人。1933 年该所稍具规模，选定燃料研究、矿产及其他物料分析及工业原料的调查、试验为中心工作。1933 年，获杨森（子惠）捐款 30 000 余元，于翌年建成一幢三层楼房，取名“惠宇”。自 1936 年起，四川省政府设厅按期拨款辅助。

抗战以后，一些外地学术机关迁来北碚，借“惠宇”继续工作。1950 年理化所有工作人员 6 人，设备有实验室 2 间、天平室 1 间、蒸馏水室 1 间、离心机室 1 间、仪器储藏室 1 间、药品储藏室 1 间、图书室 1 间、杂志室 1 间。1949 年，中国西科学院被军事接管。1951 年，中国西部科学院与中国西部博物馆合并改组为西南人民科学馆。自 1934 年 7 月起，出版《中国西部科学院理化研究所丛刊》，并发表论文 50 余篇。

理化研究所自成立以来 20 余年，工作未曾中断过。其工作主要内容为研究试验四川及西部各省地面及地下物资的性质和利用。工作着重在几大方面：

（1）燃料问题的研究，分析了四川煤焦 2 434 种。

（2）矿产及其他物料的分析，分析川康矿产及物料 2 301 种。

（3）化工问题的研究实验，如玻璃原料的精制、用红砒制造有机药物、白陶土对植物油脱色和制硫酸铝、民生公司轮船上铝板防腐蚀的问题，桐油检验工作的进行、胆巴的利用，重晶石制氯化钡、蓄电池制造、废电池利用、软水剂制造，无水硫酸钙作干燥剂等。

（4）农产加工的研究，如谷壳制造活性炭、麦芽糖制造焦糖、醋酸发酵、乳酸钙的制造、注射用葡萄糖的制造、用荞麦提取“露汀”、芝麻渣提取蛋白质、漆蜡的精制等。

1936 年受四川省建设厅的委托，在四川工业试验所未成立之前，所有全川工业试验事宜，全由理化研究所负责，省厅每月拨发 1 500 元补助费。

理化研究所对四川及西部各省的燃料、矿产及其他物料的分析，以工业原料的调查试验中心工作，而尤重于煤的加工利用。还对水泥原料、五倍子、耐火材料以及四川盐水进行了大量分析，并进行工业用水、软水剂及南北温泉水质等的化验分析。很多研究机关和工矿企业，都曾向该所索求分析结果，以供研究参考。如与四川省地质调查所合作，帮助其分析化验地矿物料。接受外界委托化验，供应中学生化验试剂，代矿厂设计化验室，供应矿物分析标本等项业务。

煤炭的化验分析是理化研究所进行的最为主要的工作。煤样来自自采标本或外界委托化验样本，其中有来自雅安市天全县、宝兴县的样品。1935 年，李乐元著《四川煤炭之分析》载：“綦江、南川、南江、广元、宝兴、天全、西昌、会理、屏山、达县、泸县、江北、大足、合川、荣昌、彭水、峨边、酉阳、灌县、涪陵、犍为、江津等煤厂400家。”

中國西部科學院 理化研究所十月份工作報告　黃治本

一，化驗萬縣及華鎣山兩處的煤共二十餘種。

二，化驗溫泉泉水已經得出一部份結果在下月當有詳細報告。

三，正開始化驗嘉陵江河水，因爲三峽廠用水，和北碚用自來水的原故。

四，赴渝運回儀器及建築材料，共四大箱，這些是今年正月間向德國訂購的[illegible]就到了重慶。因爲免稅問題，担誤很久。現在我們總算運回開箱了：有一部份儀器已經拿來使用，還有一部份，因爲自來水和電的供給現在不方便，要等新屋完成後才能應用。

五，計劃本所新房子內部的設備和佈置，我們想把理化研究所的新房子，佈置成爲最合用最新式的實驗室。

中國西部科學院生物研究所動物部十月份工作報告　施白南

本月的工作，與前月不同，前月是室外的工作多，本月是室內的工作，茲報告於後：

甲 室外工作：在本月中旬郭偉甫同楊崇綬二人到縉雲山採集四天得標本廿三件其餘在北

工作週刊　一

● 中国西部科学院理化研究所和生物研究所动物部十月份工作报告（据《工作周刊》1933年第16期）

研究所次要的工作为四川及西南部各省矿物及其他物料的化验分析，以川康两省为主，辨明了川康两省丰富的矿产资源的成分，其中有来自天全、宝兴的镍矿、锑矿标本。

牛天玉根据《重庆市档案馆藏中国西部科学院档案》制作的《中国西部科学院川康两省矿产标本》(表)中有“会理、天全等县的镍矿标本7种，酉阳、秀山、宝兴等县锑矿标本5种”[1]表述。

三、农林研究所

中国西部科学院农林研究所1931年4月正式成立，宗旨为“垦荒地，培育森林，并收求优良稻、麦、蔬菜、果树及牲畜(品种)作改良之研究，试验成功即从事繁殖推广，以增加农林生产”。农林研究所分棉作、花卉、蔬菜、果树、农林、畜牧6个组，另设一个气象测候所、两个农事试验场。第一农场在江北县东阳镇，有熟地 200 余亩；第二农场在江北、合川交界处的西山坪，占一片荒山2 000余亩，后垦得熟地500余亩，作农林果蔬的试验基地。

农林研究所曾对20世纪30年代四川农林事业的发展起过积极作用。农林研究所依照科学方法，实施育种，改良品种，推广农业改良技术，以提高畜禽品种质量。对稻麦、蔬菜、果树、畜禽等作改良研究，进行稻、麦、玉米和中美棉的栽培与育种试验，培植的西山坪西瓜、象牙香蕉名闻省内外。引进意大利鸡、来杭鸡、北平鸭、盘克猪、绵羊、山羊等良种作杂交、繁殖、育肥试验，并作专题调研，调查遂宁、简阳棉业和川北畜牧业。使用打谷机、玉米脱粒机等新式农具。在农林研究的各个方面均处于四川较为领先的地位。

由于抗战军兴，经费特别困难，“大部分试验工作均暂行停顿”。1936年，农场拨赠兼善中学经营。1938年农林所停办，农场由兼善学校接管，仅气象测候所仍维持工作。

[1] 牛天玉. 民国时期中国西部科学院的自然资源调查及其影响[D]. 重庆：西南大学，2010：41.

● 卢作孚 80 多年前创办的西山坪农场现已是 AAA 旅游景区（据 http://you.ctrip.com/travels/chongqin158/3810884.htnal）

农林研究所首任主任刘雨若，刘式民（刘振书）后继任，并兼任第一农场长、中国西部科学院植物园园长。1934 年，瑞典阿卜所拉皇家人学植物学教授史密斯（Harry Smith）第三次来华，赴西康采集，函约中国西部科学院同行。中国西部科学院即派植物园主任刘式民、助员彭彰伯、甘辛茹，与史密斯共同组成中瑞川康生物采集团，除作动植物标本采集之外，并搜罗球根种籽，以备植物园的栽培。中瑞双方在重庆汇合，乘船沿长江上驶，经叙府（宜宾）到嘉定（乐山），步行到雅安、荥经，抵汉源后，在大相岭、飞越岭两山工作，后西行经泸定到达康定，以该县为中心四处采集；入秋后，往西北经道孚、丹巴，在大炮山、海子山、折多山狮子岭和五色海等地采集。在往返的途中，经过汉源时，刘式民采集很多标本，今在国家植物标本资源库信息网可查到刘式民当年采集至汉源县的标本约 130 份，标本存中国科学院植物研究所标本室。

四、地质研究所

中国西部科学院地质研究所成立于 1932 年 7 月，所址设在四川巴县北碚场，主任由常隆庆担任。经费来源重庆民生公司、川康银行、美丰银行的捐款以及四川当地政府及实业部地质调查所的补助。1938 年 2 月并入新成立的四川省地质调查所。中国西部科学院与四川省地质调查所以合作者身份共享发表成果。

工作主要为调查四川、西康的地质矿产资源。进行嘉陵江下游以及川东、川南、川西等地地质构造调查，金属、非金属如金、铜、铁、煤、石油、食盐、石膏、硫磺等矿藏分布情况调查，研究 1933 年四川叠溪大地震，调查雷马峨屏凉山地区的地质、矿产以及该区的生物、风土民情等。积极与四川省建设厅、中央地质调查所、四川省地质调查所等机构合作，共同进行四川及西康的地质矿产调查研究，开始有计划地进行四川地质矿产大规模调查研究工作，第一个发现并证实攀枝花地区的钒钛磁铁矿。实地调查和报告成果，为开发利用矿产资源、规划经济建设提供详实的科学材料，为綦江铁矿、南川煤矿和攀枝花钢铁厂的建设打下坚实的科研基础。重庆石油沟调查发现油苗，为抗战时期四川天然气和石油的勘探和建设指明了前景。

1938 年 9 月下旬至 12 月底，常隆庆（中国西部科学院地质研究所所长）、杨敬之对青衣江流域的地质矿产进行调查。地域范围北纬 29°30′ ~ 30°55'，东经 102°30′ ~ 103°20′，包括今天全、宝兴、芦山、雨城、名山，调查结束日返雅安城区时，正值 1939 年元旦，为西康省政府成立之日。[1]后两人著《青衣江流域地质矿产调查》，发表在《地质丛刊》（1941 年第 3 期）和《建设周讯》（1940 年第 10 卷 9 ~ 12 期）等刊物上。1939 年，中国西部科学院在经费极其困难的情况下，出版了九个研究报告，《川西荥经天全等县地质矿产》就是其中之一。[2]

[1] 常隆庆，杨敬之. 青衣江流域地质矿产调查[J]. 地质丛刊，1941（3）：43-79.

[2] 唐润明. 民国时期中国西部科学院档案开发[M]. 重庆：西南师范大学出版社，2018：361-362.

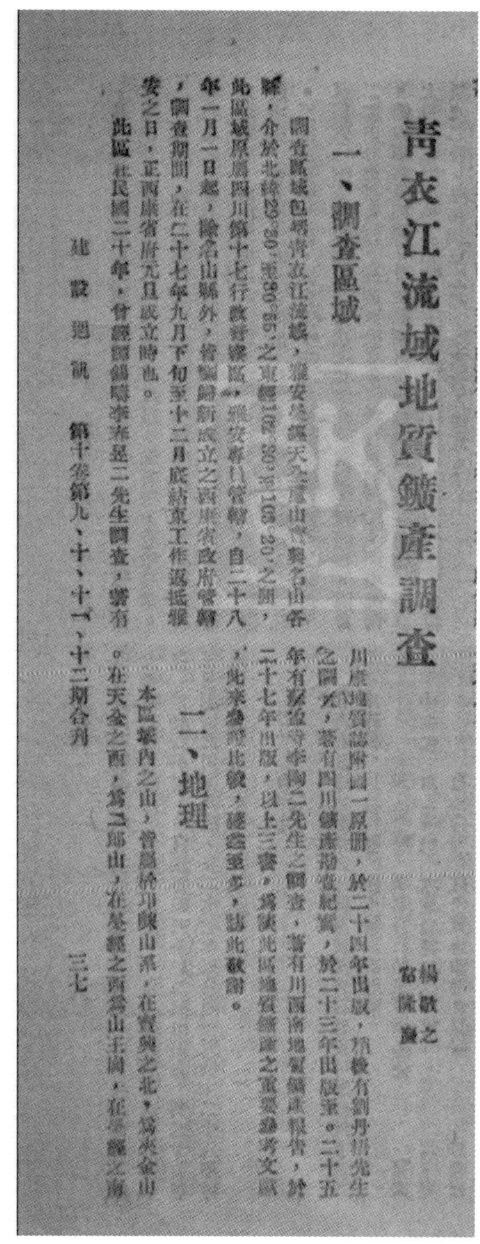

青衣江流域地質鑛產調查

楊敬之
常隆慶

一、調查區域

調查區域包括青衣江流域，雅安天全蘆山寶興名山各縣，介於北緯29°30′至30°55′之東經102°30′至103°20′之間，此區域原屬四川第十七行政督察區，雅安專員管轄，自二十八年一月一日起，除名山縣外，皆劃歸新成立之西康省政府管轄，調查期間，在二十七年九月下旬至十二月底結束工作返抵雅安之日，正西康省府元旦成立時也。

此區在民國二十年，曾經譚錫疇李春昱二先生調查，著有川康地質誌附圖一厚冊，於二十四年出版，其後有劉丹楷先生之調查，著有四川鑛產摘要紀實，於二十三年出版。至二十五年有鄭孟寺李陶二先生之調查，著有川西南地質鑛產報告，於二十七年出版，以上三書，爲談此區地質鑛產之重要參考文獻，此來參證比較，獲益甚多，謹此致謝。

二、地理

本區界內之山，皆屬於邛崍山系，在寶興之北，爲夾金山。在天全之西，爲二郎山，在榮經之西爲山王崗，在榮經之南

建設週訊　第十卷第九、十、十一、十二期合刊　三七

中国西部科学院地质研究所主任常隆庆撰写的《青衣江流域地质矿产》(据《建设周讯》, 1940 年第 10 卷 9~12 期合刊)

常隆庆、杨敬之对天全县打字堂硫铁矿矿区做过粗略踏勘，取拣块样 5 件，含硫 41%～50%，估算硫铁矿石储量 54 万吨。

为摸清四川省铜矿资源状况，为开发产业服务，常隆庆调查会理炉厂、大铜厂、白草洞铜矿储量与分布，其中越嶲安顺场（今属雅安市石棉县）新油房灰棚子矿层厚 0.70 公尺、地长 30 里。中国西部科学院地质研究所调查员李贤诚调查了雅安市荥经县戴黄沟自然铜，并认为有规模采冶的价值。

五、生物研究所

中国西部科学院生物研究所（Institute of Biology，Chinese Western Academy of Sciences）1931 年夏成立，分设植物、昆虫两部。1933 年夏、秋动物部、植物园相继成立。1938 年因经费困难停办。1931 年夏，成立植物部，聘北平静生生物调查所赴川的俞德浚（俞季川）担任植物研究，为植物部主任。1935 年，俞德浚因事离院后，继聘曲桂龄（曲仲湘）主持。

教育消息

西部科學院採集標本

俞季川談西康發現新植物

▲芮德木拱桐等在高山上發現

▲涼山玀玀民族擄刦漢人爲奴婢

（北平特訊）西部科學院植物系主席俞季川、今日由川來平、携有在川採集之植物標本二十餘箱、將借靜生生物調查所試驗確定其功用及種類、今日下午、記者訪俞、據談如下、西部科學院、爲盧作孚等發起、組織民國二十年在四川巴縣成立、主要的工作、爲調查•研究•試驗•及改良西部出產、現共有生物•理化•地質•及農林等研究所、生物及地質兩研究所、注重調查方面、經費除私人籌集者外、中華文化教育基金委員會的爲補助若干、本人（俞自稱）所擔任之責任爲植物系、故僅能以植物系之情形相告、植物系之主要任務爲調查木材•藥料•油料•等主要工作、蓋四川以此數種物品爲最多、故分爲六個區域、預定三年調查完畢、自二十一年起普遍之目的、約爲㈠解決植物種類、㈡植物種類之經濟價值、現雖屆滿預定時期、但尚有未調查完畢者、是以仍在作補充工作、嗣以西康與川省毗連、且乏人前往爲學術上之調查、最近已派人往該處採集植物標本、將該省劃分爲四個區域、預定二年內完畢、將來或有新發現、供獻學術界、至在四川省採集之植物、已發現公布之新種有十餘種、最近發現之新種、則有芮德木•拱桐•及杜鵑花（躑躅花）前兩種須在二三千米達之高山上、始能發現、其功用若何、尚在研究中、去年八九月中、植物系曾派員赴四川西南大小涼山、採集標本、該處介乎四川雷波•馬邊•峨邊•屏山•西昌•會理等十縣之間、爲猓玀民族所佔據、對於漢人、排斥非常利害、平時僅小商人前往、故川人咸爲秘密區、吾人未往之前、曾得地方最高政府、及臨近各縣紳士之幫助、並用川軍與土布買通猓石碧渠恩下等三支猓夷（即酋長）之負責保護、始敢前往、在該處逗留二個月、採集標本甚多、且發現大的森林、縱約百餘里、橫約二十餘里、及繪製深山地圖、然途經困難、中途異常

●《西部科学院采集标本　俞季川谈西康发现新植物》
（据《申报》上海版 1935 年 1 月 19 日）

1931 年 5 月初，在江巴璧合特组峡防团务局南侧选屋两间，作为昆虫部研究室，整理傅德利历年采集标本。同年夏成立昆虫部，由采集专员德国人傅德利（Walter Friedrich）负责昆虫研究。昆虫部 1934 年 4 月结束，其仪器、标本、书籍由动物部接收。

1933 年成立动物部，主任施白南。

1933 年秋成立植物园，聘刘式民任主任。

1934 年，王希成博士任生物研究所所长；1935 年秋，戴立生博士继任所长。

中国西部科学院生物研究所设立的目标是“采集全川、西南各省所有动植物标本，以供农业之改进，学术之研究”。中国西部科学院生物研究所和农林研究所在这方面的成果相当喜人，得到了中国生物界先驱胡先骕等人的称赞。

主要工作为：

（1）开展四川省动植物调查采集，为编写四川省动植物志作准备。1931 年，植物部主任俞德浚拟订五年川康植物调查采集计划，将四川省分为 6 区、筹建中的西康省分为 4 区，按年分区派员进行自主的调查采集，侧重川康经济和药用植物的调查研究。历年在省内外共采集植物 50 000 余份、动物标本 2 000 多份、昆虫标本 30 000 余份，并发现一些新种。

中国西部科学院生物研究所限于经济原因，未建筑新舍，成立初期在兼善学校三楼上，设有公共陈列室、植物标本制作室、植物研究室、植物标本储藏室。惠宇楼建成后，生物研究所在惠宇设剥制标本陈列室，以川康两省动物为多，大都系自行采集。植物部设惠宇，西南各省采集标本甚多。昆虫部亦设惠宇，有昆虫标本陈列室，采自川康甘滇黔各省。动物部在平民公园设动物园。

（2）研究家蚕和白蜡虫的发生与生活史。

（3）进行本地药材的害虫防治试验。

（4）中国古籍动物旧名考证与科学名词对照。

（5）刊发嘉陵江下游以及嘉定峨眉间的鱼类调查报告。

（6）植物园收集栽培华西和中外特产果苗 1 000 种共 6 000 余株，林木种苗百余种 200 000 株，百合科、兰科等球根植物 8 000 余株。1934—1936 年出版《中国西部科学院生物研究所丛刊》4 期，发表论著 30 余篇。

六、附属机构

中国公园协会官网上这样介绍北碚公园："北碚公园原址为火焰山东岳庙，其地势较高，近可以俯瞰北碚城市街景、嘉陵江行船风帆，远可以眺望缙云山、飞蛾山、鸡公山、观音峡、温塘峡等山景、水景、峡景，可满足游览休息。1930 年，著名的爱国实业家即原嘉陵江三峡峡防局局长卢作孚先生，为了发展北碚地方经济文化事业，拆毁东岳庙神像，建成了峡区博物馆，开辟周围二十多亩墓地和三十多亩荒坡、农地，揭开了公园、动物园建设的序幕，取名'北碚火焰山公园'，不久更名为'北碚平民公园'。动物最初以饲养良种禽畜，后逐步改为饲养展出野生动物。历经抗日战争和内战之后，公园几乎荒芜停顿，于 1950 年被北碚军管会文教部接管更名为'北碚公园'，列编入国家事业单位，并逐步得以发展建设。"[1]

卢作孚创办的嘉陵江温泉公园初具规模后，于 1929 年春，又筹划开辟北碚火焰山公园。1930 年 3 月初，卢作孚在东岳庙创办峡区博物馆后，更加快了开办公园的进程。公园修建了熊屋、三角鹊笼、围牦牛的牛栏等饲养动物的设施。1942 年，北碚管理局改平民公园为北碚公园，到 1949 年底，园地面积已达 60 余亩，草木花 30 多种，木本花 7 000 多株，各种竹树林木 15 000 多株，花圃、花架、亭阁、盆花、林木、花木配置，具有相当规模。园内依山就势建筑的各种动物洞窟笼舍，饲养有虎、豹、熊、猴和各种小型哺乳动物，雉、鸡、雀鸟 230 多只。是当时仅次于北温泉公园的第二大公园，成为了北碚人民游玩、观光、休闲的中心。[2]

20 世纪 20 年代后期，南京、北平先后成立了中国科学社、中央研究院、北平静生生物调查所等科研机构。这些单位的不少中外学者、专家，陆续到

---

[1] 中国公园协会. 重庆市北碚公园[EB/OL]. http://new. capg. org. cn/gyzl/show. php?itemid=39.

[2] 李萱华. 北碚乡建故事. 内刊，2012：73-75.

四川进行动物、植物、矿物等自然资源考察。卢作孚派出少年义勇队学生随同前往，向专家、学者学习，采集各种标本，搜集各类资料带回了大量的动、植物标本和彝族、藏族风情文物。1930 年 3 月初，卢作孚派兵捣毁火焰山东岳庙的偶像，将近年所采集的各种标本与资料，分类整理，利用东岳庙庙宇创办了“峡区博物馆”。馆分动物、植物、西藏风物、卫生和煤炭等 5 室陈列展出。中国西部科学院成立后，博物馆即划为科学院的组成部分。1936 年 4 月 1 日，三峡实验区署成立时，乃划归区署，更名为民众博物馆。民众博物馆兼辖动物园及平民公园，并在各乡镇筹设公园。是时，博物馆有管理人员 1 人，助理 2 人，服务生及工人若干人，分别管理陈列室、动物园、平民公园各部。

北碚月刊　56　　第一卷

可立加責備，因學生年齡旣大，受了責備就非常難堪，以致往往私自退學，不肯再來。教師不立信仰，這當教師的尤其應特別注意，須有優良的品行學力，深厚的情感，充分的修養，不爲人所指責，處處能爲民衆解決問題，如此，未有不得民衆的信仰。總之教師能夠多方面的留意，使學生繼續讀書，直到他們畢業，他的責任算是己了。其實還有更大的事情要辦：就是學生一批一批的畢業，教師應主持組織民校同學會。這項工作含有很大的意義，我們要知道地方上的事情，往往不能推動的原因，最主要的就是主觀的力量不能勝過客觀的阻力。倘使他們組織了民校同學會，就是有了一個集團，即有了力量，也就是社會的組織力量增加。若社會上要辦一件事情，如像我們要推動認字運動，他們都能夠有組織的起來參加，便是主觀活動力的加強。因此，這項工作是很重要，故教師應該做這個組織同學會的主持者，經常的與畢業同學發生關係。

結論

從籌備民衆學校至民校學生畢業，是非常艱巨困難的工作，而況還要主持畢業同學會的組織事項，那更困難的事了，然而當此非常時間，我們負着重大使命的鄉建同仁又非將此項工作當爲主要之一不可。同時上面所舉的幾點實際問題，也許祇見到一些皮毛，未見深入，還希閱者有以補充，臻於更具體化，那是非常盼望的。

北碚博物館一瞥

蕭蘊昆

欲一國科學之發達，民族意識之上進，博物館實爲利器之一，故博物館已成爲近代文化事業上重要之設施，有謂：中國歷史，垂數千年，文獻制作流傳至今，皆爲先民之手澤，博物館即保存此項文物已足，此實大謬不然，蓋博物館不僅限於保存古物，他如自然科學，國防，交通，文化，產業，及一切建設等，均須兼含幷蓄，從靜態言之，博物館原爲一國文化之量器，亦即一國民族精神所寄託，先當發揚固有之文化，徐圖促進現代之文化，動態方面，博物館爲表現一國天然物產及科學貢獻，當在利用以爲一國文物資源發揚之準備，而欲達此目的，自非研究不爲功，中國科學落後，智識饑荒，提倡學科，尤爲我國目前之急務，博物館即應時代之需要而設者也；方今歐美諸先進之國家，每年斥巨資以培

北碚博物館一瞥

●《北碚博物馆一瞥》（据《北碚月刊》1937 年第一卷第 5 期）

把博物馆建在公园内（公园最初名为火焰山公园，1931 年 3 月 14 日在火焰山开始现场规划筹建，16 日正式动工。后改为平民公园），“在公园里有一个博物馆，一个动物园。每天下午集中了无数本地和嘉陵江上下过此停宿的人们在那里游玩”[1]，把教育与休闲结合起来，并设陈列所、动物园一静一动两部分，从博物馆的设置地点和展示方法上，一开始就具有社会性、群众性和普及性。尤其在展示内容上，跟民众的需求与兴趣息息相关。“最近该苑所有陈列标本，力加一度刷新，每种标本均有简要说明签附之，游人一望而知为何物何地所产，何时所出，作何用途等等情形，更以动物园新到几种活物，如豹子、马熊，是更足以引起参观者游兴，所以日来参观人数愈形加多。”[2]

除了博物馆、动物园外，中国西部科学院的附属机构还有兼善中学、图书馆。

七、科研机构内迁北碚

北碚在重庆市区西北，地处江北、巴县、璧山、合川四县的交界处，交通便利，有水路、陆路通达，自然条件、地理条件也极为优良，气候宜人，且有缙云山、北温泉之胜，早就成为渝郊名胜区。1937 年 7 月，抗日战争全面爆发，北碚划为迁建区，战区机关相继西迁，纷至沓来，遍及八镇。有学校、研究机关、工厂和其他机关四大类，以学校和学术机关迁建来碚尤为众多。此期间，一批中央研究机关，在中国西部科学院的直接帮助下先后内迁北碚，它们是经济部中央地质调查所、中国科学社生物研究所以及中国科学社、经济部中央工业实验所、国立中央研究院动植物研究所、国立中央研究院气象研究所等。

仅仅在中国西部科学院旧址惠宇及其附近地区，就聚集了多家研究机构，他们安定下来，继续工作，内迁研究机关在此形成战时科学事业中心。作为中国西部科学院院长的卢作孚热情欢迎他们来北碚，无偿地将西部科学院所属四个研究所的设备、仪器、图书、标本和药品提供给他们使用，倾其所有

[1] 凌耀伦，熊甫. 卢作孚集[M]. 武汉：华中师范大学出版社，1991：285-286.
[2] 刘重来. 卢作孚与民国乡村建设[M]. 北京：人民出版社，2007：491.

支持他们西迁后能继续科研不辍。[1]“抗战期间，国内公私学术机关迁来北碚者达二十余单位，多借用科学院房屋，利用其各种设备，以继续各自的研究工作。科学院予以最大协助，并与之密切合作，因而促成了中国西部博物馆的创建。”[2]

（申報第三張）　……貳拾日

教育消息

中央研究院動植物研究所工作

在川湘桂等省研究昆虫魚類及植物

（北碚通訊）國立中央研究院動植物研究所、自京遷川后、最近工作、撮要錄下、

（甲）研究工作　㈠「寄生蟲學」已結束者、有山羊·印度象·南京雞·海南島脊椎動物等之寄生圓蟲、尚在進行者爲四川家禽腸內之棘毛蟲、豬腸腸袋纖毛蟲之研究、廣西爬蟲類之寄生圓蟲、四川家畜之寄生圓蟲、㈡「昆蟲學」計已告完畢或已經着手而尚未結束者、有華北果蠅之研究、全國金花蟲之研究、園藝害蟲之研究、蚜蟲天敵之研究數項、㈢「淡水生物學」此項工作之已經結束者、有南京眼蟲之研究、南嶽纖毛蟲之調查、陽朔管殺眼蟲之調查、即將着手進行者、有四川橈脚類甲殼蟲之調查、嘉陵江下游一段落間河水之物理性及浮游生物之季節變化、四川淡水原生動物之調查等項、㈣「魚類學」此項工作即將結束者、有湘江灕江之魚類調查、即將進行者、有嘉陵江食用魚之生長率、食用魚魚苗之食物及其生長率、鰱與鱅交雜交試驗、中國之數種魚類之呼吸作用、㈤「菌類學」已結束之工作、有中國黴菌雜錄、中國黏菌誌、中國真菌誌等、將着手者、有川省食用真菌之調查、藥用真菌之研究、㈥「植物病理學」已結束者、有人參之殺菌效率、廣西經濟作物病害之調查、將着手者、有四川經工藝作物之病害、四川果樹之病害、川康森林樹木之病害、㈦「藻類學」工作之已結束者、有浙江淡水綠藻新種誌、浙江沿海間生藻之初步調查、南嶽藻類之研究、尚在進行中者、有中國淡水紅藻誌、廣西淡水藻類之研究、中國食用藻類之研究、稻田藻類之研究、

（乙）採集調查　㈠南嶽衡山標本之採集、所獲甚多、廣西陽朔縣積穀害蟲之調查、對於倉[illegible]之改良、頗多建議、㈡他如與[illegible]西科學館之聯絡、指導動植物方面之研究、與經濟部中央農業實驗所將進行森林之調查與研究等、合作事業、頗著成效云、

1941 年 1 月 20 日《申报》(上海版）报道，中央研究院动植物研究所内迁北碚后继续开展研究工作

1943 年，中国西部科学院联络中央研究院动植物研究所、经济部中央地质调查所、中国科学社等 13 个学术机关，以中国西部科学院和北碚民众博物馆为基础，筹办中国西部科学博物馆。1944 年 12 月 25 日正式开馆，馆址设在中国西部科学院理化研究所“惠宇”楼，馆内分设工矿、农林、生物、地质、医药卫生及气象地理等 6 个陈列馆。开馆时初展陈列品 13 503 件，后发起各学术机关捐赠历年所采集制作之标本模型，陈列品多达 108 205 件。1945 年 7 月，改名为北碚科学博物馆，次年 10 月 1 日又更名为中国西部博物馆。并将陈列品进行全面整理，精选陈列品 7 万余件展出。这年开始，创国内先

[1] 潘洵，彭星霖. 抗战时期大后方科技事业的“诺亚方舟”——中国西部科学院与大后方北碚科技文化中心的形成[J]. 西南大学学报（社会科学版），2007（6）：178-184.

[2] 高代华，高燕. 高孟先文选[M]. 重庆：西南师范大学出版社，2016：123.

例，将鸟类按自然生活环境布置，又对熊猫、野猪、云豹、鹿等，按自然生活环境，采用电光布景，使其千姿百态，栩栩如生。从开馆到 1949 年底，参观人数多达 36 万人次。[1]

如此众多的科研学术教育机构集中于一个小小的城镇，无数科研成果在北碚研究取得，造就了北碚大后方科技文化中心的地位。北碚集合了科技文化的精英，与市区的沙坪坝、江津的白沙坝以及成都的华西坝并称为大后方的“文化四坝”。1943 年，英国著名科学史家李约瑟参观北碚时不无感慨地说：“最大科学中心无疑地是在一座小镇，北碚……这里的科学和教育机关不下十八所，大多数都很具重要性。”据不完全统计，曾在北碚生活和工作过的著名科学家有 63 位，其中成为中央研究院和中国科学院院士的有 40 位之多。[2]

[1] 李萱华. 北碚乡建故事. 内刊，2012：71-72.

[2] 潘洵，彭星霖. 抗战时期大后方科技事业的“诺亚方舟”——中国西部科学院与大后方北碚科技文化中心的形成[J]. 西南大学学报（社会科学版），2007（6）：178-184.

第五章

在雅安的植物学考察与标本采集

在中国西部科学院正式成立前，卢作孚组织少年义勇队随入川的科研机构开展植物标本采集，为科学院的成立做物质准备。中国西部科学院成立后，少年义勇队成员充实到科学院，参与中国西部科学院植物部开展植物学考察与标本采集。根据《雷马峨屏调查记》，植物调查事项包括如下内容：① 各山植物之详密采集；② 全区植物分布情况之观察；③ 各地农作物之调查；④ 各地经济植物之调查；⑤ 各地药用植物之调查；⑥ 森林区域之调查及估量；⑦ 木材标本及籽种之采集；⑧ 最适宜垦荒农作物之调查；⑨ 最适宜荒地造林植物种类之调查。[1]

一、少年义勇队的采集

卢作孚 1925 年创办民生实业股份公司，1927 年 2 月出任江巴璧合四县峡防团务局局长。峡防局的职责是保境防匪，维护嘉陵江小三峡地区的航务安全和社会治安。但卢作孚素怀强国富民之志，他并不拘泥于岗位职能，而是利用这个平台，进行以北碚为中心的嘉陵江小三峡地区的乡村建设，想把这块贫瘠地区办成他在中国进行现代化建设的试验基地。其中也包括科学事业的创设。

自 1927 年中国科学社川康植物采集团进入四川、西康两省采集以来，1928 年北平静生生物调查所、中国科学社生物研究所、中央研究院动植物研究所、金陵大学川康木本植物采集团等学术团体纷纷派员入川调查采集生物和地矿标本。卢作孚热情接待国内学界的入川考察，并从中受到启迪，构想创造一个研究科学的环境，搜集罗列生物地质的标本、理化实验的仪器药品、社会调查的统计材料。1928 年 11 月，卢作孚开始在北碚筹划创设地方科学研究机构，提出建立嘉陵江科学馆的设想。最初打算添设在北温泉公园内，分物理试验室、化学试验室、生物研究室、地质研究室、卫生陈列室，预计年内或第二年春间开馆，以备一般人士参观研究。为此，卢作孚积极筹措经费，进行研究、陈列用标本的采集、征集及交换，并进行所需人才的培养。[2]

[1] 常隆庆，施怀仁，俞德浚. 雷马峨屏调查记[J]. 中国西部科学特刊第一号，1935：2-3.

[2] 侯江. 中国西部科学院研究[M]. 北京：中央文献出版社，2012：8-9.

一组反映少年义勇队采集工作的图片（据《工作月刊》1936 年第 1 卷第 4 期）

卢作孚进行乡村建设的主要思路是：社会改造的核心是人，首先把人的建设搞起来，用新人，行新政。基于这个理念，他除了在辖区加强普及性教育，如兴办中小学、改造旧私学、开设职业学校、倡导普及民众教育等，更采取一系列具体措施，选拔、培养新生力量，计划带出一批有献身精神，并能带动民众的骨干人才，让这批人才去推动社会发展。

培养新生力量的工作，卢作孚分作 3 个层次进行，一是组建各种学生队，二是办各种专业培训班，三是办各种短训班。

卢国模在《八十年前的北碚少年义勇队》中说："从 1927 年起，卢作孚亲自主持，采取公开招考的办法，在辖区内招收了 500 余名 16 至 25 岁的文化青年，组建起学生一队、二队、警察学生队以及少年义勇队一、二、三期。"[1]

[1] 卢国模．八十年前的北碚少年义勇队[J]．红岩春秋，2010（2）：64．

学生队和专业班比较规范，学时也较长，相对而言，各种短训班规模小一些。

根据卢国模在《八十年前的北碚少年义勇队》所述，少年义勇队 1928 年 10 月招收的第一期，30 余人，学习期限一年，分两阶段进行，第一阶段为军事训练及文化和技能学习。第二阶段培训是从 1929 年 7 月到 11 月，由卢子英率少年义勇队 30 余人随中国科学社来川考察的方文培等一批动植物专家同去峨眉山、雷马屏峨大小凉山采集动植物标本并做科学考察，同时又进行民族地区的社会调查。

而据高孟先简年表，1928 年 10 月—1930 年 1 月，受卢作孚先生提倡"'新生活及为社会服务'之号召，到北碚考入峡防局所办之少年义勇队第一期学习，学制两年，公费"[1]。卢国模说的"学期限一年"，估计单指军事训练及文化和技能学习，而高孟先简年表所指的"学制 2 年"，可能包括第二阶段的实习实训等。

1929 年 7 月到 11 月，由卢子英率少年义勇队 30 余人随中国科学社来川考察的方文培等一批动植物专家同去峨眉山、雷马屏峨大小凉山采集动植物标本并做科学考察，同时又进行民族地区的社会调查。此行共获 10 万余件珍贵的动植物标本及大量藏、彝民族服饰、用具、风情文物等资料，成为后来建立的北碚峡区博物馆陈列品。1930 年，又有部分少年义勇队队员奉派随中外专家（如德国博物学家傅德利及瑞典科学家等）到川康（包括雅安）、新疆、甘肃、青海一带考察，并搜集到大量资料。其中部分标本还被用于与国内外学术团体交换，以丰富地方博物馆资源。[2]通过这种在实践中学习的方式，训练出科学院需要的人才，并准备科学研究及普及的标本材料。其中也在雅安及周边区域进行大量采集，获得数万号动植物标本。

1930 年 9 月，以"研究实用科学，辅助中国西部经济文化事业之发展"为宗旨的"中国西部科学院"，在重庆北碚火焰山东岳庙正式成立。中国西部科学院成立后先后设立了理化、农林、生物、地质等四个研究所以及博物馆、图书馆、兼善中学等三个附设机构。1931 年夏，中国西部科学院生物研究所

[1] 高代华，高燕. 高孟先文选[M]. 重庆：西南师范大学出版社，2016：369.

[2] 卢国模. 八十年前的北碚少年义勇队[J]. 红岩春秋，2010（2）：65.

成立，部分少年义勇队队员兼任动物部、植物部采集助理员，如杜大华、黄楷、彭彰伯、孙祥麟、杨宏清、郭卓甫、蒋卓然等。在管理方式上，疑在少年义勇队中，专门安排有部分学生或队员协助生物研究所正式工作员进行标本采集、资料收集整理，如《工作周刊》(北碚)1933 年第 11 期就刊载了《科学院生物研究所植物部少年义勇队员工作报告》，作者为杨宏清，所述近期工作内容有粘贴标本、抄写记录，整理储存室这三项。[1]而据侯江《中国西部科学院研究》，杨宏清是“1934 年 4 月为生物研究所植物园助理员。1935 年调为该所植物部工作”。[2]

关于少年义勇队的工作与成绩，《一个值得介绍的少年团体——四川巴县的少年义勇队》记载道：“在训练青年努力于科学之探讨，及社会之救助，自民国十七年十一月成立以来，迄今已愈两载，中间曾作种种社会的调查，及旅行到西康、甘肃、青海、新疆等地，为动植物矿物的标本采集。”[3]

梳理《高孟先文选》中少年义勇队第一期成员名录[4]，综合侯江《中国西部科学院研究》的记述和查阅国家植物标本库信息网，在雅安或路过雅安采集过动植物标本的少年义勇队队员有：杜大华、黄楷、黄志（治）平、罗正（镇）远、彭彰伯、孙祥麟、杨宏清、郭卓甫、蒋卓然、邓文俊、周承烈，共计 11 人，其中以杜大华在雅安采集标本的时间最长、次数最多，其采集的标本也最多，其工作成效和影响最大。

根据《中国西部科学院研究》的大事记，1930 年，卢作孚派少年义勇队学生在中国科学社生物研究所、静生生物调查所，中瑞新甘考察团以及德国昆虫学者傅德利的率领下，分 6 组往川边采集生物、地质标本及夷区用品。其中“川西南组由傅德利率义勇队学生 10 人，赴西康各地以及九龙、雅江、丹巴一带采集。转康定（打箭炉）后，分两组。第一组运输标本回院，并作沿途采集。第二组由打箭炉至越西、冕宁、泸沽、西昌各地工作。采得昆虫标本，计鳞翅目 300 余种 300 余份，鞘翅目 400 余种 3 000 余份。植物标本

[1] 杨宏清. 科学院生物研究所植物部少年义勇队员工作报告[J]. 工作周刊，1933（11）：2-4.
[2] 侯江. 中国西部科学院研究[M]. 北京：中央文献出版社，2012：69.
[3] 倍思. 一个值得介绍的少年团体——四川巴县的少年义勇队[J]. 少年（上海 1911），1931，21（9）：2-4.
[4] 高代华，高燕. 高孟先文选[M]. 重庆：西南师范大学出版社，2016：372.

2 740 余号。在西康、雅安等地采集的昆虫、鱼、兽、鸟，共计 5 300 余号”[1]。而在“川康植物标本统计表”中，少年义勇队 1930 年夏在西康采集植物标本 2006 号。[2]

经国家植物标本资源库信息网查询，1930 年，黄志平、罗正远、黄楷、刘维馨、蒋卓然等人，在雅安采集的植物标本有 31 份，其中，一份金露梅（*Potentilla fruticosa*）标本（馆藏号 WUK0316416）采集人为黄志平、罗正远、黄楷、刘维馨，一份湿生扁蕾（*Gentianopsis paludosa*）标本（馆藏号 WUK 0316017）采集人为黄治平、罗正远，其余的 29 份标本采集人署名为黄志平、罗正远、蒋卓然。当年少年义勇队学生采集的这 31 份标本中，雅安 2 份、名山 11 份、汉源 18 份，另在国家植物标本资源库信息网中还可以查阅到署以“中国西部科学院”的植物标本 11 份。

二、杜大华随方文培到川西采集植物标本

方文培（1899 年 12 月—1983 年 11 月），四川大学一级教授，中外著名植物学家，英国爱丁堡大学博士，共出版植物学专著 11 部、发表论文 80 多篇，是世界公认的研究杜鹃花科、槭树科的专家，被授予英国皇家园艺学会银质奖章，被著名科技史家、英国的李约瑟博士称为“中国最杰出的植物学家”。

方文培是最早在雅安采集植物标本的中国生物学家，他 1928 年首次回四川采集标本就把雅安作为重要采集地。雅安的生物多样性让方文培梦牵魂绕，其后 30 多年间，他多次深入雅安各区县野外考察和采集标本，把足迹留在了周公山、二郎山、瓦屋山等丛林深处，雅安产的植物因此源源不断地出现在他的著述中。方文培一生采集植物标本 11 万多号，略 100 多万份，发现和命名植物新种 100 余个。其中，他在雅安采集到小舌紫菀（*Aster albescens*）、中华鳞盖蕨（*Microlepia sino-strigosa*）、四裂花黄芩（*Scutellaria quadrilobulata*）3 种植物新种的正模标本，命名了源自雅安的 5 种植物，分别是模式标本产

[1] 侯江. 中国西部科学院研究[M]. 北京：中央文献出版社，2012：237.
[2] 侯江. 中国西部科学院研究[M]. 北京：中央文献出版社，2012：82.

地在天全县的天全槭[*Acer sutchuenense* Franch. *subsp. tienchuanense*(Fang et Soong) Fang]、天全钓樟(*Lindera tienchuanensis*)、川西杜鹃(*Rhododendron sikangense*),模式标本产地在荥经县的四川旌节花(*Stachyurus szechuanensis*),模式标本产地在石棉县的石棉杜鹃(*Rhododendron shimianense*)。

1928 年春,受中国科学社生物研究所委派,方文培回到阔别的家乡四川,进行考察和采集植物标本。方文培在《川康植物标本采集记》写道:“(民国)十七年四月六日,由(南)京出发,四月二十六日到渝,接洽重庆军政长官,请通令沿途军警团防,加以保护,俾土匪猖獗之区,亦可安全采集,并购买应用物品,预备出发后一切事宜。章小园、杜大华、谢俊武诸先生,亦先后加入,协助采集。”[1]

经查证,章树枫,字小园,以二十一军军部参议的名义,多次在重庆周边采集,还在军部建立植物标本室,这些标本后转藏于中科院植物研究所标本室等单位,目前能在国家植物标本库查到 350 余号记录。1929 年,章树枫在南川金佛山采集到一种杜鹃新种,后来被方文培以其名字命名为“树枫杜鹃”(*Rhododendron changii*)。

范铁权在《评中国科学社的西部活动》中说:“1927 年,方文培等组成科学社川康植物标本采集团,到西部采集植物标本。采集团深入人烟稀少、交通不便的‘不毛之地’,一路荒山野岭,时常有土匪恶霸的劫杀。 为人身安全起见,事先采集团通过重庆社友与当时四川的军界要人刘湘、刘文辉等取得联系,争取他们的帮助;还联络四川、西康和昌都地区少数民族地区的哥老会,以取得其协助和保护。另外,又从卢作孚之弟卢子英所带的北碚少年义勇队的学生中选出 8 人作为采集团的助理员。1928 年春,采集团满载而归,共得到植物标本 4 000 余种,鱼类标本若干,分装 25 箱。”[2]方文培是 1928 年返回四川采集标本,范铁权关于 1927 年方文培等组成科学社川康植物标本采集团之说疑不准确。

[1] 方文培,章树枫. 川康植物标本采集记》[J]. 科学,1929,13 (11); 1509-1521.
[2] 范铁权. 评中国科学社的西部活动[J]. 中州学刊,2004 (1): 89-91.

北碚少年义勇队成立的日期是 1928 年 10 月，杜大华是第一期学员。范铁权“又从卢作孚之弟卢子英所带的北碚少年义勇队的学生中选出 8 人作为采集团的助理员”之说，疑不准确。杜大华陪同方文培采集是 1928 年春，少年义勇队未成立或招生，笔者推测杜大华此时的身份可能为卢作孚、卢子英招募雇佣的“兵”或“学生队学生”。原来，1927 年卢作孚出任峡防局局长后，即把肃清匪患作为重要工作，整编整治原来的治安队伍，新招收青年学生进行军事训练，壮大剿匪的军事力量。

陪方文培第一次回四川开展采集活动的杜大华、章树枫，受方文培的指导，对植物标本采集产生浓厚兴趣，均成为我国卓有成就的植物标本采集家。据方文培之子、四川大学教授方明渊介绍，1928 年陪方文培在四川省采集标本的杜大华，后来成为少年义勇队学生或队员、中国西部科学院生物研究所助理员，是该研究机构植物标本采集骨干。1938 年，中国西部科学院生物研究所因经费困难停办后，杜大华就职于重庆一家航运企业（疑为民生公司），从此淡出植物学领域，但他仍然关心关注植物学的发展，1949 年后仍与方文培、俞德浚等保持联系。

卢国模在《八十年前的北碚少年义勇队》中说：“从 1927 年起，卢作孚亲自主持，采取公开招考的办法，在辖区内招收了 500 余名 16 至 25 岁的文化青年，组建起学生一队、二队、警察学生队以及少年义勇队一、二、三期。……卢作孚培养的重点是包括少年义勇队在内的学生队，他对其寄予了很大希望，特别委派胞弟卢子英担任学生队队长和少年义勇队队长。……1928 年 10 月招收的（少年义勇队）第一期，30 余人，学时 1 年，分两阶段进行。”[1]

高孟先于 1935 年 5 月至 1937 年 8 月，任《嘉陵江日报》社主任，1937 年 5 月在《嘉陵江日报》上刊发《一年来的嘉陵江日报》中说：“民（国）十六年卢作孚先生长（掌）峡防局，举办学生队，同时发行学生专刊。”[2]卢作孚出任峡防局局长一职时间为“1927 年 2 月 15 日”[3]，高孟先所指的是“1927 年冬学生队开始举办”。

---

[1] 卢国模. 八十年前的北碚少年义勇队[J]. 红岩春秋，2010（2）：64-65.
[2] 高代华，高燕. 高孟先文选[M]. 重庆：西南师范大学出版社，2016：109.
[3] 侯江. 中国西部科学院研究[M]. 北京：中央文献出版社，2012：8.

笔者推测，1928 年 4 月，方文培到重庆接洽采集标本事宜时，卢子英可能安排了学生队中较为成熟的杜大华等人参与采集，也就是说杜大华此时在学生队中学习。

高孟先与杜大华同为少年义勇队第一期学员。据《高孟先简年表》：“1928 年 8 月，参加学生自治会，因同班学生派别纠纷，校方处理不公正闹事，被学校无端开除。1928 年 10 月—1930 年 1 月受卢作孚先生提倡‘新生活及为社会服务’之号召，到北碚考入峡防局所办之少年义勇队第一期学习，学制两年，公费。”[1]也就是说，1928 年 10 月，少年义勇队招生开班后，杜大华从学生队升到少年义勇队继续学习。可能基于这样的原因，后来人在记述中，忽略了杜大华学生队学生的身份，或把学生队学生误为少年义勇队学生。

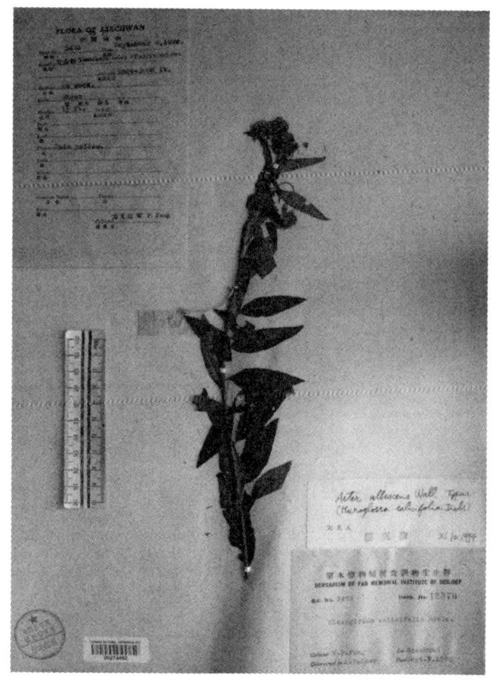

1928 年 9 月 9 日，方文培在天全县采集的小舌紫菀（*Aster albescens*）的模式标本，现珍藏于中科院植物研究所（据中国数字植物标本馆）

[1] 高代华，高燕. 高孟先文选[M]. 重庆：西南师范大学出版社，2016：369.

在南川、灌县采集后，方文培将人员分成两组，章树枫、杜大华为一组，前往汶川、茂县、松潘等方向。方文培自己带领一组，负责到乐山、雅安、康定等地采集。方文培一行在乐山市附近、峨眉山等地采集后，于 9 月 1 日，经夹江、洪雅步行到雅安，并顺路进行植物采集和调查。9 月 4 日，他们安全抵达雅安城。了解到雅安城北之天全、芦山两县，北连懋功（今小金县）、灌县（今都江堰市），大山绵亘，植物种类丰富后，决定由雅安城前往天全采集。原计划天全采集后，北上穆坪（宝兴县），到法国博物学家戴维采集过的地方进行植物采集，再由芦山县返雅安城。雅安县、天全县派团练保护随行，然而团练言明天全、芦山一带，土匪遍地，故担心采集队路途安全，力劝方文培一行改变采集线路。不得已，方文培一行在天全采集标本后，于 9 月 10 日返回雅安。在雅安整理标本和采购必需品后，9 月 12 日由雅安城出发，经荥经、汉源、泸定，于 9 月 20 日到达康定，他们在沿途也采集了很多有价值的标本。

根据章树枫记述，方文培在雅安市区域内采集的植物种类有 160 种，具体为天全县 95 种、汉源县 61 种、雅安县（今雨城区）和荥经县各 2 种，每种植物均采集制作几份至十余份标本不等。[1]此次天全之行，方文培还采集到小舌紫菀（*Aster albescens*）、中华鳞盖蕨（*Microlepia sinostrigosa*）的模式标本。

三、方文培率少年义勇队学生第二次到雅安采集标本

第一次雅安之行，丰富的植物资源给方文培留下了深刻印象，吸引他后来多次到雅安进行采集。1930 年 3—12 月，中国西部科学院派出 6 组人员赴野外采集生物、地质标本和夷区用品。其中川西南组由方文培领导，成员有北碚少年义勇队学生杨宏清、孙祥麟、邓文俊。1930 年 4—10 月，川西南组至峨眉、瓦屋各地工作。[2]

---

[1] 方文培，章树枫. 川康植物标本采集记[J]. 科学，1929，13（11）：1509-1521.
[2] 侯江. 中国西部科学院研究[M]. 北京：中央文献出版社，2012：79.

方文培在研究植物标本（方明渊提供）

根据《绿海探宝——林奈与方文培》记叙，此次方文培一行，是因迷路经洪雅方向越瓦屋山进入荥经县境内。1930 年春夏之季，方文培再次入川。方文培带着几个助手，从洪雅县城出发，经过五天艰苦跋涉，来到瓦屋山采集，住在一所道院，道院的主管人是一个姓朱的道士。8 月中旬一天，方文培和助手在林中迷路，在山上住了一夜。第二天，他们向山下走去，直到中午，看见一条小路。他们沿着小路走去，找到一间草屋。茅屋的主人是一个纸厂老板。他告诉他们，这儿属荥经县辖地，离他们出发时的那座道院已经很远了。纸厂老板热情地接待他们，在茅屋里住了一夜。第三天，他们按照纸厂老板指的一条小道，走了两天，才回到朱道士的道院。他们迷路进到荥经境内，在生死未卜的危急情况下，他们没有丢弃所采集的标本，没有忘记沿路采集新发现的植物作标本。[1]

查询国家植物标本资源库信息网，此行他们在荥经境内采集到梓叶槭（*Acer catalpifolium*）、杜仲（*Eucommia ulmoides*）、芒刺杜鹃（*Rhododendron strigillosum*）、红豆杉（*Taxus chinensis*）等标本，标本今存四川大学植物标本馆、中科院昆明植物研究所植物标本馆等处。此次同行的孙祥麟则在荥经县石岗狮子坪汪家沟采集到峨眉凤仙花（*Impatiens omeiana*）等标本，标本

[1] 董仁威，邱沛篁. 绿海探宝——林奈与方文培[M]. 成都：四川少儿出版社，1983：77-78.

今存中科学院成都生物研究所植物标本馆等处。孙祥麟后来成为中国西部科学院植物部助理员、方文培在四川大学的学生，他多次到雅安采集标本，著有《天全植物采集记》。根据国家植物标本资源库信息网的查询结果，这一年的 9 月，方文培还登上了周公山顶，采集到四裂花黄芩（*Scutellaria quadrilobulata*）的正模标本，今珍藏于中国科学院植物研究所植物标本馆。

四、郑万钧领导川西北组少年义勇队采集

郑万钧（1904—1983），著名林学家、树木分类学家、林业教育学家，中国近代林业开拓者之一。郑万钧生于江苏徐州一个商人家庭，幼时曾就读于徐州一所法国人办的职业学校。13 岁考入江苏省立第一农业学校林科学习，因成绩优异，毕业后便留校工作。当时在东南大学任教的钱崇澍教授常去江苏省立第一农业学校讲课，发现郑万钧勤奋好学，非常热爱树木学，于是将他调到东南大学，破格提升为树木学助理。1929 年，郑万钧应聘为中国科学社生物研究所植物学研究员，在这里工作了 10 年，大部分时间从事森林植物野外调查，研究发表论文 20 篇。在这期间，郑万钧深感知识不足，特别希望在林学理论上得到进一步提高。由于他学习勤奋，工作认真，中国科学社决定送他到国外学习。1939 年初，他被选派赴法国图卢兹大学森林研究所进修，同年底获得科学博士学位。1946 年，郑万钧与胡先骕为活化石水杉（*Metasequoia glyptostroboides*）定名。

郑万钧历任云南大学教授、兼云南植物研究所研究员，南京林学院教授、副院长、院长，中国林业科学研究副院长、院长、名誉院长等。他在树木学方面有极深造诣，发表树木新属 4 个、新种（变种）138 个，其中不少是中国特有的珍稀树种。1955 年被选为中国科学院生物学部委员（院士）。1978 年，他提出裸子植物分类系统，即郑万钧系统，应用于植物学分类领域。他一生著作甚丰，晚年主编的《中国主要树种造林技术》《中国植物志》第七卷、《中国树木志》第一和第二卷出版后，受到国内外林学界的赞誉。

1930 年 3—12 月，中国西部科学院派出 6 组人员赴野外采集生物、地质标本和夷区用品。其中，川北西组由中国科学社生物研究所郑万钧领导，成

员有少年义勇队学生杜大华、彭彰伯。自合川、成都到康定、九龙、雅江、丹巴各地工作。数月后，复转蓉城，取道灌县、汶川等地工作，后在峨眉山工作。获得植物标本 2 000 余号，种籽若干号。[1]

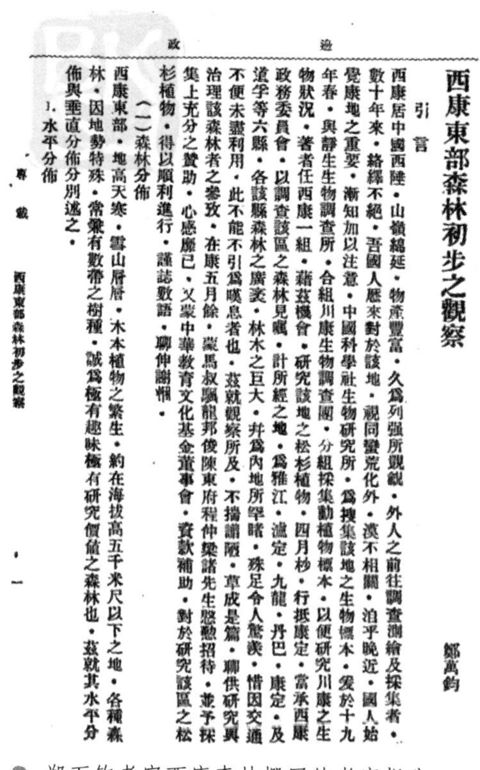

邊政

西康東部森林初步之觀察

鄭萬鈞

引言

西康居中國西陲．山嶺綿延．物產豐富．久爲列强所覬覦．外人之前往調查測繪及採集者．數十年來．絡繹不絕．吾國人歷來對於該地．視同蠻荒化外．漠不相關．洎乎晚近．國人始覺康地之重要．漸知加以注意．中國科學社生物研究所．爲搜集該地之生物標本．爰於十九年春．與靜生生物調查所．合組川康生物調查團．分組採集動植物標本．以便研究川康之生物狀況．著者任西康一組．藉茲機會．研究該地之松杉植物．四月杪．行抵康定．嘗承西康政務委員會．以調查該區之森林見囑．計所經之地．爲雅江．瀘定．九龍．丹巴．康定．及道孚等六縣．各該縣森林之廣袤．林木之巨大．幷爲內地所罕睹．殊足令人驚羨．惜因交通不便未盡利用．此不能不引爲嘆息者也．茲就觀察所及．不揣譾陋．草成是篇．聊供研究與治理該森林者之參攷．在康五月餘．蒙馬叔颿龍邦俊陳東府程仲梁諸先生慇懃招待．並予採集上充分之贊助．心感靡已．又蒙中華教育文化基金董事會．資款補助．對於研究該區之松杉植物．得以順利進行．謹誌數語．聊伸謝悃．

(一)森林分佈

西康東部．地高天寒．雪山層層．木本植物之繁生．約在海拔高五千米尺以下之地．各種森林．因地勢特殊．常聚有數帶之樹種．誠爲極有趣味極有研究價值之森林也．茲就其水平分佈與垂直分佈分別述之．

1. 水平分佈

專載　　西康東部森林初步之觀察　　一

郑万钧考察西康森林撰写的考察报告

（据《边政》1931 年第 8 期）

《中国科学技术史生物学卷》这样记述：“中国科学社生物研究所经常与其他研究单位共同进行标本采集活动，在这一过程中，同时对随行人员进行生物研究训练，如 1930 年生物研究所入川采集团在川进行采集活动，‘经历合川、成都、灌县、嘉定、峨嵋、峨边诸郡邑，（中国）西部科学院并派遣学子，随从学习采猎、剥制等技术……’他们接受生物研究工作的训练，其中许多人后来成为我国著名的生物学家。”[2]

[1] 侯江. 中国西部科学院研究[M]. 北京：中央文献出版社，2012：79.

[2] 罗桂环，汪子春. 中国科学技术史生物学卷[M]. 北京：科学出版社，2005：413.

● 1930年4月17日，郑万钧采集自汉源县大相岭的高山木姜子（*Litsea chunii*）合模式标本（据中国数字植物标本馆）

当时，郑万钧率领少年义勇队学生从成都到康定的具体线路未见记载，笔者认为郑万钧一行走的线路为成都—雅安（雨城区）—荥经—汉源—泸定—康定，这是成都到康定的大路，关键证据是国家植物标本资源库信息网，目前可查到郑万钧在汉源采集到的 20 号标本，如，腺果杜鹃（*Rhododendron davidii*，馆代码 PE 00228971，采集日期 1930-04-17，采集地汉源县大相岭），多鳞杜鹃（*Rhododendron polylepis*，馆代码 PE 00256655，采集日期 1930-04-20 采集地汉源县），云南松（*Pinus yunnanensis*，馆代码 WUK 0000136，采集日期 1930-04-20，采集地汉源），星果草（*Asteropyrum peltatum*，馆代码 WUK 0003290，采集日期 1930-04-17，采集地点汉源），高山木姜子（*Litsea chunii*，馆代码 PE 00028942，采集时间 1930-04-17，采集地汉源县大相岭），其中高山木姜子被认定为高山木姜子（*Litsea chunii*）的合模标本（Syntypus）。从郑万钧在汉源采集的 20 号标本日期看，他们在汉源逗留了几日，只为顺路搜寻标本。

1928 年，刘文辉打败西康屯垦使刘成勋，结束了民国初年以来西康的混乱政局，南京国民政府遂任命刘文辉为川康边防总指挥，兼管西康。刘文辉设置“边务处”专管“边区”经营、开发事务，并创办《边政》月刊，刊布施政方针。刘文辉为了更好地实施对西康的统治，刘文辉在 24 军“边务处”下附设西康政委会专营西康，并创办《西康公报》于康定，为西康政委会的治理制造舆论。

关于郑万钧此行采集，《西康公报》1930 年第 12 期这样报道：“南京中国科学社动植物标本采集员郑万钧同峡局学生数人于昨日行抵此间下榻政委会拟候帐篷锣锅等物制齐后即行出关外各县采集。”[1]“峡局学生”指的是少年义勇队学生，系江（津）巴（县）璧（山）合（川）四县峡防团务局局长卢作孚派出，故如此简称。

而对于这次采集，《边政》刊发了郑万钧的调查报告《西康东部森林初步之观察》，其中说道：“西康居中国西陲，山岭绵延，物产丰富，久为列强所觊觎，外人之前往调查测绘及采集者数十年来，络绎不绝，吾国人历来对于该地，视同蛮荒化外，漠不相关于洎乎晚近。国人始觉康地之重要，渐知加以注意。中国科学社生物研究所为搜集该地之生物标本，于十九年春与静生生物调查所，合组川康生物调查团，分组采集标本，以便研究川康之生物状况，著者任西康一组。”[2]

五、俞德浚的第一次雅安采集

俞德浚（1908—1986），植物分类学家和园艺学家，曾任中国科学院植物研究所研究员、北京植物园首任主任，1980 年当选为中国科学院学部委员（院士）。他早年从事植物资源调查和植物标本的采集工作，对中国高等种子植物，特别是蔷薇科、豆科、秋海棠科的分类与分布有广泛深入的研究，对

[1] 西康消息本周短讯[J]. 西康公报，1930（12）：7.
[2] 郑万钧. 西康东部森林初步之观察[J]. 边政，1931（8）：122-146.

园艺植物起源和品种分类、植物引种驯化、栽培选育有较深入的研究，参与中国许多植物园的规划设计，推动了植物园事业的发展，是中国科学院北京植物园的奠基者。他任中国西部科学院生物研究所植物部主任期间，1932 年和 1933 年，两次到雅安考察植物资源，是最早到雅安进行生物学考察的中国科学院院士。

中国西部科学院生物研究所于 1931 年夏设立，下设动物部、植物部，设立的目标是："采集全川、西南各省所有动植物标本，以供农业之改进，学术之研究。"

俞德浚，字季川，北京市人，1928 年入北京师范大学生物系，1931 年毕业。时胡先骕任静生生物调查所植物部主任，同时兼任北师大教授，经常鼓励学生云：大学毕业后可进静生生物调查所做专门之工作。俞德浚成绩优异，甚得胡先骕之器重，在其未毕业时，纳为助教。毕业之后，即被胡先骕推荐任卢作孚所建立的中国西部科学院生物研究所植物部主任。

俞德浚上任中国西部科学院生物研究所植物部后，积极推动与中国科学社生物研究所、静生生物调查所、中央研究院自然历史博物馆等机构合作，拟订了五年川康植物调查采集计划，启动自主的调查采集工作，侧重川康经济和药用植物的调查研究。他将四川省分为 10 个区，其中西康区域为 4 区，按年分区派员进行详细调查。当年秋冬，生物研究所植物部组织多路人员在北碚附近采集标本。

1932 年，俞德浚启动川康植物计划第一期，组织人员分川西南、川东南组、云南组三路进行采集。俞德浚在川西南组，成员有助理蒋卓然、彭彰伯。3 月 27 日，俞德浚一行从北碚启程，搭乘汽车走走停停，四天后抵宜宾，更换木船沿岷江上行达乐山县。其后在乐山、峨眉山、峨边等地采集一个多月后，西行至宁属（今凉山州），在越西、西昌、宁南、会理、盐源、冕宁等县各大山采集。在冕宁县的灵山寺采集标本后，走小路经拖乌翻越菩萨岗，经越西县擦罗（今石棉县擦罗乡）老鸦漩苏村，沿大渡河岸到达汉源县富林镇。从富林镇走了两天，翻越泥巴山抵达雅安城。此时已是初冬气候季节，山高寒重，林木半已落叶，山顶上半部均有积雪，草木枝叶结冰凌的如缀花，寒风袭人。抵雅安后，他们沿青衣江搭乘竹筏，经乐山，走水路返回重庆北碚。

新世界

一年來邊地採集的旅行生活〔十二月十八夜在本公司講演〕

俞季川

諸位先生：今天我很榮幸，和許多努力事業的朋友們會面。兄弟方才由松潘茂灌等地採集歸來，盧先生約我把這一年來邊地旅行生活向諸君報告一下。不過，要先向諸位道歉，兄弟不善於言辭，同時，匆忙間未及準備，零亂錯誤，一定不少，要請原諒！

四川省物產豐富，種類複雜，素有天府之稱。幾十年來引起了中外學者研究的興趣，爭先恐後，來此調查採集。不過川省幅圓廣大，他們常爲時間，經濟，治安等問題所限，不能勘察週遍。西部科學院，是以研究攷察西部產物情況爲職志，當然先須從本省工作着手，以便供給實業家的參攷和利用。關於植物方面，我們已經有一個長期的計劃，把四川分爲六區，西康分爲四區，希望在最近五年間能夠分區調查完畢。去年我們曾經分組往川西南，如建昌會理等地和川東南川秀山等地採集。今年是準備分赴川西邊境和川西北松潘茂汶各縣去工作。

春天出發，自合川至成都。因爲當時郫灌各處有戰事，川西北的交通斷絕，我們便改變計劃，全體都去川西區，雅屬寶興天全各縣採集。寶興縣舊時爲穆坪土司地界，設治才六七年。縣內四境皆大山，與西康接壤。森林生長的茂密，植物種類之複雜，爲川西各縣所僅見。許多貴重藥材如貝母，虫草，當歸，大黃，爲縣中大宗出產。

1934年12月18日夜，俞德浚在民生公司演讲《一年来边地采集的旅行生活》（据《新世界》1934年第37期）

此次采集费时八个多月，先后共得腊叶标本1789号，计两万余份。其他木材及经济植物标本，各数十号。因治安原因，此次采集路途艰险，部分区域走马观花，未能深入。俞德浚后来在《四川植物采集记》中记述道：“经行蛮夷土司之境，蒙当地军政长官格外保护引导，幸可平安通过。终以夷患所阻，深山老林多未能深入之处颇为遗憾。至于当地植物分布情形之观察亦仅知其概略耳。”[1]

[1] 俞德浚. 四川植物采集记（一）[J]. 中国植物学杂志，1934，1（3）：325-344.

俞德浚一行到雅安境内时，也是初冬季节，且已出门八个多月，可能急于返回重庆。他们在赶路的同时，也顺路调查记录雅安的植物分布，并采集植物标本。今在国家植物标本库还能查到俞德浚当年采集于汉源的一号胀萼蓝钟花（*Cyananthus inflatus*）标本，馆代码 WUK 0315397，采集号俞德浚 1738，标本存于西北农林科技大学植物标本馆。

六、俞德浚的第二次雅安采集

1933 年春，俞德浚在京、沪争取到中华教育文化基金会对植物部五年采集计划中采集经费的补助，补助当年开始拨付。有了额外的经费支持，俞德浚组织采集的信心与底气更足了，故亲率植物部全体人员外出调查采集。俞德浚第一次到雅安，只能算路过，过于匆忙，所采集标本有限，故在次年实施川康植物调查采集计划第二期时，将雅安作为重点。原计划分为三组：第一组赴川西北一带，如松潘、汶川茂县以及川甘边境各地，由杜大华率领。第二组赴川西天全、宝兴、懋功（今小金县）、灌县（今都江堰市）以及川康边境等处，由俞德浚亲自带队，成员有孙祥麟。第三组由彭彰伯率领，在峨眉、峨边两地，搜罗苗木种籽。

网民 kibcatnt2023 年发表网文《俞德浚撰〈中国西部科学院生物研究所廿二年度植物部采集计划大纲〉》[1]，全文摘录如下：

1930 年卢作孚在重庆北碚创办中国西部科学院，其中之生物研究所请秉志、胡先骕为之设计，并推荐人员前来主持。其时，胡先骕兼任北京师范大学教授，门生俞德浚，甚得器重，纳为助教。1931 年毕业，即推荐至植物部。植物部主要工作乃是开展植物资源考察，俞德浚 1932 年抵达峨眉、峨边、越西、西昌、会里、盐源和冕宁等地；1933 年在天全和宝兴继续考察，另外又经懋功、理番、茂县和北川等地，前往松潘，登上华子岭，还走遍松潘东北和北面；1934 年考察大凉山和小凉山，特别是雷波、屏山和峨边。俞德浚在

[1] 俞德浚. 中国西部科学院生物研究所廿二年度植物部采集计划大纲[EB/OL]. http://www.360doc.com/content/23/0323/19/40084095_1073304429. shtml.

川三年，本文披露其在1933年为是年采集而撰写《采集计划大纲》，从中可悉其所制定采集任务何其丰富，其精神又是何其饱满，今人难以望其项背。

一、采集地点

1. 川西区：灌县、懋功、穆坪、天全、芦山、雅安、峨边、峨眉、马边、仁寿县，以及川康边境。

2. 川西北：汶川、理番、茂县、松潘草地，以及川甘边境（岷山山脉一带）。

二、采集时间

五月十日出发，十月半归来。

三、采集人员

第一组：俞季川、孙祥麟，偕长工一人、短工若干人，往川西区各地采集；

第二组：杜大华偕长工一人，短工若干人，往川西北区各地及川甘边境采集；

第三组：彭彰伯偕长工若干人，往峨眉、峨边等地搜罗籽种、苗木，附采标本。

四、预采标本种类

1. 腊叶标本：凡各山所产树木、花卉、苔藓、蕨类均在搜集之列；

2. 木材标本：凡乔木木材均可采取，而注意其特富经济价值者；

3. 经济植物标本：各地应用植物性原料品，如纤维料、油漆料、制纸料及特殊食料等，除购买成品，调查治（制）法外，并须采得完全标本。

4. 药材标本：各地特产何种药材，除购买药材外，注意调查并采集完全标本。

5. 籽种：重要林木、特殊农作物及观赏植物之籽种，设法大量收集之。

6. 幼苗：凡珍异或特产之乔木、灌木，调查产地，移植幼苗。

7. 球根：凡珍异或特产之多年生草本，移植地下茎或根部。

五、采集标本注意事项

1. 木本中每个标本之大小，至少长一尺五寸，宽八寸。

2. 每号标本至少五份，至多十五份，特异者不限此数。

3. 同号标本之选择注意其形态上变异性愈大者，采集份数必须增多，如柳属、杨属、悬钩子之类。

4. 同地采集同样标本编写一号，每份均加号牌，并详细记录。

5. 两地相递或相同之植物，不避重复，仍须采集至多以一县为单位。

6. 复杂或嫩弱花朵，宜分解后压制，如凤仙花科等是。

7. 松柏科中之云杉、冷杉两属选择叶片及果实一二枝，浸入5%至10%佛（福）尔马琳（林）液中保存。

六、采集籽种注意事项

1. 预备采取种籽之树下，须先采集完整之标本，并记明详细地点、产地情况或悬挂木牌，以便识别。

2. 采于适宜之时候，宁失之太晚，勿失于太早。

3. 选中年壮大的母树所结熟状之种子，绉折不完者不取。

4. 检取林间已熟落之种子，注意其有无虫害及霉毁情形。

5. 肉果用水洗去浆质，球果须先干燥，除去鳞片，取得纯净之种子。

6. 采后放日光中或风干，不可加热，烈火熏烤。

7. 储存高燥通风低温处，不可潮湿发霉或受热。

8. 注意种类：红杉属、铁杉属、松属、栎属、胡桃属、樟杷属、栗属、木兰属、珙桐属、杜鹃花属、芮德木属、其他。

七、采集幼苗注意事项

1. 苗木高度取在三、四尺以下者，每种至少十株，珍贵者不在此限。

2. 移植时，直根可以剪短，而注意侧根及须根之保持。

3. 运输时根部用原土及苔藓包裹全体，外用稻草严密包好。

4. 移植后宜折去叶片或小枝若干，并放置阴湿避风处。

5. 在相当地点设堆植区，暂时保存并栽培。

6. 注意种类：杜鹃花属、珙桐属、木兰属、蔷薇属、山茶属、八仙花属、芮德木属。

八、采集球根注意事项

1. 凡球根鳞茎蕨根等均须风干后，用干苔藓包裹或细砂保存，装箱运输。

2. 春夏季节所见可供栽培之球根植物等，须记明产地，挂立木牌，以便秋季移植。

3. 球根宜取成熟者，务避生育期间之移植。

4. 重要种类：百合属、萱草属、黄精属、鸢尾属、秋海棠属、樱草属、蕨类、其他。

九、记录事项

1. 旅行日记：每晚依当日观察社会及自然界情形，摘要记录。

2. 标本记录：在采集时就生产地情形及植物易变之性格记载。

3. 摄影记录：记载月、日、时间、地点、目的物、附属景物、光圈大小、曝光长短等等。

十、采集费事项

1. 本年预算三千元，其中旅费七百元，指伙食及旅店费用；运输费一千一百元，指车船及力伕费；购置费八百元，指购置各种仪器及用具费用；杂费四百元，指零星之消耗及不属上列三项之费用。

2. 各组分配如下：第一组一千二百元、第二组八百元、第三组四百元，其他六百元，用在出发前之各种购置或杂费。

3. 日用账，每日清算一次，总账单每月结算一次，寄院查核。

4. 购买支出款，须有收据并加盖印记，零星款项，须有经手人单据。

5. 个人借款力求减少，如必需时，记入暂付款项下，每月随同总账报告会计处转账。

十一、应备器物事项（从略）

采集用具、记录用具、旅居用具、制作用具、各种药品。

采集项目中有为植物繁殖、栽培需要而进行树苗、球根、种子等之采集，乃是西部科学院在 1933 年有在缙云山开辟植物园计划。是年 8 月，中国科学社第十八次年会在重庆北碚召开，胡先骕也来出席，遂为西部科学院擘画植物园。植物园造园，当需要丰富植物种类，即在野外采集。

上述俞德浚撰《中国西部科学院生物研究所廿二年度植物部采集计划大纲》，应该是 1933 年出发前拟定的工作计划，从内容可以出：他们不仅重视标本采集制作，还重视对有经济价值的植物进行引种栽培，尽可能收集植物树苗、种子、有繁殖功能的球根鳞茎等，以建造植物园。俞德浚特别强调写“旅行日记”，要求“每晚依当日观察社会及自然界情形，摘要记录”，并进行影像记录。从这些要求可以看出，他们不仅进行生物考察，也同步进行社会民情考察与记录。基于此，俞德浚本人率先垂范，撰写了《四川植物采集记》，记述在四川的采集历程、沿途见闻、采集成果。跟随俞德浚的采集员杜大华，也将在宝兴县、天全县的采集经历、见闻，写进了《天宝见闻录》。

1933 年 5 月 13 日，俞德浚一行从北碚出发，经水路到合川后，换乘汽车，经安岳、乐至、简阳等，抵达成都。当时，省内军阀战争爆发，经郫县、灌县到川西北的交通阻断，不得已改变行程计划和人员分组，一二两组合并到雅安。[1]

据考证，1932 年成都与雅安修通公路，天全、宝兴县均不通公路，故他可能是坐汽车到雅安城，再步行到天全。他们先在天全县的旋子沟、蜂子河、永兴场（仁义乡）等地采集，后走天全县到灵关镇的小路，进入宝兴县采集。

俞德浚等到达宝兴县城后，先以县城为根据地，在附近的教场沟与冷木沟采集，后来分组赴东河之邓池沟、硗碛，以及西河之赶羊沟等处采集。俞德浚先后攀登上海拔 3 000 米以上的狮子山、青草塘、中梁子等处采集，在中梁子海拔 3 250 米处还采集到小垫柳（*Salix brachista*）等标本。据 1933 年 9 月 2 日的中国西部科学院第五次院务会议记录记载：“俞季川来函在穆坪一带采集，发现新种不少。”[2]

俞德浚在宝兴县各处采集一段时间，从宝兴县永富乡方向，翻越宝兴县与康定县的界山——狮子山，进入康定鱼通一带，这一区域原也属于穆坪土司势力范围。在鱼通，俞德浚等人与杜大华的一组人分手，俞德浚等取道两河口，去往阿坝州小金方向，到理县、茂县、松潘等地采集。而杜大华则继

[1] 俞德浚. 四川植物采集记（二）[J]. 中国植物学杂志，1935，1（4）：442-464.
[2] 唐润明. 民国时期中国西部科学院档案开发[M]. 重庆：西南师范大学出版社，2018：1161.

续留在天全、宝兴、芦山一带采集，达半年之久，后来将其所见所闻写成了《天宝见闻录》。

宝兴糙苏（*Phlomis paohsingensis*）（据《四川（宝兴）蜂桶寨国家级自然保护区维管地模植物标本原色图鉴》），宝兴糙苏的主模标本由俞德浚 1933 年 7 月 6 日采集于宝兴县

1933 年，俞德浚组织的三路人马共采集到植物标本 949 号 10 000 余份、林木籽种 30 余种、木材标本 54 种、药材标本 40 号、苗木 100 余株。[1]他们采集的标本，除保存于中国西部科学院（标本后被重庆自然博物馆的前身中

[1] 侯江. 中国西部科学院研究[M]. 北京：中央文献出版社，2012：72.

国西部博物馆接收）外，还交换、赠送给国内的其他科学机构。

目前，尚能在国家植物标本资源库信息网搜索到俞德浚采集于雅安的标本 106 号，其中采集于天全的有醉鱼草（*Buddleja lindleyana*）、青榨槭（*Acer davidii*）等 37 号，采集于宝兴的有皱皮杜鹃（*Rhododendron wiltonii*）、绢毛蔷薇（*Rosa sericea*）等 69 号，分别珍藏于西北农林科技大学、中科院植物研究所、中科院华南植物院、四川大学等处的植物标本馆。1933 年，俞德浚在宝兴县境内采集到毛肋杜鹃（*Rhododendron augustinii* 异名）、毛缘筋骨草长毛变种（*Ajuga ciliata Bunge* var. hirta）、毛叶花椒（*Zanthoxylum bungeanum* Maxim. var. pubescens）、宝兴糙苏（*Phlomis paohsingensis*）、四川红门兰（*Orchis sichuanica*）、宝兴藨寄生（*Gleadovia mupinensis*）、线叶黄堇（*Corydalis linearis*）这七种植物的模式标本。

第四期　　四川植物採集記(續)　　443

治安堪虞;復以川西北一帶大地震爲災,交通梗塞,旅運艱苦。許多預定區域,未能勘察普遍,詳盡蒐羅,尚有待於來年之補充工作也。茲以沿途觀察所及,擬爲簡略報告,以見川西北各地植物分布之概況。

四.花木滿谷之寶興

寶興舊爲穆坪(Mupin)土司管轄區域,民十七年收復設治,始改今名。縣境四面皆有大山,中有兩河灌溉南北,俗稱東西兩河;至縣城附近始合流爲一,經靈關盧山與天全河相會爲青衣江之上游,下流經雅安嘉定注於長江。寶興界內溪流湍急,灘險甚多,不但無舟楫之利,即沖漂木材均生横阻。至今沿河諸谷,林木暢茂,尚未開發;復以縣中人烟稀少,建築燃料之消耗無多。高山植物社會,仍可保持其自然狀態,誠研究植物生態學者之適宜處所也。

● 中国西部科学院植物部主任俞德浚先后两次到雅安采集标本，他撰写的《四川植物采集记》第四节的标题为“花木满谷之宝兴”（据《中国植物学杂志》1935 年第 1 卷第 4 期）

俞德浚所撰的《四川植物采集记》第四部分为“花木满谷之宝兴”，约 8 000 字，而涉及宝兴县赶羊沟的内容约 3 000 字，其中说道：“(赶羊沟的）大小鹿井位于峡谷中，林菁幽深，泉水清澈。初春时节，麞鹿三五，往来其间。冷杉林中则有金丝猴十数成群，攀援树上，若非遇极敏捷之猎手，彼等优游山泉，终年度其安乐生活也。”[1]

七、曲仲湘领导调查雅安森林

曲仲湘（1905—1990），又名曲桂龄、曲仲香。河南省唐河县桐寨铺乡南韩庄人，我国著名的生态学家、环境科学家、教育家。他先后在河南省立留学欧美预备学校协和医学校、省立中州大学预科、南京中央大学生物系学习。1930 年，他以优异的成绩毕业并获得理学学士学位。上大学期间，其家境日蹙，经济来源中断，幸得南京私立中国科学社生物研究所所长秉志资助，每月赠予 10 元为学费，并为其谋得课余在该所整理植物标本的工作。先后在开封第一高中和一个农村师范学校工作一年有余，1933 年担任河南信阳第二女子师范学校校长之职。1934 年 9 月，重返中国科学社生物研究所工作，先后任中国科学社生物研究所采集员、研究员和中国西部科学院生物研究所（所址重庆北碚）植物部主任。1940 年起，任复旦大学（抗日战争时期迁重庆北碚）生物系副教授、四川大学（抗日战争时期迁峨眉山）生物系教授。1945 年，曲仲湘前往加拿大、美国明尼苏达大学研究院攻读植物生态研究生。1948 年，取得硕士学位的曲仲湘放弃留在国外工作，怀着报效祖国的赤子之心，放弃在美国攻读博士学位的机会毅然回国，任复旦大学生物系教授兼南京大学生物系教授。1956 年，曲仲湘主动从上海支援边疆，来到云南大学任生物系主任同时，兼任中苏合作西双版纳大勐龙生物地理群落定位研究站站长。

1935 年 5 月，在中国科学社任采集员的曲仲湘到中国西部科学院兼任生物研究所植物部主任。曲仲湘上任后，继续实施川康植物调查采集计划，并率队伍到南川、巫山县等地采集标本。

1936 年，是川康植物调查采集计划实施的最后一年，原计划采集分两组

[1] 俞德浚. 四川植物采集记（续）[J]. 中国植物学杂志，1935，1（4）：442-464.

进行，一组赴通南巴与川陕交界一带采集，另一组赴北川、平武、松潘等地采集。在采集队出发前，接四川省建设厅命令，前往大渡河、青衣江、岷江流域，调查成渝铁路建设所需要枕木材料。

据曲仲湘《经营四川林木之我见》所述，抗日战争全面爆发前，每年要从国外进口价值国币 3 500 万元的木材，耗费了大量国家财力。[1]若枕木从国外运至四川省内地，渡海涉江，运费亦极可观，且耗时耗力，成本极高。故国民政府在筹划建设成渝铁路时，力图实现枕木自给，降低建设成本。

1936 年 3 月 4 日，曲仲湘率队从北碚出发，成员有杨宏清、孙祥麟。在重庆，他们采购了野外研究考察的用品后，次日即搭乘重庆到成都的客车到达成都。当时汽车速度慢，路况差，汽车走走停停，重庆到成都走了两天。在成都他们又逗留 2 日，一则到省建设厅接洽办理手续，二是继续采购相关物品，并到有关机构向民众科普生物研究、四川植物资源的相关知识。省建设厅非常重视此次森林调查，派遣办事员漆联金全程参与。

曲仲湘一行关于青衣江流域森林资考察和植物标本采集，由中国西部科学院、四川大学合作进行。当年，两家单位签署的《中国西部科学院四川大学合作往四川青衣江流域调查植物办法》规定："采集人员及用品由西部科学院任之，所得标本均分为两份各得一份，在野外采集费用由两方平均分摊各任半数。"[2]

3 月 8 日，他们一行人步行向雅安进发，从成都到雅安走了 4 天，顺路观察了沿途林木分布、种类情况和交通状况。当时，成都到雅安的路虽然已建成好几年，但路况很差，车辆难行。孙祥麟在《天全植物采集记》中感叹："成雅公路远不及成渝公路佳，尤其是名山到雅安段之间的金鸡岭（关）最坏，坡度最大、泥土太重，而车辆行至此处，雇佣民夫拖拉，其危险之多也可想见也！"[3]从雅安到天全，七十余里，他们溯青衣江及其支流天全河又走了两天。此时，雅安到天全公路毛路已经由工兵打通，但仍然有数处桥梁、坡度未处理好，尚不具备通车条件。他们观察到青衣江及其支流天全河，河水流急，水量颇大，利用水流来运输木材不成问题。

---

[1] 曲仲湘. 经营四川森林之我见[J]. 新经济，1939，2（40）：14-16.

[2] 唐润明. 民国时期中国西部科学院档案开发[M]. 重庆：西南师范大学出版社，2018：3897.

[3] 孙祥麟. 天全植物采集记[J]. 北碚月刊，1937，1（8）：69-73.

在天全县城，他们办理手续，采购伙食用品，询问森林区域，又花了数日。办理好手续，找好向导和杂工，作好充分准备后，他们一行人从天全县城向小路村进发。据天全县社科联同志介绍，1935 年后，小路村改以仁乡，中华人民共和国成立后又分为两路乡、紫石乡，现在合为喇叭河镇。

其时已是初春，一些植物萌发出新的枝叶，有些还绽放出花朵，正是采集初春植物的好时节，故曲仲湘一行不失时机采集制作植物标本。在小路村工作数日后，他们分成两组分头行动，曲仲湘和漆联金前往两路口等地，调查森林资源；杨宏清、孙祥麟则继续向深山挺进，先后在喇叭河镇的大人沿（今大仁烟村）、茨角坪、自觉坪等地调查森林资源和采集植物标本。

1936 年，《川边季刊》以《西部科学院调查天芦宝大森林》为题对他们的工作进行记述，文中说道："将近两月，均在天全县之白沙河（亦名小河），及蜂子河（亦名大河）两流域仔细工作，为期于短期内将各县森林详实调查，并尽量搜集各种生物标本计，特分标本及森林两组进行工作。但该县交通，异常梗塞，早出晚归，时间极少，即深夜亦须整理当日未完工作，未尝有片刻余闲。至大小河沿岸森林之大，区域之广，实为吾川及滇黔诸省及其他地方所仅见。闻该团在天全县再住半月后，即赴天宝接（交）界之大山入宝兴工作。闻翻此大山须两日途程，但均森林地带，夹道崎岖，闻仅有采药小道可寻，人烟绝迹，山上气候寒冷，除森林药材而外，不宜农产云。"[1]

曲仲湘一行在天全县各地工作近两个月后，转战宝兴县。杨宏清在《天芦宝三县之采集工作》则说，由天全赴宝兴，在无人烟的深山老林中穿行，历经六日，晚上住帐篷，或住悬崖下的岩洞岩腔，尽管风餐露宿，工作紧张，仍感颇有风味。他们到达宝兴时，红四方面军撤离不久，战斗损毁的房屋多未修复，因打仗物价也较往年高，住宿与补给均遭遇困难。[2]

到宝兴后，他们并没有停下脚步，先后溯宝兴河两大支流进行森林考察和从事标本采集工作。在宝兴河支流东的源头——硗碛藏乡的柳洛沟、泥巴沟、夹金山等处，在宝兴河西河的赶羊沟、中岗、梅里川等处，海拔三四千

[1] 西部科学院调查天芦宝大森林[J]. 川边季刊，1936，2（2）：150-151.

[2] 杨宏清. 天芦宝三县之采集工作[J]. 工作月刊，1936，1（3）：115-116.

米的针叶林中、高山草甸上，都留下他们的足迹。宝兴考察结束后，他们经芦山县城步行到达雅安城，并沿路途采集标本。

从 1936 年 3 月底至七月中旬，曲仲湘一行在雅安工作三个半月，足迹到达天全茶合河、门坎山、昂州河、蜂子河、漩漩沟、冷水河、邋遢河、白沙河、喇叭河，宝兴的柳洛沟、泥巴沟、中岗、若壁沟、赶羊沟、梅里川等处，攀上了海拔三四千米的针叶林、高山草甸地带，记载了这些地方的地形、地势、交通、林木种类、气候特征等信息，就开发利用提出了可操作的建议。曲仲湘认为："天全、宝兴两县之树种，软木类以冷杉、云杉、杉为主，硬木以青杠、桦木、木荷、苦楝等类为主，冷杉、云杉为人造丝木质及各种大建筑之上等材料，铁杉及硬木类各种，为铁道枕木之上等材料。宝兴缺少硬木种类，天全之硬木种类甚多，尤其以茶合河之硬木，生长优良，木质绝佳，无论为任何需要而开发森林，天全、宝兴之森林，均有开发价值。"[1]

曲仲湘在雅安进行森林考察后，形成了《青衣江流域天全宝兴森林调查报告》。1938 年，四川省政府建设厅以《四川之森林》为书名，出版刊载了曲仲湘关于青衣江流域天全宝兴森林、万源及通南巴森林、大渡河上游森林、松理茂汶四县森林、峨边森林的考察报告，其中《青衣江流域天全宝兴森林调查报告》放在首卷。

《青衣江流域天全宝兴森林调查报告》中的数据科学严谨，抽样分树种测量树高、胸径等数据，测量和估算了天全、宝兴两县森林面积、木材蓄积量。根据曲仲湘调查，两县木材蓄积量为 37 141 442 立方公尺，适合于作枕木的树种为铁杉和杂木，可制作枕木 1 697 万件。[2]

雅安是华西雨屏地理带的中心，素有"西蜀漏天""雨城"之称，因雨水滋润，生物多样丰富，有维管束植物 5 200 余种、脊椎动物 800 余种。然而多雨给曲仲湘一行的森林资源调查、植物标本采集、标本干燥保存造成很大障碍，但他们三个多月的工作中，在植物标本采集上仍然有较大的收获。杨宏清在《天芦宝三县之采集工作》中说，此次共采集制作标本 2 000 余号，其中种籽标本 10 种，泡制标本数瓶，尤其以海拔 3 000 米以上的龙胆科、蔷

[1] 曲仲湘．四川之森林．四川省建设厅内部资料，1938：48.
[2] 曲仲湘．四川之森林．四川省建设厅内部资料，1938：39.

薇科、松杉类植物为多。[1]

出于标本保藏、交流互换、研究的需要，每种植物或每号植物标本需要采集制作十多份，也就是说当年，他们很可能在雅安采集制作了 2 万份余标本。目前，通过国家植物标本资源库，尚可查到曲仲湘 1936 年采集于雅安的植物标本 2 692 份（其中天全 2 280 份、宝兴 382 份、芦山 30 份），这些标本分别珍藏在中国科学院植物研究所等多家科研机构与博物馆的植物标本室。这只是他们所采集标本中的一部分，尚有很多因保藏、损毁等因素，未能收录到国家植物标本资源库。

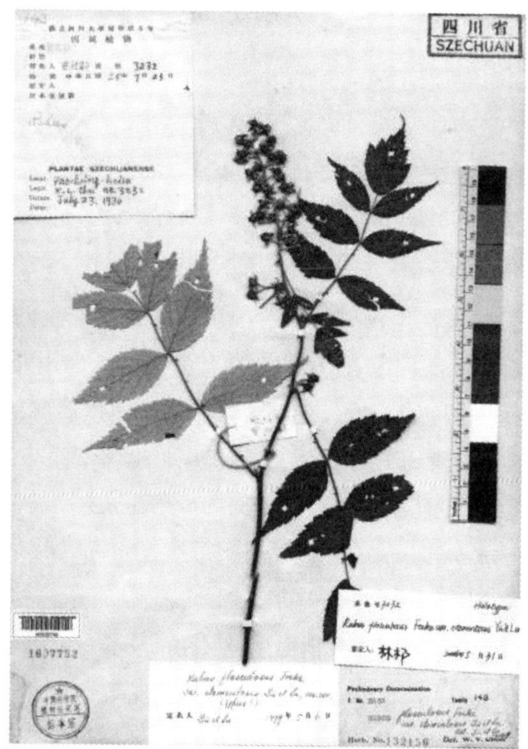

曲桂龄 1936 年 7 月 23 日在宝兴县采集到脱毛弓茎悬钩子（*Rubus flosculosus*）正模式标本，现存中科院植物研究所（据中国数字植物标本馆）

[1] 杨宏清. 天芦宝三县之采集工作[J]. 工作月刊，1936，1（3）：115-116.

● 脱毛弓茎悬钩子（*Rubus flosculosus*）（据《四川（宝兴）蜂桶寨国家级自然保护区维管地模植物标本原色图鉴》）

根据中国科学院成都生物研究所、四川省林业科学研究院生态研究所、四川蜂桶寨国家级自然保护区管理局 2019 年完成的《四川蜂桶寨国家级自然保护区维管地模植物调查报告》，佐以国家植物标本资源库信息网检索结果，1936 年，曲仲湘在雅安市境内至少发现植物新种 30 个（采集制作主模标本），其中在宝兴发现银花藤山柳（*Clematoclethra loniceroides*）、长距无柱兰（*Amitostigma dolichacentrum*）、硬苞风毛菊（*Saussurea coriolepis*）等 21 个植物新种；在天全县至少发现天全囊瓣芹（*Pternopetalum wangianum*）、天全铁角蕨（*Asplenium szechuanense*）、天全银莲花（*Anemone patula*）、光果菱叶乌头（*Aconitum rhombifolium*）等 8 种植物；在芦山县发现闭基假瘤蕨（*Phymatopteris rotunda*）。据考证和现有资料，曲仲湘是在雅安区域内发现植物新种最多的中国生物学家，而在雅安区域内发现植物新种最多人，是科学发现大熊猫的法国博物学家戴维，共 98 个；其次是英国植物学家威尔逊，28 个。[1]

[1] 中国科学院成都生物研究所，四川省林业科学研究院生态研究所. 四川蜂桶寨国家级自然保护区维管地模植物调查报告[R]. 2019：34.

1936 年 6 月 30 日，曲仲湘在宝兴县海拔 2 450 米左右的地方，采集到一种多年生草本植物的标本。后来有学者对曲仲湘所采集的这一号标本进行深入研究，认定为是莎草科薹草属的一个新种。为了纪念曲仲湘在植物学研究中的功绩，植物学家 Nelmes（1895—1959）将这种植物命名为“曲氏薹草”（*Carex chuii*）。

八、曲仲湘陪同裴鉴到宝兴天全采集标本

根据曲仲湘年谱记载，他在 1934 年 6 至 9 月、1943 年 8 月曾到宝兴采集植物标本。[1]

在中国数字植物标本馆还可查到他 1934 年 9 月 1 日采集于宝兴县赶羊沟二道坪的曲铜钱叶白珠标本。

裴鉴（1902—1969），字季衡，四川省华阳县（现属成都市）人，中国植物分类学家和药用植物学家。裴鉴毕生致力于薯蓣、马鞭草等科植物的分类和中国药用植物的研究。他对薯蓣科植物所含薯蓣皂甙元资源的调查研究，为利用中国激素类药物资源开辟了广阔前景。他先后任中国科学社生物研究所、中国科学院植物分类研究所华东工作站、中国科学院南京中山植物园、中国科学院南京植物研究所研究员和主要负责人。裴鉴是第一位应用近代植物分类学，科学地对中国历代本草所载和民间习用的植物药进行考证和报道的人，为后来的许多药学志书和中药研究开辟了一条新路，为发扬祖国医药遗产做出了贡献。20 世纪三四十年代，裴鉴在四川、西康一带进行植物调查采集，写有《值得重视的川康植物》等多篇论文，出版了《中国药用植物图志》《中国药用植物志》（第一卷）。1964 年，中国科学院颁发给裴鉴所领导的课题组成果优秀奖。1978 年，获全国科学大会奖和江苏省 1978 年科学成果二等奖。1983 年，中国植物学会 50 周年纪念大会在山西太原召开，裴鉴所领导的薯蓣分类研究得到表扬，裴鉴被同行公认为中国现代植物综合分类研究的带头人。

1938 年，曲仲湘陪同在中国科学社生物研究任研究员的裴鉴到天全、宝兴采集标本。通过国家植物标本资源库，还能查到此行曲仲湘在天全所采的

[1] 王希群. 云南林业科学教育的先驱和开拓者[M]. 北京：北京林业出版社，2019：34-35.

57 份标本。1938 年 7 月 9 日，曲仲湘还在宝兴硗碛瓦斯沟海拔 2 700 米处采集到一种景天属植物。

1938 年，在曲仲湘陪同下，裴鉴在天全县猪屎坪海拔 1 200 米处，采集到一种薹草，后被认定一种新种，被命名为 *Arex peiana*，裴鉴采集的这一标本被确认为主模标本，标本存中国科学院植物研究所标本馆。裴鉴还在天全县竹梗山采集到 2 号短圆叶柃（*Eurya oblonga*）等模式标本。通过国家植物标本资源库，可查阅到裴鉴在天全县采集到标本 17 号，在宝兴县采集到标本 48 号。

1940 年，曲仲湘、姚仲吾到西康省泰宁区（今康定、道孚一带）研究草原生态，并采集标本，疑路过雅安并采集标本。

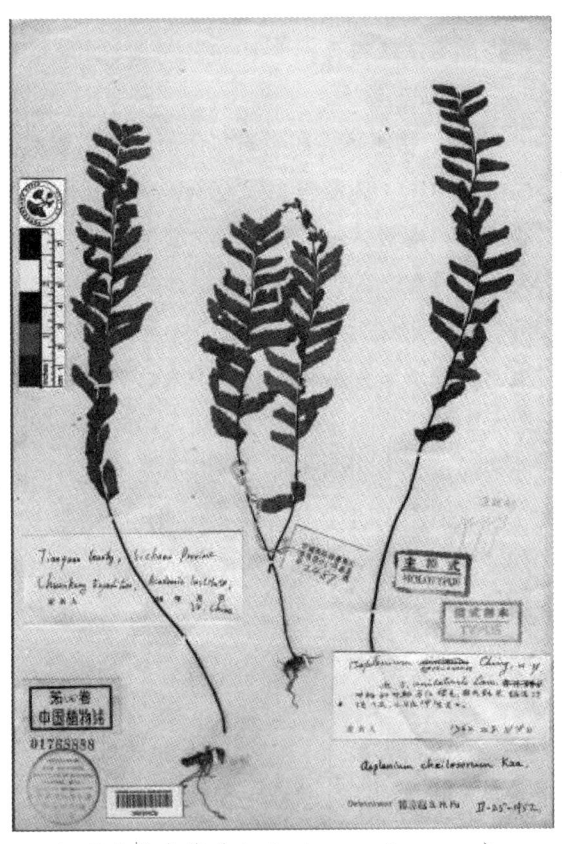

● 天全铁角蕨（*Asplenium szechuanense*），其主模标本由曲仲湘 1936 年采集于天全县（据中国数字植物标本馆）

九、中瑞川康生物采集团在雅安采集植物标本

刘振书（刘式民，C. S. Liou，1902—1949），四川省自贡市荣县人，祖籍江西。1922 年考入东南大学农学院园艺系，1926 年获农学士学位。留法生物学士。1930 年曾任河北省农矿厅秘书。据《奉天省公署》奉字第 1730 号呈文记载，刘振书曾为请安东、庄河、风城、宽甸、岫岩、桓仁、本溪等 7 县建立“东边道蚕业联合会”（“东边”或“东边道”，泛指辽东一带），以求改变柞蚕业不讲究改良、仅凭素日之经验的落后局面。为中国西部科学院农林研究所主任兼第一农场场长，1933 年任中国西部科学院植物园主任。曾赴北平、天津、烟台、莱阳、保定、定县、宁波、杭州、上海等地考察农事，并收集果苗，参观科学研究机关。在上海，参观了商品检验局、血清制造所等各机关。此次考察，收集南北方在四川种植特别适宜的特异果苗 10 000 余种。为 1933 年中国第一届植物学会会员，1941 年任四川省荣县县银行监察人。1944 年任四川省政府建设厅技正。1946 年当选四川县市银行业务协进会审查章程委员。1945 年 12 月—1949 年 12 月为四川省参议会议员（荣县代表）。著作有《木本花卉栽培法》（与周宗璜合著，商务印书馆 1930 年初版，1934 年再版）、《梅花栽培法》（国立中央大学农学院农业推广组 1933 年第 3 版）；《种草花法》（商务印书馆 1933 年初版，1935 年第 5 版）、1935 年农学丛书《园艺花卉》、1937 年著《测候问题》（《建设周讯》1937 年第 2 卷第 2、3 期合刊）、1937 年著《引导团体参观生物馆的介绍语》（《建设周讯》1937 年第 1 卷第 7、8 期合刊）、1938 年著《四川蚕丝业之现况及其将来》（《建设周讯》1938 年第 3 期）、1940 年著《一年来之四川蚕业推委员会》（《建设周讯》1941 年特刊）等。园艺学家、农学家。[1]

史密斯（Harry Smith，1889—1971），瑞典植物分类学家，其在中国采集活动包括：1921 年 8 月到北京西部山地途经陕西、四川、西藏采集植物标本；后由河内到昆明途经禄劝、中甸、德钦、蒙自、思茅、宁远至成都采集标本。1922 年 7 月至松潘雪宝顶（Hsueh-po-ting），7 天采 800 种，其中有 300 个新种或新变种；然后向西到 Merge 以及康定采集，共采集标本 1 000 号。1924

[1] 侯江. 中国西部科学院研究[M]. 北京：中央文献出版社，2012：56-57.

年到山西介休、芦芽山、中条山、垣曲、下川等地采集了 4 500 号标本，计 1 100 种。1934 年与刘振书一道沿上海—重庆—嘉定—康定—泰宁一线采到 4 000 号标本，11 月回国。[1]

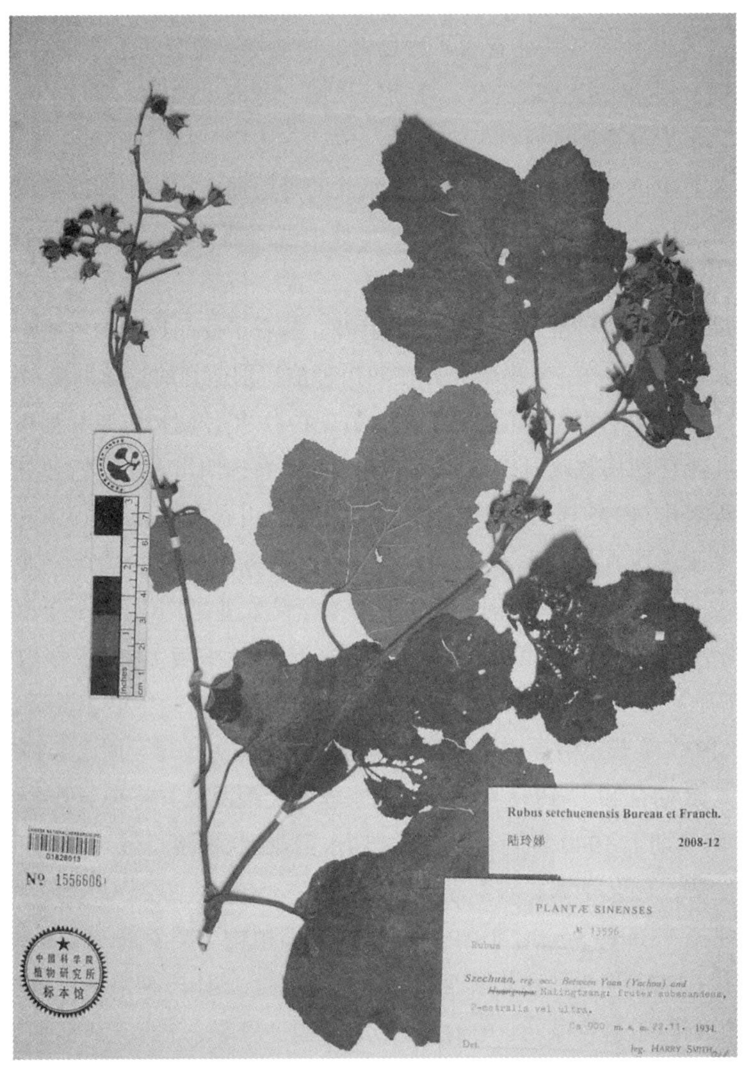

● 川莓（*Rubus setchuenensis*）标本，Harry Smith 在 1934 年 11 月采集于雅安（据中国数字植物标本馆）

[1] 中国科学院植物志编辑委员会. 中国植物志（第一卷）[M]. 北京：科学出版社，2004：690-691.

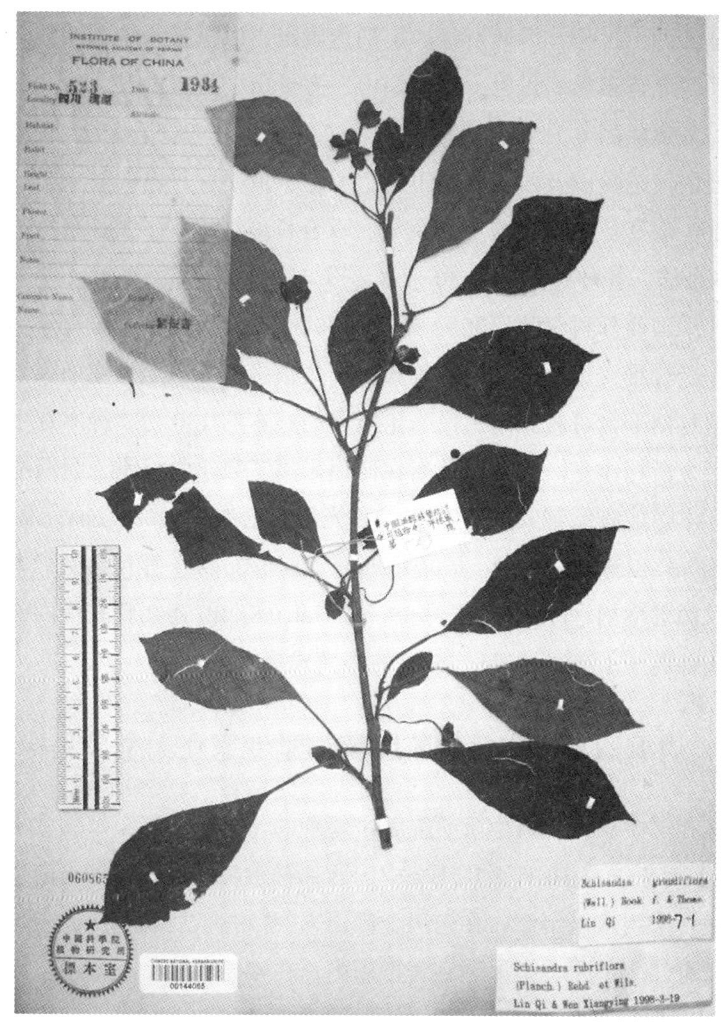

大花五味子（*Schisandra grandiflora*）标本，刘振书在 1934 年采集于汉源县（据中国数字植物标本馆）

1934 年，史密斯来华，赴西康采集，函约中国西部科学院同行。这是史密斯第三次来华采集。中国西部科学院即派植物园主任刘式民，助员彭彰伯、甘辛茹，与史密斯共同组成中瑞川康生物采集团，除作动植物标本采集之外，并搜罗球根种籽，以备植物园的栽培。中瑞双方在重庆汇合，乘船沿长江上驶，经叙府（宜宾）到嘉定（乐山），步行到雅安、荥经，抵汉源后，在大相岭、飞越岭两山工作，后西行经泸定到达康定，以该县为中心四处采集；入秋后，往西北行道孚、丹巴，在大炮山、海子山、折多山狮子岭和五色海等地采集。采集集团6月4日启程，10月24日结束。采集团在大相岭及川、康交界处的飞越岭以及西康省的康定、泸定、道孚、丹巴四县采集，获植物标本1 200余号、浸制标本130余号、百合科球根标本6 200余株、兰科根类1 300余株、各种种籽标本30余号。[1]

据《中国西部科学院研究》，刘式民在西康采集标本1210号。[2]在往返的途中，经过雅安市汉源县时，刘式民采集很多标本，至今在国家植物标本资源库信息网平台可查到刘式民当年所采的标本约130份，标本存中国科学院植物研究所标本室。此行史密斯在四川采集了数千份标本，目前在中国数字植物标本馆能查阅到其中的988号，光滑高粱泡（*Rubus lambertianus*）、川莓（*Rubus setchuenensis*）、女贞（*Ligustrum lucidum*）等百余份标本采集于雅安市汉源县境内。1934年11月19日，Harry Smith还在雅安境内的大相岭采集到垂叶蒿（*Artemisia flaccida*）的等模式标本。

十、周承烈与南京总理陵园植物学专家在天全采集标本

侯江在《中国西部科学院研究》中整理的《历年大规模植物标本采集情况表》，1935年5月10日至11月，中国西部科学院助理周承烈与南京总理陵园植物学专家组成采集组，在南川金佛山采集数月，后到重庆，乘船西驶，经江津、合江、泸州、南溪、宜宾抵乐山，在峨眉山工作一月余，后西行天全。9月14日，周承烈调回。此行采到植物标本2 000余号、药用植物苗木及各种种籽标本若干。[3]

周承烈，江津聚奎小学毕业，与周仁贵、漆联金等经邓少琴介绍到北碚峡防团务局少年义勇队历练。先后任中国西部科学院博物馆助员、植物部任助理。1934年参加该院四川省雷马峨屏调查。1938—1942年与孙祥麟一道作

[1] 侯江. 中国西部科学院研究[M]. 北京：中央文献出版社，2012：81.
[2] 侯江. 中国西部科学院研究[M]. 北京：中央文献出版社，2012：83.
[3] 侯江. 中国西部科学院研究[M]. 北京：中央文献出版社，2012：82.

为学生，在四川大学教授方文培的带领下，在峨眉山采集植物，标本存四川大学标本室。周承烈 1941—1942 年在峨眉山采集标本有 2 700 余号。[1]

侯江的记述与胡宗刚在《江苏省中国科学院植物研究所·南京中山植物园早期史》的记述有异，“1935 年 5 月中国西部科学院生物研究所在四川采集，行时适逢总理陵园植物园派人来川采集种苗，并收集药材，即共同组织采集团，成员有生物所植物部主任曲仲湘、动物部主任施白南，陵园采集员贺商贤、张晓白。他们先在南川金佛山采集，后转川北通南巴采集”[2]。

直角荚蒾（*Viburnum foetidum*）标本，贺贤育在 1935 年 10 月 17 日采集于天全县十八道水（据中国数字植物标本馆）

[1] 侯江. 中国西部科学院研究[M]. 北京：中央文献出版社，2012：69.

[2] 胡宗刚. 江苏省中国科学院植物研究所·南京中山植物园早期史[M]. 上海：上海交通大学出版社，2017：37.

经考证，胡宗刚所指的陵园采集员“贺商贤”，应该为“贺贤育”，或“商贤”“贤育”，因为名与字书写被误读的关系，“贺商贤”与“贺贤育”均指同一人。1928—1937 年，傅焕光任南京总理陵园主任技师、园林组长兼设计委员会委员等职。百度搜索“傅焕光”，有这样的内容：“傅焕光十分重视科技人才的招聘与培养。当时他招聘了园艺学家章君瑜、王太一，林学家林祜先、唐迪先；青年科技人员叶培忠、沈隽、吴敬立、沈葆中等人；同时还招用年轻的初级科技人员如贺贤育、贺文熔、周陛勋、赵儒林（当时名赵子孝）等。这些人后来都成为专家教授，为园林事业作出贡献。”[1]中国数字植物标本馆显示，1932 年至 1943 年，赵子孝几次到雅安市的天全县、宝兴县采集植物标本，标本多存于南京林学院。

胡宗刚所指的“后转川北通南巴采集”可能有误。贺贤育一行应如侯江所述“后西行天全”。笔者搜索国家植物标本资源库信息网，1935 年，贺贤育（Y. Y. Ho）在雅安市天全县采集到植物 23 份，标本均保存于江苏省中国科学院植物研究所标本室，如一份直角荚蒾（*Viburnum foetidum*，馆藏号 NAS 00266899），采集日期为 1935 年 10 月 17 日，采集地为天全县十八道水。

十一、杜大华在雅安的采集

杜大华（T. H. Tu，D. H. Du），四川省（现重庆市）忠县人。1929 年为北碚峡防局少年义勇队学生，后任中国西部科学院生物研究所助理员，历年均参加中国西部科学院组织的植物标本采集。

1928 年春，受中国科学社生物研究所委派，方文培回四川，进行考察和采集植物标本。方文培到重庆接洽采集标本事宜时，卢子英安排杜大华等人参与采集。他们在南川、灌县采集后，方文培故将人员分成两组，章树枫、杜大华为一组，前往汶川、茂县、松潘等方向。方文培自己带领一组，负责到乐山、雅安、康定等地采集。1930 年 3—12 月，杜大华随郑万钧深入到康定城区采集，曾经在汉源县停留并采集标本。

[1] 傅焕光. https://baike. baidu. com/item/%E5%82%85%E7%84%95%E5%85%89/6804849?fr=aladdin.

1933年春，时任中国西部科学院生物研究所主任的俞德浚到雅安调查采集，成员有杜大华、孙祥麟等人。他们先在天全县的旋子沟、蜂子河、永兴场（仁义乡）等地采集，后走天全县到灵关镇的小路，进入宝兴县采集。俞德浚一行在宝兴县各处采集一段时间，从宝兴县永富乡方向，翻越宝兴县与康定县的界山——狮子山，进入康定鱼通一带，这一区域原也属于穆坪土司势力范围。在鱼通，俞德浚等与杜大华的一组人分手，俞德浚等取道两河口，去往阿坝州小金方向，到理县、茂县、松潘等地采集。而杜大华则继续留在天全、宝兴、芦山一带采集，达半年之久，后来将其所见所闻写成了《天宝见闻录》（“天”为天全县、“宝”为宝兴县）。据1933年9月2日的中国西部科学院第五次院务会议记录记载：“留杜大华在天全、芦山、宝兴等地继续采集。杜大华一月前由天全来函称，目前需要钱孔（恐）急，已去洋200元。”[1]

据侯江著的《中国西部科学院研究》，1933年5—12月，中国西部科学院植物部助理杜大华在宝兴、鱼通详作采集，后经康定县界转赴天全、芦山各县工作。初冬返宝兴收罗种籽苗木。共采集到腊叶标本828号9 000余份、林木籽种46号、木材标本21号、苗木200余株。[2]

《中国科学院一九三四年八月工作报告》中，关于生物研究所的标本整理工作之三就是“清理杜君大华所采之标本”[3]，足见其所采标本之多。目前在国家植物标本库能查到杜大华1929—1936年采集于雅安标本，多达550余份，珍藏于重庆自然博物馆等机构，这还只是保留至今可查阅的部分。其中采集于雅安的植物新种主模标本11种（宝兴9种、天全2种），以产地命名的有宝兴景天（*Sedum paoshingense*）、宝兴梅花草（*Parnassia labiata*）、宝兴列当（*Orobanche mupinensis*）等。

---

[1] 唐润明. 民国时期中国西部科学院档案开发[M]. 重庆：西南师范大学出版社，2018：1161.
[2] 侯江. 中国西部科学院研究[M]. 北京：中央文献出版社，2012：80.
[3] 唐润明. 民国时期中国西部科学院档案开发[M]. 重庆：西南师范大学出版社，2018：98.

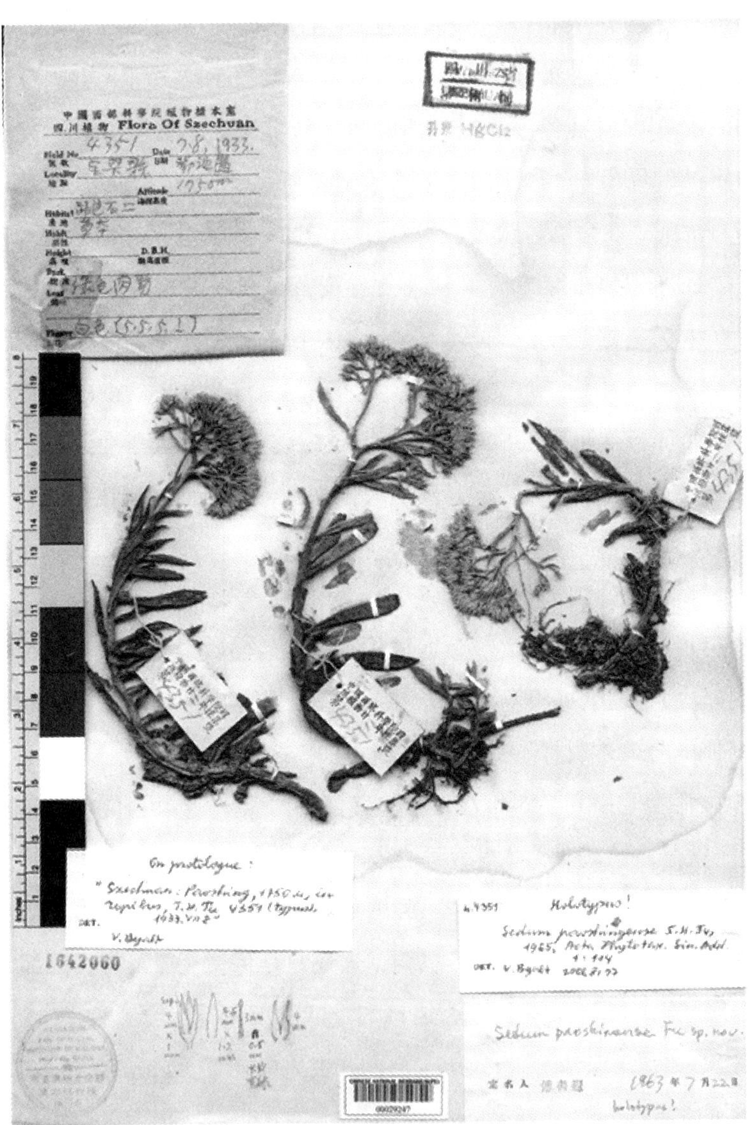

● 宝兴景天（*Sedum paoshingense*）主模标本，杜大华于 1933 年 7 月 8 日在宝兴县蜂桶寨乡邓池沟采集，采集地点为海拔 1 750 米处的路边石上。该标本保存于中国科学院植物研究所标本馆（据中国数字植物标本馆）

● 宝兴景天(*Sedum paoshingense*),拍摄地点为海拔 1 750 米的火石溪沟(据《四川（宝兴）蜂桶寨国家级自然保护区维管地模植物标本原色图鉴》)

据方文培之子、四川大学教授方明渊介绍，1928 年陪方文培在四川省采集标本的杜大华，后来成为少年义勇队学生或队员、中国西部科学院生物研究所助理员，是该研究机构植物标本采集骨干。1938 年，中国西部科学院生物研究所因经费困难停办后，杜大华就职于重庆一家航运企业，从此淡出植物标本采集领域，但他仍然关心关注植物学的发展，与方文培、俞德浚等保持联系。

第六章

在雅安的动物学研究与标本采集

中国西部科学院生物研究所先后成立昆虫部、动物部，并接管平民公园动物园、峡区博物馆，相继组织多批次人员深入雅安采集动物标本和活体动物，以进行研究、饲养或展出。根据《雷马峨屏调查记》记载，动物调查事项主要有：① 全区动物之详细采集；② 全区动物分布情形之调查；③ 鱼类及其产量之调查；④ 有关经济之野生兽类及产量之调查；⑤ 害虫及益鸟之调查；⑥ 各区著名经济特产之动物之调查；⑦ 业经饲养之家禽家畜状况之调查；⑧ 最适宜于各区域内畜牧之种类之考查；⑨ 最适宜畜牧地点之调查；⑩ 可开渔场之适当地点之调查；⑪ 适于各渔场水族动物之考察。[1]

一、兽类标本采集

《中国西部科学院民国二十年度报告书》记载："1930 年 12 月 19 日，中国西部科学院派出郭卓甫、洪克昭，与为美国芝加哥博物馆采集动物标本的特派员史密斯，合组赴穆坪（又名木坪、木平，今四川省雅安市宝兴县）采集，于次年 15 日方始到达，就穆坪、鱼通、懋功等诸山详细收集至次年 10 月 13 日返院。"此行他们收获颇丰，采集到兽类标本 74 件、鸟类标本 102 件、爬行动物标本 10 件、鱼类和两栖动物标本 14 件，其中明确采集于穆坪（今雅安市宝兴县）动物标本有：有蹄类 18 件、翼手类 1 件、啮齿类 39 件、鸣禽类 31、猛禽类 2 件、鸠鸽类 33 件、攀禽类 5 件、爬虫类 10 件、鱼类 10 件、两栖类 4 件；采集于雅安（今雅安市雨城区）动物标本有：涉禽类 9 件、搔鸥类 4 件。上述标本的采集人均为郭卓甫、洪克昭。[2]

据侯江在《中国西部科学院研究》梳理的中国西部科学院大事记，1930 年初，两名少年义勇队学生跟随美国芝加哥博物馆苏密士赴雅安、穆坪一带采集动物标本，苏氏来川意在捕捉大熊猫。年底，随苏密士采集的两名学生归来，采得活动物 3 只，其中黑熊（*Ursus ursus thibetanus*）1 只，饲养在博物馆的动物园内；标本 260 余号；大熊猫（*Ailuropoda melanoleuca*）未采到。[3]

[1] 常隆庆，施怀仁，俞德浚. 雷马峨屏调查记[J]. 中国西部科学特刊第一号，1935：2-3.

[2] 唐润明. 民国时期中国西部科学院档案开发[M]. 重庆：西南师范大学出版社，2018：58-60.

[3] 侯江. 中国西部科学院研究[M]. 北京：中央文献出版社，2012：239-240.

经笔者考证，郭卓甫、洪克昭带回活体动物中，有一只小熊猫（*Ailurus fulgens*）。这只小熊猫饲养在中国西部科学院的动物园，为国内最早饲养小熊猫。这只小熊猫饲养在中国西部科学院的动物园，为国内最早饲养小熊猫。关于中国西部科学院对大熊猫、小熊猫的饲养与标本采集，详见本书第七、八章。

● 产于川康地区的鼯鼠（据 1947 年《中国西部博物馆一览》，侯江提供）

郭倬甫（又名郭卓甫、郭作甫，？—1994），四川省（现重庆市）合川人，出生农家。1929 年为北碚峡防局少年义勇队学生。1930—1936 年在中国西部科学院期间，曾为博物馆、动物部助员，进行野生动物标本的采集、制作。1933 年为动物部助理员，并管理动物园。1936—1939 年就读于四川大学生物系，著有《川康狩猎法》。1938 年在四川大学参加地下党。1949 年后被刘伯承元帅委任为重庆市零售公司总负责人。重庆市第二届（1952）、第三届（1953）各界人民代表会议协商委员会工商界代表。后在重庆黄桶垭的西南中药研究所（后更名为四川省中药研究所）任研究室主任，1989 年离休。1978 年，郭卓甫等将中国的梅花鹿（*Cervus nippon*）修订为 6 个亚种。合著《四川西北发现梅花鹿》(《四川省中药研究所研究资料汇编》第 5 辑，1966：323-326)、《梅花鹿的一新亚种——四川梅花鹿》[郭倬甫、陈恩渝、王酉之：《动物学报》，1978，24（2）：187-191]、《四川梅花鹿一新种——四川梅花鹿》等；参编《四川中药志第一卷》（四川人民出版社，1979）、《四川中药志第二卷》（四川人民出版社，1982）等。[1]

郭倬甫在宝兴县勾留一年以上，向当地人学习了很多狩猎方法。郭倬甫在《川康狩猎法》中说："此篇系笔者根据历年旅行四川、西康，及滇、黔边境采集动物标本之经历，为采集方便，曾应用当地各种狩猎方法，其中颇多可采取者，尤以宝兴县一隅勾留一年以上，得悉该地方法较详细，至于他处，或仅途次所经或小住数旬，各该地所习用之方法，因随时随地悉心咨访，大致均为谙悉，其中大部分，并曾经本人采用，小部分系根据猎夫之口述。"[2]此文介绍了捕捉和狩猎鸟类和兽类的犬猎法、寻猎法、暗猎法、绳系法、网捕法、关闭法、陷阱法、鹰搜法等 8 种方法，具体介绍了大熊猫、猴、野猪等 15 类动物的狩猎方法。

1943 年，中国西部科学院联络中央研究院动植物研究所、经济部中央地质调查所、中国科学社等 13 个学术机关，以中国西部科学院和北碚民众博物馆为基础，筹办中国西部科学博物馆。1944 年 12 月 25 日正式开馆，馆址设在中国西部科学院理化研究所"惠宇"楼，馆内分设工矿、农林、生物、地质、医药卫生及气象地理等 6 个陈列馆。生物馆分植物、动物两部分。分类陈列植物标本，共计 7 429 号，为中国西部科学院历年调查采集所得，由中国科学社生物研究所及中央研究院植物研究所协同整理，并有中国科学社赠送药用植物标本和中央研究院植物研究所赠送的藻类及苔藓标本；动物部分

[1] 侯江. 中国西部科学院研究[M]. 北京：中央文献出版社，2012：69.
[2] 郭倬甫. 川康狩猎法[J]. 生物学报，1939，1（1）：15-27.

陈列品包括脊椎动物及无脊椎动物两部分，其中鸟类 354 号，兽类、爬虫类及鱼类 136 号；昆虫类 1712 号。此外还有大幅油画及图表 36 幅。陈列品系中国西部科学院藏品，由中央研究院动物研究所整理。[1]

1944 年 12 月或更早，中国西部科学院已经收藏有大熊猫和小熊猫标本，在中国西部科学博物馆陈列品收入登记表中标注的名称分别为："白熊""小红猫熊"。梳理中国西部科学博物馆陈列品收入登记表（1944—1946），标注采集自雅安的动物标本有 7 种 9 件，如表 6-1 所示。

表 6-1　中国西部科学博物馆收入的源自雅安的部分动物标本（1944—1946）[2]

序号	品名	数量	产地	所在页码	备注
1	白眉黄鹟（雄）*Xanthopygia narcissina xanthopy*	1	宝兴	628	
2	青翼鹎 *Idemacclellandi holti*（*wminhoe*）	2	宝兴	634	
3	红翼攀墙鸟（雄）*Tichodroma murria*	2	宝兴	636	
4	白熊皮（即大熊猫）*Ailuropoda melanoleuca*	1	宝兴	640	
5	金钱豹 *Felis pardus*	1	西康清溪县	640	今汉源县
6	果子狸 *Paguma larvata*	1	宝兴	640	
7	红狐 *Vulpes vulpes Hoole*	1	宝兴	640	

注：据《民国时期中国西部科学院档案开发》。

二、鸟类标本采集

1931 年，中国西部科学院的郭卓甫、洪克昭，与美国芝加哥博物馆动物标本采集特派员史密斯，合组赴穆坪等地采集，获鸟类标本 102 件，其中明确采集于穆坪（今雅安市宝兴县）鸣禽类 31 件、猛禽类 2 件、鸠鸽类 33 件、

[1] 侯江，欧阳辉. 重庆自然博物馆溯源——中国西部科学院博物馆和中国西部博物馆 [J]. 上海科技馆，2010，2（4）：84-92.

[2] 唐润明. 民国时期中国西部科学院档案开发[M]. 重庆：西南师范大学出版社，2018：628-640.

攀禽类 5 件；采集于雅安（今雅安市雨城区）鸟类标本有：涉禽类 9 件、搔鸱类 4 件。[1]

王希成，浙江人，动物学家。德国佛来堡大学理学博士（据薛绍铭《黔滇川旅行记》为柏林大学生物学博士）。1933 年 12 月，经秉志介绍由上海入川担任中国西部科学院动物部工作。1934—1935 年，任中国西部科学院生物研究所所长。1934 年 9 月 25 日，时任四川大学校长的任鸿隽因该校生物学系尚缺动物生理学教授 1 人，致函卢作孚拟向西部科学院暂借王希成 1 年。王希成后任国立四川大学动物学教授。抗战期间，在重庆任中央大学生物系教授，教授动物分类学和实验胚胎学。1923 年发表《浙江沿海采集动物旅行记（十一续）》、1935 年发表《四川鸣禽之研究》《实验胎生学之研究方法》《施悲门氏之动物发生学说》《二十年来发生学之进展》等。[2]

斑翅大嘴鳥 Mycerobas melanoxanthus (*Hodgson*)

上體全體,翼,尾,額與喉黑褐,每羽皆有不明晰之灰色邊緣;內側大覆雨羽,內側次列及三列撥風羽其外瓣尖端有寬廣之黃白色;初列撥風羽自第三枚起向內有一白點在其基部,但在閉合之翼不易見之,又近尖端處有白色之狹邊;下體在喉以下鮮深黃,嘴與跗蹠鉛藍色.

20　　四川鳴禽之研究

全長 205 mm.; 嘴峰 23.5 mm.; 翼 125 mm.; 尾 81 mm.; 跗蹠 23 mm.

此鳥於四月間採自寶興縣,

第三圖　斑翅大嘴鳥

直隸鷽 Pyrrhula erythaca wilderi *Riley*.

嘴之基部四周及眼圈濃黑色,此黑色之外乃爲一白色圈,如是頰與頦色黑,而圍以白色;上體自頭冠至下背藍灰色,頭側亦復如是;下背有一微黑色帶;腰白色;翼之撥風羽,上尾筒及尾羽輝紫黑,大覆雨羽之基部黑色,近末端之一半淺灰;喉蒼灰,胸,腹側及上腹橘紅,下腹淺灰,下尾筒白色,嘴

●《四川鸣禽之研究》介绍采集自宝兴县的斑翅大嘴鸟（*Mycerobas mellanoxanthus*）

[1] 唐润明．民国时期中国西部科学院档案开发[M]．重庆：西南师范大学出版社，2018：58-60.

[2] 侯江．中国西部科学院研究[M]．北京：中央文献出版社，2012：68.

王希成任中国西部科学院生物研究所研究员兼所长期间，出版《四川鸣禽之研究》。该文记录种与亚种 120 个，分属于 23 科，王希成在文中引言中说："著者甚感院长卢作孚先生于院中极度困难之经济状况下，为筹采集之费，使工作顺利进行；至对工作上，则甚感施白南先生冒险赴雷马屏峨一带深入彝区，领导采集人员工作同行康成德、郭倬甫、杨滋毒（杨宏清）诸先生皆采有极有价值之标本；甘辛茹先生单独赴西康亦采得极佳标本；黄楷先生襄助工作，陈月舟先生为绘插图。俱感于此。"[1]

根据《四川鸣禽之研究》记述，采集自雅安的标本有 29 件，采集地点为宝兴、雅安（今雨城区）。

表 6-2 《四川鸣禽之研究》所载雅安的鸟类标本

序号	中文名	拉丁学名	采集地	采集时间	页码
1	木鹨	*Anthus trivialis hodgsoni richmond*	宝兴	二月中	P16
2	斑翅大嘴鸟	*Mycerobas melanoxanthus*（Hodgson）	宝兴	四月中	P19
3	直棣莺	*Pyrrhula erythaca wilder* Riley	宝兴	二月中	P20
4	赤鹛	*Carpodacus erythrinus roseatus*（Hodgs.）	宝兴	四月	P20
5	金翅儿（一名芦花黄雀）	*Chloris sinica sinica*（L.）	宝兴	二月中 四月上	P21
6	燕雀（一名花鹊）	*Fringilla montifringilla*（L.）	宝兴	二月上	P21
7	西藏草地雀	*Emberiza godlewskii khmensis* Sushi	宝兴	二月间	P23
8	西比利亚黄喉雀（岣鸦、黄眉）	*Emberiza elegans sibiria sushcicin*	宝兴	四月间	P24
9	褐面柳莺	*Phylloscopus maculipennis*（Blth.）	宝兴	四月间	P27
10	亚东蓝石鸫	*Monticola solitarius pandoo*（Sykes）	宝兴	十月间	P33
11	中国黑鸫（百舌）	*Turdus merula mandarinus*（Bp.）	雅安	一月	P34
12	褐首栗鸫	*Turdus castaneus gouldi*（Verr.）	雅安	六月间	P34
13	朗鸲	*Phoenicurus auroreus auroreus*（Pall.）	雅安	一月	P36

[1] 王希成．四川鸣禽之研究[M]．重庆：中国西部科学院生物研究所，1935：8.

续表

序号	中文名	拉丁学名	采集地	采集时间	页码
14	中国灰色丛树石栖鸟	*Oreicola ferrea haringtoni* Hartert	宝兴	四月	P37
15	柑胸岩鹨	*Prunella strophiata multistiata*（David）	宝兴	二月间	P38
16	西藏灰山雀	*Parus major tibetanus* Hartert	宝兴	三月间	P42
17	赤嘴鸟（名山鹊）	*Urocissa erythrohyncha erythrohyncha* Bodd	宝兴	一月下	P44
18	中国短嘴山椒鸟	*Pericrocotus brevirostris ethologus* Bangs & Phillips	宝兴	四月间	P52
19	山椒鸟（灰窦燕儿）	*Pericrocotus cinereus cinereus* Lafresnaye	宝兴	五月间	P53
20	黑面白颊笑鸫	*Trochalopterum affine oustaleti* Hartert	宝兴	六月间	P59
21	伊氏笑鸫	*Trochalopterum elliotti elliotti*（Verreaux）	宝兴	二月间	P60
22	华东小偃月嘴嘈鸟	*Xwy stridulus swinhoe*	宝兴	二月上	P62
23	中国红嘴雀	*Liothrix lutea lutea*（Scopoli）	宝兴 雅安	二月上 一月中	P64
24	白头公	*Pycnonotus sinensis sinensis* Gmelin	雅安	一月中	P67
25	华南黄腹布鲁布鲁	*Pycnonotus aurigaster andersoni*（Swinhoe）	宝兴	二月间	P67
26	蓝头公（一名中国圆嘴布鲁布鲁）	*Spizixos semitorques*（Swinhoe）	宝兴	二月上	P68
27	黄鹂（黄鸟或东方黑头黄鸟）	*Oriolus chinensis indicus* Jerdon	宝兴	五月上	P70
28	鷦鷯（名山帼帼儿）	*Troglodytes troglodytes idius*（Richmond）	宝兴	二月间	P71
29	黄背太阳鸟	*Aethopyga dabryi*（Verr.）	宝兴	四月间	P73

注：据《四川鸣禽之研究》，部分鸟名与今不一致。

王希成在文中提到的甘辛（莘）茹为动物部助理员，康成德为生物学博士、动物部剥制技师。为采集动物标本，郭倬甫参与了美国芝加哥博物馆采集动物标本的特派员史密斯组织的采集团，在宝兴县及周边地区工作了近十个月，收集到鸟类标本 102 件。而据郭卓甫在《川康狩猎法》[1]自述，他在宝兴勾留一年以上，学习掌握了当地人的捕鸟方法，如鸠鸽类、鹑雉、雁鸭类的捕捉方法。笔者推测，王希成在《四川鸣禽之研究》记录的采集自雅安的 29 号（种）鸟类标本，主要由甘辛（莘）茹、郭卓甫采集，由康成德剥制。

三、两栖爬行类和鱼类标本采集

1931 年，中国西部科学院的郭卓甫、洪克昭，与美国芝加哥博物馆动物标本采集特派员史密斯，合组赴穆坪等地采集，其中明确采集于穆坪（今雅安市宝兴县）爬行动物标本 10 件、鱼类 10 件、两栖动物标本 4 件。[2]

施白南（1906—1986），又名怀仁，直隶（今河北）正定人，1906 年生。1933 年毕业于国立北平师范大学生物系。曾任中国西部科学院生物研究所动物部主任，国立兰州西北师范学院、省立北碚乡村建设学院教授。1949 年后历任西南师范学院（后改为西南师范大学）教授、生物系主任，四川省动物学会第一届副理事长，四川省水产学会第一届理事长。九三学社社员。1984 年加入中国共产党。

施白南独著或合著《动物部报告》《中国西部科学院生物研究所动物部十月份工作报告》《四川嘉陵江下游鱼类之调查》《四川嘉定峨眉鱼类之调查》《四川鱼类目录》《雷马峨屏调查记》《介绍教育部生物标本制造所》《吾国现时之渔业问题》《四川之特产食用鱼类》《四川省养鱼推广问题》《养鲤》《鱼类天然食料之研究》《鱼类天然食料之研究》（上、下）、《六种淡水鱼卵及其幼鱼形态之研究》等文，主编《长江鲟鱼类研究》《四川资源动物志》（第四卷），合编《中国鱼类图谱》（第三册）等。

---

[1] 郭倬甫. 川康狩猎法[J]. 生物学报，1939，1（1）：15-27.

[2] 唐润明. 民国时期中国西部科学院档案开发[M]. 重庆：西南师范大学出版社，2018：58-60.

四川兩栖類與爬虫類之記載

施白南編

在過去三年中(1933－1936)，余任職四川中國西部科學院生物研究所，曾在川省各地採集動物標本，今僅就此兩類草成是編，其詳細研究仍在工作中，將有結果當繼續發表，此文於初學者雖無大補，然對國產動物分佈研究者不無有所藉助，文中※係指明前人曾有記載爲作者尚未見到之標本，總共兩栖類有四十五種，爬虫類有七十八種，而川省山奇水秀，所有種類當不止此，來日工作大有望焉。

兩栖類 Amphibia

(一)有尾目 (Caudata)

鯢魚科 (Cryptobranchidae)

1. Megalobatrachus japoni Temmick. 嘉定，重慶，馬邊，雅州，峩邊。

蠑螈科 (Hynobidae)

2. ※Hynobius keyserlingti (Dybowski)四川西部山溪。

施白南《四川两栖类与爬虫类之记载》中有涉及雅安的动物记载（据《师大月刊》1937 年第 31 期）

据《四川资源动物志（总论）》，1933—1936 年，中国西部科学院施白南、郭倬甫、黄楷等，在北碚、重庆、合川、峨眉、乐山、宜宾、泸州、雷波、大小凉山、雅安、康定、巫山、城口、万源等地，采集脊椎动物及昆虫标本；标本存于中国西部科学院和静生生物调查所，王希成整理鸟类，张春霖、施白南整理鱼类。[1]根据《中国西部科学院研究》，1933—1936 年，施白南、郭倬甫、黄楷等到康定采集两栖爬行动物标本。[2]到康定，一般均经过雅安的天全、荥经、汉源等地，当时多为步行或骑马，且采集人员一般会沿途进行采集。

据施白南在《四川两栖类与爬虫类之记载》[3]所载，1933—1936 年，他在四川各地采集标本，产于雅安的有 6 种：*Megalobatrachus japoni* Temmick，

[1]《四川资源动物志》编辑委员会. 四川资源动物志（第一卷总论）[M]. 成都：四川人民出版社，1982：6.

[2] 侯江. 中国西部科学院研究[M]. 北京：中央文献出版社，2012：87.

[3] 施怀仁. 四川两栖类与爬虫类之记载[J]. 师大月刊，1937（31）：198-204.

Rana tibetana Boulenger，*Trimersurus okimarensis* Boulenger，*Natrix tigrina eatralis*（Berthold），*Calanaria pavimentata*（D-B），*Gecclemys sionensis* Gray。除 *Calanaria pavimentata*（D-B）依据文献记载外，其余均是依据采集到的标本。

根据施白南在《四川鱼类目录》[1]所载，产于雅州（今指雅安）的有 4 种：潘氏细鳞鱼（*Schizothorax prenati*）、中华细鳞鱼（*Schizothorax sinensis*）、红鳅（*Nemachilus alticep*）、石爬子（*Exostoma andersoni*，安氏石爬鱼）。

四、昆虫标本采集

根据《中国西部科学院研究》中的大事记，1930 年，卢作孚派少年义勇队学生在中国科学社生物研究所、静生生物调查所、中瑞新甘考察团以及德国昆虫学者傅德利的率领下，分 6 组往川边采集生物、地质标本及夷区用品。其中“川西南组由傅德利率义勇队学生 10 人，赴西康各地以及九龙、雅江、丹巴一带采集。转康定（打箭炉）后，分两组。第一组运输标本回院，并作沿途采集。第二组由打箭炉至越西、冕宁、泸沽、西昌各地工作。采得昆虫标本，计鳞翅目 300 余种 300 余份，鞘翅目 400 余种 3 000 余份。植物标本 2 740 余号。在西康、雅安等地采集的昆虫、鱼、兽、鸟，共计 5 300 余号”[2]。

据《傅德利已来峡防局 正会商采集事宜 日内离峡赴蓉转打箭炉》（《嘉陵江》1930 年 3 月 20 日），傅德利一行采集昆虫标本的路线为重庆—成都—康定，而成都至康定，以当时的交通，必须经过雅安。据《雅安市志》记载，1932 年，成都到雅安的公路才勉强修通，他们到雅安多是步行或骑马，在雅安境内停留的时间较长，势必作沿途采集或专门采集。

傅德利（Walter Friedrich）为德国人、博物专家。1930 年 3 月在重庆受卢作孚之邀作采集指导，为在峡区创办科学院作标本储备。1931 年夏担纲中国西部科学院昆虫部的昆虫研究。1929—1935 年在北碚云山采集昆虫标本。

---

[1] 施怀仁. 四川鱼类目录[J]. 国立北京大学自然科学季刊，1935，5（4）：425-436.
[2] 侯江. 中国西部科学院研究[M]. 北京：中央文献出版社，2012：237.

● 中国西部科学院员工在制作昆虫标本（据《北碚月刊》1937 年第一卷第 8 期封二）

黄楷先后为中国西部科学院生物研究所昆虫部、动物部助理员，著有《昆虫采集制作经验谈》（《工作月刊》1936 年第 1 卷第 1 期、第 2 期、第 3 期、第 4 期，《北碚》月刊 1937 年第 1 卷）、《川东北边区之采集杂记》（《北碚月刊》1937 年第 1 卷第 8 期）、《三十三年度治螟实施办法》（《川农所简报》1944 年第 6 卷第 6、7、8 期合刊）等。据《中国西部科学院研究》，1929—1938 年，黄楷在康定、雅安、九龙、北碚、缙云山、金佛山等地，采集鳞翅目、鞘翅目等昆虫，部分标本存中国西部科学院。[1]

经国家植物标本资源库信息网查询，1930 年，少年义勇队学生黄志平、罗正远、黄楷、刘维馨、蒋卓然等人，在雅安采集的植物标本有 31 份，其中雅安 2 份、名山 11 份、汉源 18 份。以此可以推断，当年傅德利率领的少年义勇队学生在雅安进行了动植物标本采集，因缺少标本的采集记录，再加上标本流失，昆虫及其他动物标本的采集情况不详。

[1] 侯江．中国西部科学院研究[M]．北京：中央文献出版社，2012：70-71.

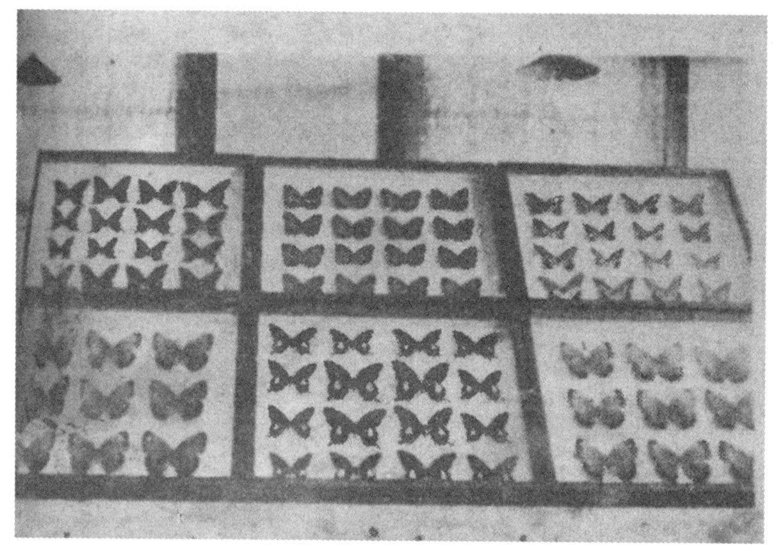

中国西部科学院展陈的蝴蝶标本（据《北碚月刊》1937年第一卷第8期封二）

五、动物饲养与标本展出

1930年3月，卢作孚在北碚创办了峡区博物馆，这是中国西部科学院博物馆的最初形态。峡区博物馆募集资金800元，利用火焰山东岳庙旧有殿宇500多平方米，略加改建而成。陈列室对外展出少年义勇队学生采集的标本和各方征集而来的物品，包括动物、植物、西藏风物、卫生、煤炭等。峡区博物馆由"峡防局"（即北碚地方当局）拨款经营，随后设立饲养良种家禽的动物园等，也由峡区博物馆管理。中国西部科学院成立后，峡区博物馆在经过短期营运后即由峡防局拨交科学院办理，更名中国西部科学院博物馆。峡区博物馆并入中国西部科学院后，设有4个陈列室、1个动物园、1个剥制部，陈列有本国及南洋等处各类风物照片标本3 490余件，饲有活体动物170余头，剥制及待制动物标本670件。陈列主要分为风俗、工业、矿产等几大类。到1935年先后搜集古物、工业品、边地风物、卫生、动植物以及各种禽兽标本分类陈列且初具规模。[1]

[1] 侯江，欧阳辉. 重庆自然博物馆溯源——中国西部科学院博物馆和中国西部博物馆 [J]. 上海科技馆，2010，2（4）：84-92.

根据《中国西部科学院一九三一年报告书》，动物园饲养的动物中，有一只“猫熊”采集自穆坪（今四川省雅安市宝兴县），采集自西康的动物还有犁牛一头、马熊一只、蜜狗一只、马鸡一只、鹦哥一只、鹦鸡一只。[1]

中国西部博物馆展出的豹猫（*Prionailurus bengalensis*）标本
（据 1947 年《中国西部博物馆一览》，侯江提供）

[1] 唐润明. 民国时期中国西部科学院档案开发[M]. 重庆：西南师范大学出版社，2018：43-44.

第七章

平民公园开我国饲养展出小熊猫先河

重庆动物园的胡洪光在《小熊猫在中国的饲养历史》(《野生动物》1997年第六期）中说，最早饲养展出小熊猫的是英国伦敦动物园（1869 年），总共展出不过半年时间；1936 年，被称为“熊猫王”的英国标本商人史密斯（F. T. Smith）捕捉了 2 只小熊猫，在上海兆丰公园展出一年多，在国内尚属首次。展出一年多后，小熊猫被运往美国。[1]经过笔者考证，胡洪光关于我国最早饲养展出小熊猫的时间、地点有误，1931 年 10 月，建于重庆北碚的中国西部科学院动物园开始饲养展出小熊猫，野外捕捉地点为四川省宝兴县；同年，上海兆丰公园饲养展出史密斯寄养的小熊猫，野外捕捉地点为四川西部。

一、中国西部科学院动物园 1931 年饲养展出一只猫熊

1930 年，著名的爱国实业家、原嘉陵江三峡峡防局局长卢作孚先生，为了发展北碚地方经济文化事业，拆毁东岳庙神像，建立由峡防局和科学院共同出资的峡区博物馆，将少年义勇队采集的动植物标本和少数民族社会风物 10 余万件陈列展出。同年组建的中国西部科学院接管峡区博物馆，更名为中国西部科学院博物馆，在博物馆陈列室周边开辟二十多亩墓地和三十多亩荒地、农地，建公园、动物园，取名“北碚火焰山公园”，其后更名为“北碚平民公园”(现为北碚公园)。平民公园面向公众免费开放，最初饲养良种禽畜，后逐步改为饲养展出野生动物，曾经饲养展出过大熊猫、小熊猫等珍稀动物。

潘洵是西南大学教授，对中华民国史，特别是中国西部科学院研究有很高的造诣。他在与笔者沟通时说，1931 年在中国西部科学院动物园中，已经饲养有一只“猫熊”，但何时采集到，目前还未查到资料，他们也在查找当时北碚的一些报刊资料，以期获取更多信息。

潘洵将在档案馆拍摄的《中国西部科学院民国二十年度工作报告》发送给我，根据动物园的兽类统计表，饲养有“猫熊”一只，产地为“穆坪”(今四川省雅安市宝兴县)。当时动物园已经建有熊屋、雀房、鸭舍、松鼠台、狐室、菱形笼、猴台、圆形鸟笼、豹窟、石洞等饲养设施，并标注“熊屋”为北碚棉纱帮捐款建造。

---

[1] 胡洪光，沈庆永. 小熊猫在中国的饲养历史及现状[J]. 野生动物，1997（6）：16-18.

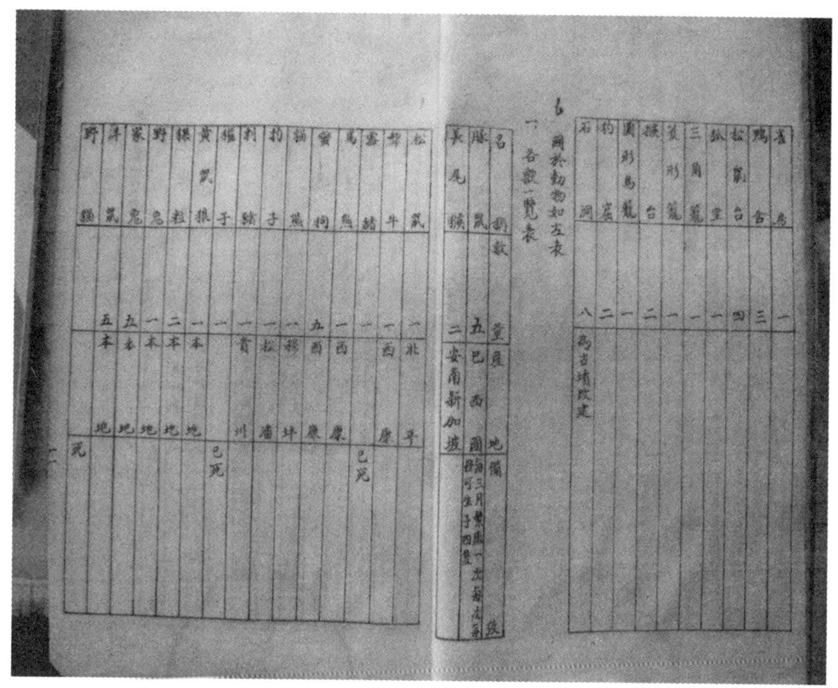

6 關於動物如左表

一、各數一覽表

名稱	數量	產地	備考
松鼠	一	北平	
犛牛	一	西康	
[illegible]	一		已死
馬熊	一	西康	
[illegible]狗	五	西康	
貓熊	一	穆坪	
豹子	一	松潘	
刺[illegible]	一	貴州	
[illegible]子	一		已死
黃鼠狼	一	本地	
[illegible]	二	本地	
野兔	一	本地	
家兔	五	本地	
[illegible]鼠	五	本地	
野貓			死
鼯鼠	五	巴西國	[illegible]三月裏產一次每次母可生子四隻
長尾猴	二	安南新加坡	

[illegible]	鶴舍	松鼠台	狐室	三角籠	長形籠	猴台	圓形鳥籠	豹室	石洞
一	三	四	一	一	一	二	一	二	八
									為古墳改建

● 据《中国西部科学院民国二十年度工作报告》，中国西部科学院动物园饲养“猫熊”一只，产地为“穆坪”（今四川省雅安市宝兴县）（潘洵提供）

“熊屋”排在饲养设施之首，可以理解为“熊屋”中饲养的动物备受关注。但是，要确认中国西部科学院动物园昔日养的“猫熊”就是今天指的“大熊猫”还需要更多原始资料作支撑。

四川农业大学教授、林史专家林鸿荣在《也谈大熊猫之今古称谓》中说：1869 年，戴维在我国四川穆坪（今宝兴）盐井沟，获得一个不知名奇兽标本，认为属于熊类动物新种，于是将它定名为黑白熊（*Ursus melanolcucus*）。第二年，法国巴黎自然历史博物馆主任米勒·爱德华兹（Alphonse Milne-Edwards，1835—1900）研究后指出，那不是熊类动物，而是相似于 1825 年发现于喜马拉雅山南麓，英文称之为 Panda 的另一种动物。Panda 与另一英语复合词汇 Catbear 同义，汉译猫熊。西方人为区分先后在亚洲发现的两种 Panda，称发现于喜马拉雅山南麓的为 Little Panda 或 Red Panda，而称发现于四川穆坪的为 Giant Panda 或 Panda。不久，我国便分别有了小猫熊、红猫熊、大猫熊、猫熊的汉语译名。此译名直至 1979 年新版《辞海》出版依然有效："猫熊亦称'大熊猫'、'熊猫'。"[1]

姚怀德在《再谈大熊猫》(《词库建设通讯》第 20 期）中，对比了中文版《简明不列颠百科全书》和英文原版 *Encyclopaedia Britannica* 的熊猫条发现了一个有趣现象。英文版"小熊猫"段说：The lesser (red, or common) panda (Ailurus fulgens)... (Sometimes called bear cat, or cat bear)... 其中最后几个字，译成中文即为：小熊猫……有时称"熊猫"或"猫熊"。[2]

● 中国西部科学院旧址陈列馆（侯江拍摄）

20 世纪 30 年代，影响极大的《中国杂志》中关于"大熊猫"和"小熊猫"的彩色插图标题为"THE GIANT AND LITTLE PANDAS OR CAT-BEARS"[3]，按当时称谓翻译成汉语为"大小猫熊或猫熊"。

透过两位专家的记述和《中国杂志》关于熊猫的表述，可以看出，"小熊猫""大熊猫"都曾经被称为"猫熊"，要确认中国西部科学院动物园昔日养的"猫熊"，就是今天指的"大熊猫"还需要更多原始资料作支撑。

[1] 林鸿荣，林林. 也谈大熊猫之今古称谓[J]. 北京林业大学学报（社会科学版），2005（1）：49-52.

[2] 姚德怀. 再谈大熊猫[J]. 词库建设通讯，1999（20）：49-50.

[3] 本刊编辑部. 皇家亚洲文会博物院开幕[J]. 中国科学，1933，19（6）：277-279.

在《哺乳动物图谱》(周建人编，民国二十五年商务印书馆发行)中，将“小熊猫”“大熊猫”两种动物记载为“小猫熊”“大猫熊”，在所附的一张彩色绘图，小熊猫在上，大熊猫在下。

若中国西部科学院动物园 1931 年养的“猫熊”被证实为就是今天指的“大熊猫”，那么国人或国内机构人工饲养大熊猫的历史至少推至 1931 年，比目前公认的 1939 年重庆北碚平民公园(今北碚公园)和上海兆丰公园开始饲养大熊猫要早 8 年。

根据《中国西部动物志》(李慨士编译，商务印书馆 1934 年发行)中“猫熊”的描述和记载，“猫熊”则指的是“小熊猫”，其英语标注为“Panda”。而大熊猫则被称为“白熊”，英语标注为“Giant Panda”和“Parti-Colored Bear”(花熊)。[1]

据《雷马峨屏调查记》记载，1934 年 5 月至 11 月，中国西部科学院组成 12 人的考察队，到小凉山的雷波县、马边县、峨边县、屏山县一带考察，动物组成员有郭卓甫、施怀仁(施白南)。书中提到大小凉山有“白熊”(大熊猫)，动物组成员甚至捕捉到 2 只“九节狸”(小熊猫)。[2]

很多资料显示，中国西部科学院 1931 年至 1935 年间开展的较大规模调查就有 20 余次，数次想获取大熊猫标本未果，其相关机构在 20 世纪 30 年代末期才拥有和展出大熊猫标本。

二、中国西部科学院 1931 年饲养展出一只小熊猫

小熊猫，全身红褐色，外形像猫、狐狸，圆脸，吻部较短；四肢粗短，为黑褐色；尾长，较粗而蓬松，具九个环状斑纹。根据其形态特征，人们给它取了很多别名，如九环狸、九节狸、九节狼、九节狐、金狗、山闷蹲等。1825 年，法国动物学者弗列德利克·居维叶将发现于喜马拉雅山南麓的小熊猫命名为 *Ailurus fulgens*，希腊文的意思为“火焰色的猫”。英文 Panda 这个词，最早指小熊猫，这个词来源于尼泊尔当地的词语，意思是“红色的猫、狗”。

[1] 李慨士. 中国西部动物志[M]. 上海：商务印书馆，1934：71-72.
[2] 侯江. 中国西部科学院研究[M]. 北京：中央文献出版社，2012：245.

● 小熊猫（杉君摄影）

民国时期，国人根据大熊猫食性与外貌特征，称之为白熊猫、白熊、竹熊、花熊、大浣熊、中华白熊等。1869 年，戴维在四川穆坪（今四川省宝兴县）邓池沟，获得大熊猫标本，认为应属于熊类动物新种，于是将它定名为黑白熊（*Ursus melanolcucus*）。第二年，法国巴黎自然历史博物馆的米勒·爱德华兹（Melne Edwaeds）研究后指出，黑白熊不是熊类动物，而是相似于 1825 年发现于喜马拉雅山南麓，英文称之为 Panda 的另一种动物。西方人为区分先后在亚洲发现的两种 Panda 动物，称发现于喜马拉雅山南麓的一种为 Little Panda 或 Red Panda，而称发现于四川穆坪的一种为 Giant Panda 或 Panda。Panda 与另一英语复合词汇 Catbear 同义，汉译为“猫熊”。

后来，“猫熊”一词演变和翻译为“熊猫”，国人就用“猫熊”“熊猫”“大熊猫”“大猫熊”“小猫熊”“小熊猫”“红熊猫”“红猫熊”“小红猫熊”等名来称呼大熊猫和小熊猫，并将它们的俗名和历史名称混用。

“猫熊”“熊猫”之名一度为大熊猫、小熊猫共享，具体是指大熊猫，还是小熊猫，要根据语境、时期、使用者习惯等综合判定。

1934 年 5—11 月，中国西部科学院组成 12 人的考察队，到小凉山的雷波县、马边县、峨边县、屏山县一带考察。在《雷马峨屏调查记》(中国西部科学院特刊第一号)介绍四县的动物种类时这样表述：“狐(*Canis sp*)、水獭(*Lutra sp.*)、九节狸(*Ailurus sp.*)、白熊(*Aeluropus sp.*)等可制裘之动物亦多。而水獭、野牛、白熊尤为特种，在欧美各国之博物馆会出价索购，因其为科学研究极有兴趣之动物。”[1]此处“白熊”是大熊猫，“九节狸”是小熊猫。

侯江在北碚报的《科学的殿堂 传奇的故事——中国西部科学院八十年历史寻踪》中说：“1934 年，生物研究所动物部主任施白南(施怀仁)在黄螂马湖滨，连日在同一地点猎得两只九节狸(*Ailurus sp.*)。九节狸，即九节狐、红熊猫、小熊猫。”[2]施白南(施怀仁)在《四川资源动物志》的《调查研究史略》中还说：“1934 年笔者在黄螂马湖滨，曾连日在同一地点，猎得两只九节狸，似乎有死不相遗弃、难以相忘、追寻不遗的特性。”[3]

在“中国西部科学博物馆陈列品收入登记表(一九四四年至一九四六年)”中，1944 年 12 月 24 日，中国西部科学院藏于惠宇楼的动植物标本移交给中国西部科学博物馆，其中就有“白熊皮”“小红猫熊”。在“白熊皮”中，特别注明：“四肢、肩部及头额中央毛色棕黑，其他各部分毛色均为白色。下体灰白，腹侧灰黑，下尾简白，长约 72 英寸，阔(毛皮宽)约 30 英寸。采集地点：宝兴。”在登记表中的同一页，也有“小红猫熊”标本，其中特别注明：“嘴、眼旁与颊旁白，背面棕栗，腹面及四肢棕黑色，尾淡栗，全体约 40 英寸。”[4]根据其描述特征和动物名称，“白熊皮”“小红猫熊”分别是大熊猫皮标本、小熊猫标本。这两具标本具体的采集制作时间、采集制作人等详细信息不得而知。这一档案资料表明，中国西部科学院是国内最早开展大熊猫、小熊猫标本采集的机构之一，是较早拥有大熊猫、小熊猫标本的国内科研机构。

1944 年 12 月，中国西部科学院联合国立中央研究院等团体发起组建中国西部科学博物馆，展品由中国西部科学院及国内各学校、研究机构、工矿企业等捐赠，博物馆 1946 年更名为中国西部博物馆。中国西部博物馆展出各

[1] 常隆庆，施怀仁，俞德浚. 雷马峨屏调查记[M]. 重庆：中国西部科学院，1935：91.
[2] 侯江. 科学的殿堂 传奇的故事——中国西部科学院八十年历史寻踪[N]. 北碚报，2010-10-08.
[3] 四川资源动物志(第一卷总论)[M]. 成都：四川人民出版社，1982：3.
[4] 唐润明. 民国时期中国西部科学院档案开发[M]. 重庆：西南师范大学出版社，2018：640-641.

种动植物标本，其中有大熊猫和小熊猫。据《中国西部博物馆概况》（1947年版）记载，中国西部科学院历年采集的动植物标本均移交给中国西部博物馆，动物标本共陈列7个房间，其中一间为“中华白熊自然环境”，原文这样说：“白熊及小红猫熊为川康特产，名传全球，本馆所藏二者之剥制标本，装置完整，姿态生动，今春特辟专室陈列，按照白熊之自然生态环境，配合竹林山坡，景况逼真，后壁用油画配置远景。”除此外，还有一间解剖陈列室，陈列动物骨骼内脏，“内以白熊之全付骨骼及脑标本最名贵”。[1]图册《中国西部博物馆一览》（1947年8月编制）27页的标题即为《中国西部博物馆陈列之中华白熊及小红熊猫》，图片说明分别为“中华白熊之全付骨骼及其脑标本”“中华白熊之自然环境”“小红熊猫”。[2]

学者公认的重庆北碚饲养大熊猫始于1939年。大熊猫研究的泰斗胡锦矗在《关于大熊猫的中文名称》中说：“1939年 8月 11日，一只 Giant Panda，从成都华西大学运到重庆北碚平民公园展出。”[3]2019 年初，重庆自然博物馆举行“熊猫时代”特别展览，馆长欧阳辉说，1939年，内迁北碚的中央研究院动植物研究所，闻北碚平民公园（现北碚公园）动物数量减少，为充实内容，便把从野外捕捉到的大熊猫赠予北碚实验区区署，交平民公园动物园饲养，供公众观览，这也是目前已知最早的大熊猫活体展示。[4]1939年7月4 日的《嘉陵江报》三版消息标题为《动植物研究所赠区署白熊一只　现已派人往成都装运　将交动物园饲养》，文中说：文中说：“有外人史密斯往西康采集标本，得有珍贵之白熊一只，赠送该署饲养，该所现将其转送此间实验区署，该所决交平民公园动物园内饲养，供众观览□，该署已派专人前往成都装运，不久即可来碚云。”[5]

从以上史料可看出，在1949年前，中国西部科学院及关联的博物馆是重庆北碚区域内拥有大熊猫、小熊猫标本与活体的机构，当地媒体多习惯把“大

[1] 中国西部博物馆. 中国西部博物馆概况，内部资料，1947：11-12.

[2] 中国西部博物馆. 中国西部博物馆一览，内部资料，1947：27.

[3] 胡锦矗. 关于大熊猫的中文名称[J]. 中国科技术语，2009，11（1）：28-29.

[4] 龙丹梅，赵迎昭. 原来大熊猫首次与游客见面是在 80 年前的北碚？这个展览告诉你[N].（2019-01-31）. 重庆日报客户端，https：//cq. qq. com/a/20190131/001312. htm.

[5] 动植物研究所赠区署白熊一只　现已派人往成都装运　将交动物园饲养[N]. 嘉陵江报，1939-07-04（3）.

熊猫”称为“白熊”，而将小熊猫称为“小红猫熊”“猫熊”“九节狸”等。且重庆北碚饲养大熊猫始于1939年，故1931年中国西部科学院动物园饲养的“猫熊”，不可能为大熊猫，而此“猫熊”为小熊猫还有更直接的证据。

黄警顽是上海商务印书馆业务负责人、卢作孚先生在上海的密友，1930年卢作孚赴东北考察经过上海时，曾与其会面。1932年《中华（上海）》第14期刊载了专题《四川之模范镇北碚场》，配有黄警顽撰写的《四川新村概况》，赞赏卢作孚1927年就任峡区负责人而领导开展乡村试验：“他们虽在军阀割据重税剥削的局势之下，仍能坚忍不拔，从事建设，五年如一日，以造成此规模伟大之新村，其毅力殊堪惊叹。读者观本编所刊照片及上述概况，当不料动乱纷扰之中国，乃有此世外桃源在也。”具体述及教育方面的成就时则说：“（北碚）有幼稚园、实用小学及兼善中学；峡区图书馆、各场分馆、巡回文库及西部科学院。”此专题有22张实景图片，其中涉及中国西部科学院的有4张，其中2张是“科学院养殖场之意大利鸡及养殖场”，另2张分别是“科学院陈列馆之一部”和“科学院动物园中之猫熊”，而实景图片“科学院动物园中之猫熊”中的“猫熊”是一只颈部套有铁链的小熊猫。[1]此实拍的小熊猫图片，是当年中国西部科学院动物园饲养有小熊猫最直接的铁证。小熊猫的寿命只有13年左右，若这只“猫熊”为小熊猫，其死后肯定被中国西部科学院制作成标本。

《儿时北碚琐忆》（《万象》2007年11月刊）作者白化文生于1930年，因抗战随家逃难入川。1939年初至1942年初，在重庆北碚度过小学时代。作者回忆说，他就读于北碚实验小学，北碚公园在学校右侧一个小山包上，园内随便通行，不用买票。“公园方顺山势挖了十几个山洞形约两间屋子大小的洞穴，外面用铁柱拦上，穴内豢养十几种珍奇哺乳类动物。有大熊猫（学名“大猫熊”）约四五只，分养在两个洞里。小熊猫（学名小猫熊）也有四五只，合养在一个洞穴中。其尾巴有九节黄白或黄黑相间的毛，称之为‘九节狼’。”[2]白化文还寻思家养的黄色猫也有九节黄白相间的尾巴，认为它们是近亲，但未向生物学家请教过。估计当年像白化文先生这样认知的人还有很多。

---

[1] 黄警顽．四川之模范镇北碚场[J]．中华（上海），1932（14）：26-29.

[2] 白化文．北碚琐忆[EB/OL]. https：//www. douban. com/group/topic/28224530/.

● 1932年《中华（上海）》第14期刊载的“科学院动物园中之猫熊”，此“猫熊”为小熊猫

1944年12月，中国西部科学院发起成立中国西部科学博物馆，其收录的藏品就有“小红猫熊”（小熊猫）标本一具，产地“北碚”，收录时间“1944年12月24日”，原主地址为“北碚惠宇”。“从何人得来”栏标注为“中国西部科学院”。[1]北碚并没有小熊猫分布，综合中国西部科学院发起成立中国西部科学博物馆时，将其积累多年的动植物标本全部贡献出来，且原隶属于中国西部科学院的动物园曾经饲养过来自宝兴县的小熊猫1只，笔者推测这具小熊猫标本的实际产地不是北碚，而是产地为宝兴县的小熊猫在北碚平民公园（动物园）死后，被制作成档案记录中的标本。

[1] 唐润明．民国时期中国西部科学院档案开发[M]．重庆：西南大学出版社，2018：640-641.

三、1931 年饲养的小熊猫何人所采？

《中国西部科学院民国二十年度报告书》记载："1930 年 12 月 19 日，中国西部科学院派出郭卓甫、洪克昭，与为美国芝加哥博物馆采集动物标本的特派员史密斯，合组赴穆坪采集，于次年 15 日方始到达，就穆坪、鱼通、懋功等诸山详细收集至次年 10 月 13 日返院。"此行他们收获颇丰，采集到兽类标本 74 件、鸟类标本 102 件、爬行动物标本 10 件、鱼类和两栖动物标本 14 件。[1]

关于此行合作考察，1931 年 8 月出版的《中国杂志》刊载《收藏家史密斯在四川遭遇麻烦》时说："在编写这篇文章时，史密斯先生已经收集了很多有趣的标本了，但其中有一些在那群人烧掉他营地的时候被摧毁了。他此次收集到的标本有：小熊猫、椰子狸、两只野猫、金丝猴、喜马拉雅斑羚、鬣羚、麋鹿、麝香鹿、羚牛和一只雌性成年大熊猫。在我们收到这条消息之前，史密斯探险队的成员就已经回到了上海。……在去年 11 月份的时候，史密斯先生从上海出发，前往了扬子江的上游地区，此后就没有他的消息了，而这则消息也是我们在他离开后收到的第一则消息。"[2]同年 11 月出版的《中国杂志》又说："最近，他也去了一趟上海，买了一些新的装备，同时也把他收集到的标本装船发往了美国。在 10 月的早些时候，他又从上海出发，前往扬子江上游地区去了，打算继续完成他在四川和贵州地区的探险收集工作。"[3]如此看来，郭卓甫、洪克昭与史密斯在分手前，分割了共同采集的标本，史密斯带着应得的标本返回上海，将标本发往美国，而郭卓甫、洪克昭则带着应得标本返回中国西部科学院复命。

侯江在中国西部科学院 1931 年大事记中说："年初，少年义勇队学生两名跟随美芝加哥博物馆苏密士赴雅安、穆坪一带采集动物标本，苏氏来川意在捕捉大熊猫。年底，随苏氏采集的两名学生归来，采得活动物 3 只，其中黑熊一只，饲养在博物馆的动物园内，但大熊猫标本和活体均没有采集到。"[4]

郭倬甫（？—1994），1929 年为北碚峡防局少年义勇队学生，1930—1936

[1] 唐润明. 民国时期中国西部科学院档案开发[M]. 重庆：西南师范大学出版社，2018：58-60.
[2] 本刊编辑部. 收藏家史密斯在四川遭遇麻烦[J]. 中国杂志，1931，15（2）：81.
[3] 本刊编辑部. 史密斯探险队离沪前往川西[J]. 中国杂志，1931，15（5）：233.
[4] 侯江. 中国西部科学院研究[M]. 北京：中央文献出版社，2012：239-240.

年在中国西部科学院期间，曾为博物馆、动物部助理，负责野生动物标本的采集、制作。[1]中华人民共和国成立后曾任四川中药研究所研究室主任，1978年郭卓甫等人将中国的梅花鹿修订为6个亚种，著有《川康狩猎法》。

英国标本商人弗洛伊德·丹吉尔·史密斯（F. T. Smith），在我国大熊猫产区待了20年，先后在四川建立多个据点，以猎捕和收购方式获取大量野生动物标本和活体，贩卖到西方国家，在西方有“熊猫王”之称。1936—1938年，史密斯先后捕捉了12只大熊猫，仅1938年的一次，就将6只活的大熊猫、1只活的金丝猴和一些活的盘羊、青羊、雉鸡等运往欧洲。[2]

侯德础在《爱国实业家卢作孚与中国西部科学院》中说：“郭卓甫等与美国人苏密斯合作到宝兴木平土司调查动物，并将捉获的九环狸（当地人称‘大红袍’），首次命名为‘猫熊’，其后参观者按中国读法从右到左则读成‘熊猫’。”[3] 而“九环狸”即是小熊猫。

明天（人名）在《卢作孚与近代北碚市政建设（1927—1937）》中说：“西部科学院还通过出刊物、办墙报等方式来宣传科学文化知识，特别是曾多次举办各种科普知识的展览会。如1930年首次展出了由黄警顽赠送的南洋风物和由科学院考察团搜集的彝族风物；1931年在科学院动物院同时展出了由郭卓甫等从马边捕捉的包括小熊猫在内的各种珍稀动物等。”[4]

中国西部博物馆20世纪40年代展出小熊猫标本，1947年版的《中国西部博物馆一览》称小熊猫为“小红猫熊”

[1] 侯江. 近代中国早期博物馆——中国西部科学院附设公共博物馆与民众教育[J]. 博物馆研究，2014（2）：23-36.

[2] 罗桂环. 民国时期对西方人在华生物采集的限制[J]. 自然科学史研究，2011，30（4）：450-459.

[3] 侯德础，赵国忠. 爱国实业家卢作孚与中国西部科学院[J]. 四川师范大学学报（社会科学版），2000（1）：76-83.

[4] 明天. 卢作孚与近代北碚市政建设（1927—1937）[C] //首届清华青年史学论坛论文集，2011-03-28（在线出版）：129-140.

牛天玉是西南大学历史文化学院 2007 级硕士研究生，研究方向为民国史，其硕士学位论文《民国时期中国西部科学院的自然资源调查及其影响》中这样表述："动物组在德人傅德利及施白南等的主持下，成绩斐然。截至 1936 年年底，获得昆虫标本 20 000 多号、动物标本近 4 000 号。其中，最令人惊喜的是，1930 年中国科学社生物研究所四川生物采集团与生物所合作，到云南和西昌地区调查生物资源，1930 年到宝兴木平土司辖地现马边山调查动物资源时，郭卓甫等人捉获了一只九环狸，命名为'猫熊'。"[1]

根据《中国西部科学院民国二十年度报告书》，综合侯德础、明天、牛天玉、侯江等人的记载论述可以看出，1931 年，郭卓甫等人与史密斯合作采集到 3 只活的动物，并于 10 月返回中国西部科学院时带回，至少有一只是小熊猫（俗称"九环狸""小红猫熊"），饲养在中国西部科学院博物馆动物园内，具体饲养地点在北碚平民公园（今北碚公园）内。

四、1931 年饲养展出的小熊猫采自何地？

侯德础在《爱国实业家卢作孚与中国西部科学院》中说："郭卓甫等与美国人苏密斯合作到宝兴木平土司调查动物，并将捉获的九环狸（当地人称'大红袍'），首次命名为'猫熊'，其后参观者按中国读法从右到左则读成'熊猫'。"[2]

牛天玉在《民国时期中国西部科学院的自然资源调查及其影响》中这样表述："1930 年中国科学社生物研究所四川生物采集团与生物所合作，到云南和西昌地区调查生物资源，1930 年到宝兴木平土司辖地现马边山调查动物资源时，郭卓甫等人捉获了一只九环狸，命名为'猫熊'。"[3]

明天在《卢作孚与近代北碚市政建设（1927—1937）》中说："1931 年在科学院动物院同时展出了由郭卓甫等从马边捕捉的包括小熊猫在内的各种珍稀动物等。"[4]

---

[1] 牛天玉. 民国时期中国西部科学院的自然资源调查及其影响[D]. 重庆：西南大学，2010：45.

[2] 侯德础，赵国忠. 爱国实业家卢作孚与中国西部科学院[J]. 四川师范大学学报（社会科学版），2000（1）：76-83.

[3] 牛天玉. 民国时期中国西部科学院的自然资源调查及其影响[D]. 重庆：西南大学，2010：45.

[4] 明天. 卢作孚与近代北碚市政建设（1927—1937）[C] //首届清华青年史学论坛论文集，2011-03-28（在线出版）：129-140.

穆坪（有时被简写成“木坪”“木平”）土司辖地，即现在的宝兴县，1928年，穆坪改土地归流建宝兴县，穆坪是老的称谓。宝兴县没有地名叫马边山，倒是乐山市有个县叫马边彝族自治县，也有小熊猫分布。笔者是地道宝兴县人，请教过不少宝兴人，也查阅过地图等资料，均没有发现宝兴县有地名或山脉叫马边、马边山，倒是一般人都把马边彝族自治县简称为马边县或马边。

中国西部科学院最早饲养的小熊猫的具体采集地点是穆坪（今天的四川省雅安市宝兴县）或更具体的穆坪马边山，还是乐山市马边彝族自治县（简称马边）？笔者考证认为，侯德础、牛天玉、明天等人对采集地点表述不同，其源头与鲁迅之弟周建人有关。

《自然界》1926 年 1 月在上海创刊，是一份综合性的自然科学杂志，由商务印书馆编印发行，著名生物学家周建人主编，16 开本，每年出十期，一年一卷，1932 年因商务印书馆在“一·二八”事变中被毁而被迫停刊。周建人为《自然界》倾注了无数心血，编辑稿件之外，每期杂志基本都有其著译文章，多时达五六种（篇）。据廖太燕统计，他以乔峰、慨士、克士等笔名在杂志上刊文 160 余次，其中既有理论的引入或阐释，数据的总结和分析，也有名物的解释与考证，新近出版物的介绍和品读，涉及领域十分广泛，论述内容极其丰富。[1]

● 小熊猫（杉君摄影）

[1] 廖太燕. 周建人与现代科学观念的传播：以《自然界》杂志为中心的研究[J]. 关东学刊，2017（7）：104-112.

贾祖璋（1901—1988），浙江省嘉兴市海宁人，科普作家与编辑家，中国科学小品文的开拓者之一。他 1946 年在《科学大众》杂志撰文《熊猫的真面目》，考证认为中文关于大熊猫的中文记载始于 1929 至 1930 年，“关于熊猫最早的中文记载，要算民国十八九年间登载在《自然界》里慨士从威尔逊那本《华西的博物学者》（*A Naturalist in Western China*）中译出的那一篇《西康四川的鸟兽》（此后收入商务百科小丛书《中国西部动物志》，二十三年刊行）”[1]。

根据笔者查证，贾祖璋考证的时间并不准确，1927 年 2 月出版《自然界》（第二卷第二号），其中《中国西部的食肉动物》（慨士摘译自 *A Naturalist in Western China*）专门介绍小熊猫、大熊猫。介绍大熊猫时说：“白熊（Parti-Colored Bear 或 Giant Panda）：这种特别的动物（*Ailuropus melanoleueus*）大概是中国最有趣味的走兽了，这种兽最早是戴维特（David）在茅滨（按：穆坪，原文为 Mopin，见 *A Naturalist in Western China* 第 182 页）1869 年发现，在 1892 至 1894 年间倍尔左夫斯基（M. M. Berezovski）又在甘肃四川境边见到这种兽，但在记载上并不说外国人曾打死这种兽，以上两采集家所得到的标本，是本地人打来的，近年来已有几张多少不完全的皮寄到欧洲，但没有一个外国人曾经见过一个活的实物。中国西藏边境的本地人是知道的很熟悉，他们称为‘白熊’，中国的书上称为‘罴’。成都偶尔有皮出售，但价值很贵，在那个城里，我曾经见过有些欧洲人有几张极好的皮用作床毯，但我一张也得不到。”[2]

周建人以李慨士之名编撰了《中国西部动物志》（商务印书馆 1934 年发行），如贾祖璋在《熊猫的真面目》中所言，《中国西部动物志》关于大熊猫的记载与描述多与《中国西部的食肉动物》（《自然界》1927 年第二卷第二号）中的记述相同。书中详细介绍了大熊猫的发现历史、体态特征、生物学特性等。介绍大熊猫的发现历史时说：“罴（Parti-Colored Bear 或 Giant Panda）这种特别的动物（学名 *Aeluropus melanoleueus*）大概是西康最有趣味的走兽了，这种兽最早是大卫（L'Abbe David）在马边发现的（一八六九年）……”[3]

[1] 贾祖璋. 熊猫的真面目[J]. 科学大众，1946（2）：45-47.
[2] 慨士（摘译）. 中国西部的食肉动物[J]. 自然界，1927（2）：138-140.
[3] 李慨士. 中国西部动物志[M]. 上海：商务印书馆. 1934：71.

显然，周建人在编译大熊猫的内容时，先是将 *A Naturalist in Western China* 中大熊猫的发现地“Mopin”译为“茅滨”，后来在编辑过程可能觉得“茅滨”有些拗口，而“茅滨”与“马边”发音相近，且“马边”顺口，故将大熊猫的发现地穆坪（“Mopin”今四川省雅安市宝兴县）演绎成了“马边”，进而影响后来不熟悉雅安历史地理和大熊猫发现史的人，他们故而将穆坪与马边混为一谈，甚至以为马边就是穆坪的一座山，而记载为“穆坪马边山”。

综合侯德础、牛天玉、明天等人的论述，根据《民国时期中国西部科学院档案开发》关于“1930 年 12 月 19 日，中国西部科学院派出郭卓甫、洪克昭，与为美国芝加哥博物馆采集动物标本的特派员史密斯，合组赴穆坪采集，于次年 15 日方始到达，就穆坪、鱼通、懋功等诸山详细收集至次年 10 月 13 日返院”等原始档案，以及侯江关于中国西部科学院 1931 年大事记“采得活动物 3 只，饲养在博物馆的动物园内”等记述，中国西部科学院 1931 年 10 月就开始饲养小熊猫，采集小熊猫的地点在穆坪，即今日之四川省雅安市宝兴县。此地为大熊猫模式标本产地，与大熊猫伴生的小熊猫数量也较多。

五、上海兆丰公园 1931 年饲养展出史密斯寄养的小熊猫

上海市中山公园原称兆丰花园，原是英国兆丰洋行大班、地产商霍格（H. Fogg）在上海西郊的私家花园。霍格将花园北半部靠近苏州河的部分卖给了美国圣公会创办成圣约翰大学，也就是今天毗邻中山公园的华东政法大学。1914 年上海公共租界工部局将花园南半部改建为租界公园，定名为兆丰公园。公园当时占地 320 亩，大门位于白利南路和愚园路路口。1944 年改称中山公园至今，以纪念孙中山先生。

英国标本商人丹吉尔·史密斯经上海转运至国外的动物活体，如大熊猫、小熊猫等多寄养在兆丰公园，并作短期展出。1932 年 5 月出版的《中国杂志》杂志（16 卷 5 期）刊载了《上海公园与私家花园》，介绍上海兆丰公园的来历和基本情况，列出动物园中饲养的动物，其中说道：“从史密斯手中借得 2

只小熊猫，此为去年从四川西部带来的动物活体，为了让它们在大部分情况下处于舒适健康状态，被饲养在足够抵御寒冷和恶劣天气的露天笼子中。”[1] 1932 年 12 月出版的《中国杂志》（17 卷 6 期）刊载主编苏柯仁编写的《大熊猫或猫熊？》，其中有一张插图为两只小熊猫的黑白相片，相片说明为：“两只小熊猫或是猫熊（*Aelurus fulgens styani*，小熊猫川西亚种）看起来十分可爱，是由佛洛依德·丹吉尔·史密斯先生从四川西部地区带到上海的，而且这两只小熊猫后来被放在兆丰公园的动物园内供游客参观，一年后才运回了美国。”[2]

A Little Panda brought to Shanghai from West China some Years ago by Mr. F. T. Smith

1936 年史密斯在上海展出的小熊猫（据苏柯仁著的《自然造笔记——一个上海庭院的动物志与植物志》）

如此看来，1931 年，兆丰动物园就开始租借史密斯采集的小熊猫进行展出，对史密斯而言，这是一种寄存寄养动物且还能赢利的合作。

《申报》1932 年的相关报道，也佐证兆丰动物园饲养展出史密斯寄存的动物，如《申报》1932 年 8 月 16 日刊载《各公园游人众多》，在介绍公园的

[1] 本刊编辑部. 上海公园与私家花园[J]. 中国杂志，1932，16（5）：296-299.
[2] 苏柯仁. 大熊猫或猫熊？[J]. 中国杂志，1932，17（6）：303.

服务项目和绿化情况后说："新收到斯密斯博士送到存放之蓝耳雉三十五只、火背雉十三只、金色雉四只、猫头鹰三、鹿三、山鼠一头。"[1]《申报》1932年11月18日刊载《工部局各公园近况》时说："工部局公园主任十月份之报告云：兆丰动物园业已准备将若干鸟类移入冬季处所，又为反刍类动物正在添建栖息之室。前此在园陈列之有角雉、金色及蓝耳雉、红色熊猫，已运赴美国；又有冠之鹿一头，已运往伦敦。"[2]此文之"红色熊猫"即"小熊猫"，再加上1932年《中国杂志》的介绍，可以确认在1931年，兆丰动物园已经开始饲养展出史密斯采集的小熊猫。

1928年，民国最高学术研究机构——国立中央研究院成立，1929年开始筹建自然历史博物馆。中央研究院自然历史博物馆在筹划国内科学技术事业的同时，也逐渐开始理顺关系，随后承担起原为"古物保管委员会"兼管的防止外国人私自在华采集生物标本之职责。[3]1930年，斯密斯代表芝加哥费尔德自然历史博物馆赴川滇黔采集标本，12月3日的《申报》对其进行报道，并派员参加考察。"美人斯密氏组织考察团前往滇黔两省考察动物标本，呈请外交部发给护照，该团一切组织办法，经教育部与中央研究院详细订定。昨日教育部已咨请外交部照发护照，兹将该团与中央研究院所订办法记述如下：（一）路程。川省茂平，位于雅州之北，为中国西部采取标本最重要之区域，同时因采集白熊完全标本以备解剖，羚羊标本数种，以备装置。须赴东河，以北山中滞留若干时或再至成都西北之瓦寺境内，设前二项标本能采集，迅速即当南至叙州，经云南之北部而入贵州省，约至明年六月回至南京，会同中央研究院将标本审查整理，再行装箱运美；（二）采集人员斯密司与华助手六人、摄影一人、申报代表一人、标本装置员二人、练习装置员一人；（三）由中央研究院派钱天鹤主任（按：1929—1930年，钱天鹤任中央研究院自然历史博物馆筹备处常务委员、博物馆主任）与斯氏交涉结果订立限制条件如下：（甲）所采标本须一律先行运至本院博物馆，后经选聘专家审查后，

[1] 各公园游人众多[N]. 申报，1932-08-16（14）.

[2] 工部局各公园近况[N]. 申报，1932-11-18（16）.

[3] 罗桂环. 民国时期对西方人在华生物采集的限制[J]. 自然科学史研究，2011，30（4）：450-459.

方得运出国外；（乙）本院派采集员一人或数人参加；（丙）标本经专家审查后须留一全份在中国。”[1]

1931 年的《中国杂志》刊载《华西动物学考察队从上海出发》，文中讲述史密斯的探险之旅时说：“弗洛伊德·丹吉尔·史密斯是一位上海地区的名人，他一直以来都在为芝加哥费尔德博物馆工作。在 11 月 30 日，史密斯先生离开了上海去了四川的重庆地区，从而开展他第一阶段的动物学考察活动，此阶段的考察时间预计会持续 5 年时间。他是此次探险活动中唯一一位外国人，而根据国民政府在允许他开展此探险项目时所制订的条款，他的探险中将会有几名中国陪同。我们认为史密斯所同意的条款还包括，所有捕获的动物标本都必须分一半给国民政府，甚至单一的动物物种标本也要分一半给政府。”[2]

侯江、欧阳辉在《重庆自然博物馆溯源——中国西部科学院博物馆和中国西部博物馆》也说：“1930 年 12 月，四川文化考察团翁文灏等到北碚，考察中国西部科学院各部事业；同年，瑞典人郝满尔、美国芝加哥博物馆史密斯博士到院参观、接洽事务。”[3]

国立中央研究院与中国西部科学院有良好的合作与指导关系，综合《申报》《中国杂志》对史密斯考察之旅的报道，以及前述史密斯与中国西部科学院合作的原始档案记载和相关论述，史密斯在四川采集标本得到国民政府许可，并可作如下推测：受中央研究院（自然历史博物馆）委派，中国西部科学院派出郭卓甫、洪克昭（即侯江在《中国西部科学院研究》1931 年大事记中所指的 2 名少年义勇队学生）随史密斯赴四川西部采集标本，在宝兴县（原名穆坪）采集到小熊猫活体。最有可能的情况是：他们合作采集了 2 只或更多小熊猫活体，按照“动物物种标本分一半给政府”和“标本经专家审查后须留一全份在中国”之规定与协议，代表国民政府的中国西部科学院分得 1 只，另外 1 只或更多，由史密斯带回上海兆丰公园动物园寄养，其后被送出中国。

[1] 美人斯密司赴川滇黔采集标本 [N]. 申报，1930-12-03（11）.

[2] 本刊编辑部. 华西动物学考察队从上海出发[J]. 中国杂志，1931，15（3）：144.

[3] 侯江，欧阳辉. 重庆自然博物馆溯源——中国西部科学院博物馆和中国西部博物馆[J]. 上海科技馆，2010，2（4）：84-92.

小熊猫是大熊猫的伴生动物，两种动物在历史上相互关联，一度均被称为“熊猫”和“猫熊”，且分布区域重叠，同为我国的珍稀动物，均具有重要的科学、经济与文化价值。大熊猫已经成为中国的形象标志之一，大熊猫文化成为国家级战略资源，其历史与文化备受学界、文化界的关注，但对小熊猫的相关历史与文化挖掘整理明显不足。在繁荣发展中国特色社会主义文化的当下，加强对小熊猫的历史与文化研究，可以丰富大熊猫文化，为生态文化与地方文化提供涵养。

第八章

大熊猫标本采集和活体饲养

20世纪20年代末期至30年代，我国的科研机构，如中国西部科学院、静生生物调查所、中国科学社生物研究所等，开始深入四川西部大熊猫产区进行科学考察与标本采集，意在获得大熊猫等珍稀动植物的活体及标本供展出与研究。资料显示，国内机构与人士最早制作展出大熊猫标本、饲养活体大熊猫，均始于这一时期。

吴洪成、郭丽平等在《教育开发西南——卢作孚的事业与思想》中说："中国西部科学院是中国最早研究大熊猫的科研单位，中国第一个大熊猫标本也是由它的生物研究所制作的。遗憾的同样由于经费拮据，该所不得已在1937年春停止了所有的工作。"[1]还有资料说，卢作孚在20世纪30年代就曾派人前往川西等地采集各种动植物标本，包括希望采得熊猫标本，但未能如愿。[2]中国西部科学院何时制作了大熊猫标本？制作的大熊猫标本是国内第一具大熊猫标本？其依据是什么？

侯江在《中国西部科学院研究》中说："中国西部科学院生物研究所1931年至1935年间开展的较大规模调查就有20余次，足迹遍布西康、宝兴、松潘、西昌、峨边、马边、南川以及贵州、青海、云南等地。该所多次组织与静生生物调查所、中国科学社、地质调查所等机构的联合考察。还与瑞典人郝满尔、美国人苏密斯、瑞典植物学家司密斯等合作考察青海昆虫、宝兴动物（重点是大熊猫），以及西康动植物等。"[3]特别标明"考察宝兴动物，重点是大熊猫，以及西康动植物等"。朱珠在《卢作孚对中国科学文化事业所作贡献之管窥》中说，"中国西部科学院是中国最早研究大熊猫的科研单位"，1930年成立后，派出了出更多的科学考察队或考察团，其中有"与美国人苏密斯合作到宝兴调查动物，重点是捕捉大熊猫"。[4]

一、中国西部科学院最早制作国内第一具大熊猫标本的三个版本

中国西部科学院是国内最早对大熊猫进行科研、科普的机构或机构之一。

[1] 吴洪成，郭丽平，等. 教育开发西南——卢作孚的事业与思想[M]. 重庆：重庆出版集团，2006：73.

[2] 刘虎. 重庆市民集体命名了大熊猫[EB/OL]. http://www. huaxia. com/zt/rdzz/05-065/528913. html.

[3] 侯江. 中国西部科学院研究[M]. 北京：中央文献出版社，2012：229.

[4] 朱珠. 卢作孚对中国科学文化事业所作贡献之管窥[C] //杨光彦，刘重来. 卢作孚与中国现代化研究. 重庆：西南师范大学出版社，1995：371-378.

关于中国西部科学院最早制作国内的第一具大熊猫标本，出现至少三个不同，甚至矛盾的版本：

版本一：1930 年，中国西部科学院郭卓甫在宝兴木平土司辖地马边山捉获了一只九环狸，命名为“猫熊”，这就是后来中国的国宝大熊猫。随后生物研究所制作了中国第一个大熊猫标本。

牛天玉在《民国时期中国西部科学院的自然资源调查及其影响》中这样表述：“动物组在德人傅德利及施白南等的主持下，成绩斐然。截至 1936 年年底，获得昆虫标本 20 000 多号、动物标本近 4 000 号。其中，最令人惊喜的是，1930 年中国科学社生物研究所四川生物采集团与生物所合作，到云南和西昌地区调查生物资源，1930 年到宝兴木平土司辖地现马边山调查动物资源时，郭卓甫等人捉获了一只九环狸，命名为‘猫熊’，这就是后来中国的国宝大熊猫。随后生物研究所制作了中国第一个大熊猫标本，并开始对大熊猫的研究，这些在中国都是最早的。”[1]

对牛天玉的记述，个人认为存在以下疑点：

疑点一：最大的疑点是“九环狸”是小熊猫，并不是大熊猫。

“九环狸”又名九节狸、红熊猫、红猫熊、九节狼、九节狐、山闷蹲等，中文学名叫小熊猫（拉丁文学名：*Ailurus fulgens*），外形像猫、狐狸，圆脸，吻部较短，脸颊有白色斑纹，尾长、较粗而蓬松，尾巴具九个环状斑纹。这是人们称小熊猫为九环狸、九节狸的原因。

在《中国西部科学院研究》1934 年大事记提到：“施白南在雷波县黄琅，连日在同一地点，采集得两只九节狸，即小熊猫。”[2]由此可见，牛天玉论文中所指的“九环狸”应该是小熊猫，而并不是大熊猫。当时的人根据大熊猫食性与外貌特点，称其为“白熊猫”“竹熊”“花熊”“大浣熊”“中华白熊”等。

疑点二：当年的标本采集者不可能把大熊猫标注为“九节狸”“九环狸”。

采集包括大小熊猫在内的动植物标本，是采集人员的强烈愿望，当时有中外生物研究机构的专家学者带队，以当时人员的学识、图书资料，能够鉴别出小熊猫、大熊猫，不至于将采集的大熊猫标注或记述为“九节狸”。20

[1] 牛天玉. 民国时期中国西部科学院的自然资源调查及其影响[D]. 重庆：西南大学，2010：45.

[2] 侯江. 中国西部科学院研究[M]. 北京：中央文献出版社，2012：245.

世纪二三十年代，上海博物院就陈列展出了大熊猫和小熊猫标本，当年《中国杂志》等书刊也刊载过大熊猫和小熊猫的手绘彩色图片，两种动物的体态特征区别明显。

通过全国报刊索引检索，1934 年《时兆月报》刊载了《中外趣闻：川西竹林中之熊猫》；1931 年《世界杂志（上海 1931）》增刊刊载了《世界最稀有的哺乳动物：大熊猫》；1934 年《中华（上海）》这样记载："猫熊状似猫而大，毛色黑白相间，颇为美观，产于我国西藏四川等处"，还附了照片。[1]

在《雷马峨屏调查记》（中国西部科学院特刊第一号 1935 年 4 月，常隆庆、施怀仁、俞德浚著）介绍雷波、马边、峨边、屏山四县的动物种类时这样表述："狐（*Canis sp.*）、水獭（*Lutra sp.*）、九节狸（*Ailurus sp.*）、白熊（*Aeluropus sp.*）等可制裘之动物亦多。而水獭野牛、白熊尤为特种，欧美各国之博物馆会出价索购，因其为科学研究极有兴趣之动物。"[2]此处"白熊"就是大熊猫，"九节狸"就是小熊猫，而且知道大熊猫的稀有珍贵与价值。可见，中国西部科学院的采集人员在 20 世纪 30 年代已经能够区分大熊猫、小熊猫（九节狸）。

"猫熊"或"熊猫"（Panda）这个名称其实是 1824 年由小熊猫先取得，但 1869 年大熊猫被发现后，为与小熊猫区分，大熊猫的英文为 Giant Panda。"小熊猫""大熊猫"都曾经被称为"猫熊"，20 世纪三十年代"猫熊"一般指的是"小熊猫"。

在《哺乳动物图谱》（周建人编，民国二十五年商务印刷书馆发行）中，将"小熊猫""大熊猫"两种动物记载为"小猫熊""大猫熊"。[3]《中国西部动物志》（李慨士编译，商务印书馆 1934 年发行）中"猫熊"的描述和记载，"猫熊"指的是"小熊猫"，而大熊猫则被称为"白熊"。[4]

吴洪成、郭丽平等在《教育开发西南——卢作孚的事业与思想》中则说："生物研究所进行了大量的野外考察与采集。除前文已言及之外，还有 1931 年与北平静生生物调查所的蔡希陶合作，到云南和西昌地区调查植物，该所

[1] 动物院. 猫熊[J]. 中华（上海），1934（28）：33.

[2] 常隆庆，施怀仁，俞德浚. 雷马峨屏调查记[M]. 重庆：中国西部科学院，1935：91.

[3] 周建人. 哺乳动物图谱[M]. 上海：商务印书馆，1936：34-35.

[4] 李慨士. 中国西部动物志[M]. 上海：商务印书馆，1934：71-72.

郭卓甫等与美国人苏密斯合作到宝兴木平土司（现马边山）调查动物，并将捉获的九环狸（当地人称“大红袍”）首次命名为‘猫熊’，其后参观者按中国读法从右到左则读成‘熊猫’。”[1]随着时间的推移，“猫熊”又被阴差阳错称为“熊猫”，且被公众认可接受，大熊猫名气越来越大，一般单讲“熊猫”时，才渐渐变成专指大熊猫。

基于此，“猫熊”或“熊猫”是指小熊猫，还是大熊猫，要根据当时的语景、相关描述和相关史料综合判定。笔者推测，牛天玉是研究民国史的专家，学的是历史专业，可能缺少生物学方面的背景，认为“小熊猫（九环狸、大红袍）”即为“猫熊”，而“猫熊”就是“熊猫”，进而认为“九环狸”就是我们日常说的国宝“熊猫”，即“大熊猫”。

● 中国西部科学院陈列馆之一部（据《中华（上海）》1932 年第 14 期）

疑点三：采集地点记述可能有误。

穆坪（有时被简写成“木坪”“木平”）土司辖地，即现在的宝兴县，1928 年宝兴已改土归流建县，穆坪是老的称谓。而凉山州（原西昌地区）在雅安之南，与宝兴县相距离好几百公里，当时西昌地区没有公路，雅安境内也只

[1] 吴洪成，郭丽平，等. 教育开发西南——卢作孚的事业与思想[M]. 重庆：重庆出版集团，2006：72.

有成都到雅安城的公路，采集组若在西昌往云南方向一带采集，要改变方向马不停蹄到宝兴，至少走几个星期，若沿途收集，时间可能更多长，取道或路经雅安市宝兴县的可能性几乎没有。

宝兴县没有地名叫马边山，倒是乐山市有个县叫马边彝族自治县，野生动植物也十分丰富，笔者是地道宝兴人，请教过不少宝兴人，也查阅过地图等资料，都没有发现宝兴县有大的地名或大山叫马边山。倒是一般人都把马边彝族自治县简称为马边县，马边山疑为马边县的笔误。

当时一些学者，将马边与穆坪及它们的关系混淆了，以讹传讹误导了后来的研究者，其源头与鲁迅之弟周建人有关。《自然界》1926 年 1 月在上海创刊，是一份综合性的自然科学杂志，由商务印书馆编印发行，著名生物学家周建人主编，16 开本，每年出十期，一年一卷，1932 年因商务印书馆在“一·二八”事变中被毁而被迫停刊。周建人为《自然界》倾注了无数心血，编辑稿件之外，每期杂志基本都有其著译文章，多时达五六种（篇）。据廖太燕统计，他以乔峰、慨士、克士等笔名在杂志上刊文 160 余次，其中既有理论的引入或阐释，数据的总结和分析，也有名物的解释与考证，新近出版物的介绍和品读，涉及领域十分广泛，论述内容极其丰富。[1]

贾祖璋（1901—1988），浙江省嘉兴市海宁人，著名科普作家与编辑家，中国科学小品文的开拓者之一。他 1946 年在《科学大众》杂志撰文《熊猫的真面目》，考证认为关于大熊猫的中文记载始于 1929 至 1930 年，“关于熊猫最早的中文记载，要算民国十八九年间登载在《自然界》里慨士从威尔逊那本《华西的博物学者》（*A Naturalist in Western China*）中译出的那一篇《西康四川的鸟兽》（此后收入商务百科小丛书《中国西部动物志》，民国二十三年刊行）”[2]。根据笔者查证，贾祖璋考证的时间并不准确，1927 年 2 月出版《自然界》（第二卷第二号），其中《中国西部的食肉动物》（慨士摘译自 *A Naturalist in Western China*）专门介绍小熊猫、大熊猫。介绍大熊猫时说：“白熊（Parti-Colored Bear 或 Giant Panda）：这种特别的动物（*Ailuropus melanoleueus*）大概是中国最有趣味的走兽了，这种兽最早是戴维特（David）

[1] 廖太燕. 周建人与现代科学观念的传播：以《自然界》杂志为中心的研究[J]. 关东学刊，2017（7）：104-112.

[2] 贾祖璋. 熊猫的真面目[J]. 科学大众，1946（2）：45-47.

在茅滨（按：原文为 Mopin，见 *A Naturalist in Western China* 第 182 页）1869 年发现，在 1892 至 1894 年间倍尔左夫斯基（M. M. Berezovski）又在甘肃四川境边见到这种兽，但在记载上并不说外国人曾打死这种兽，以上两采集家所得到的标本，是本地人打来的，近年来已有几张多少不完全的皮寄到欧洲，但没有一个外国人曾经见过一个活的实物。中国西藏边境的本地人是知道的很熟悉，他们称为‘白熊’，中国的书上称为‘罴’。成都偶尔有皮出售，但价值很贵，在那个城里，我曾经见过有些欧洲人有几张极好的皮用作床毯，但我一张也得不到。”[1]

熊貓的眞面目

·賈　祖　璋·

[illegible]出國前留影

今年四月間，那頭後來命名為「聯合小姐」的熊貓將要出國的時候，英國的上議員蒙斯脫曾提出質問，「某航空公司受倫敦動物園之托，擬用飛機由中國載運熊貓一頭，管理人一名及熊貓食料竹筍八十磅來英，聞悉之餘，不禁為之驚異。等候回國之英人，何止數千，而該航空公司反賦予熊貓以優先權，理由何在？」這個質問結果一點沒有反響，在一月以後的五月十一日，熊貓便安然乘坐飛機，降落在[illegible]，四十餘位記者，冒了嚴寒的冷風，爭睹這位「小姐」的豐采，隨即乘坐火車，前往倫敦，那位議員先生也不見有甚麼下文了。而且這位「小姐」的出國，是由於我國中央宣傳部駐倫敦代表葉公超博士的接洽，說定願意交換一名免費待遇的中國動物研究生，所以四月一日的倫敦電訊早已報道了，「此頭熊貓啓運來英之際，將有中國留英學生一名，在來年為倫敦動物學會之上賓。」

最近美國紐約動物園又需要一頭熊貓，已經在四川成都西北的汶川縣捕得，原定九月二十四日從成都飛到上海，二十七日搭美輪愛姆斯蒂士號出國，但這頭熊貓在二十四日還剛剛從汶川動身，二十七日始到達成都，而且旅途勞頓，從灌縣乘車行抵成都的時候，口吐白沫，身體極然不適。本月七日報載，說她飲食少進，懨懨成病，看來一時難能來滬了。延安當局為了這事，也發表了與蒙斯脫同樣的意見，也得到了與蒙斯脫同樣的結果。

暫且不去正視那些在內戰的烽火中所造成的種種顛沛流離，飢餓死亡的血腥的事實，而從動物學的觀點來談談熊貓吧。

熊貓成為我國的新聞資料，是在民國二十七年。由道格斯飛機載運五頭從宜賓飛到香港，轉往倫敦。這五頭熊貓到了倫敦以後，大概祇存活三頭，被取名為唐(Tang)，宋(Sung)和明(Ming)。倫敦動物學會獲得這三頭熊貓，一共耗費了二千四百磅的鉅款，但是展覽以後，門票的收入，即可以抵償這批損失，因為倫敦人士還是第一次見到這種動物。第一頭運到美國的熊貓則更早數年（確實年份待查），是哈克尼斯夫人(Mrs. Ruth Harkness)親自在人跡難到的深山中捕獲的，芝加哥的布魯克斐(Brookfield)動物園出八千七百美元的重價向她購買了，立刻成為美國人昔日愛好的尤物。這頭熊貓被命名為蘇林(Sulin)，到二十七年死去。這年的六月，紐約動物學會獲得一頭，取名為潘多拉(Pandora)，據說是到美國去的第三頭了。三十一年宋美齡贈送紐約動物園熊貓兩頭。四月中由救濟中國難民委員會和紐約動物學會發起，懸獎徵求全國兒童為這兩頭熊貓定名，結果決定雄的叫做潘棣，雌的叫做潘達。中獎的是一位年僅十一歲的叫做南貝的女孩。其在動物園中隆重舉行命名典禮，邀請南貝出席，而且把這兩頭熊貓給她作為寄兒。今年這兩頭熊貓病死，據說引起了美國千萬兒童悲傷痛哭，因此又要我國捕捉了。

以上是關於熊貓出國的一段簡史，至於牠的發見，則比出國要早半世紀以上。熊貓本有大小兩種（上文所述，都指大熊貓），都是我國的特產，而且都產在西藏四川之間的深山中，除了那邊的土人以外，我們一向是沒有知道牠的。舊籍載還沒有考查過，一般新式的動物書，即如杜亞泉著的那本有名的「動物學大辭典」也沒有提到牠。關於熊貓最早的中文記載，要算民國十八九年間登載在自然界裏的慨士從威爾遜(Ernest Henry Wilson)那本「華西的博物學者」(A Naturalist in Western China) 中譯出的那一篇「西康四川的鳥獸」（此文後來收入商務版百科小叢書「中國西部動物誌」，二十三年刊行）依據威爾遜的記載，大熊貓是一八六九年法國的大衛 (L'Abbe David) 最先在馬邊發見的。一八九二到九四年，俄國的倍爾左夫斯基(M.M. Berezovski)又發見於甘肅四川

三十五年十一月號　45

● 贾祖璋撰写的《熊猫的真面目》
（据《科学大众》1946 年第二期）

[1] 慨士（摘译）．中国西部的食肉动物[J]．自然界，1927（2）：138-140.

周建人以李慨士之名编撰了《中国西部动物志》(商务印书馆 1934 年发行),如贾祖璋在《熊猫的真面目》中所言,《中国西部动物志》关于大熊猫的记载与描述多与《中国西部的食肉动物》(《自然界》1927 年第二卷第二号)中的记述相同。书中详细介绍了大熊猫的发现历史、体态特征、生物学特性等。介绍大熊猫的发现历史时说:“罴(Parti-Colored Bear 或 Giant Panda)这种特别的动物(学名 *Aeluropus melanoleueus*)大概是西康最有趣味的走兽了,这种兽最早是大卫(L'Abbe David)在马边发现的(一八六九年)……”[1]

显然,周建人在编译大熊猫的内容时,先是将 *A Naturalist in Western China* 中大熊猫的发现地“Mopin”译为“茅滨”,后来在编辑过程可能觉得“茅滨”有些拗口,而“茅滨”与“马边”发音相近,且“马边”顺口,故将大熊猫的发现地穆坪(Mopin,今四川省雅安市宝兴县)演绎成了“马边”,进而影响后来不熟悉雅安、凉山、乐山等地历史地理和大熊猫发现史的人,他们将穆坪与马边混为一谈,甚至以为马边就是穆坪的一座山或辖地,出现了“穆坪马边山”之说。

版本二:1934 年中国西部科学院组织雷马峨屏考察团,生物研究所植物部主任俞德浚和动物部主任施白南在四川马边采集到中国特有物种白熊 *Aeluropus sp.*。白熊,即大熊猫。

侯江在北碚报的《科学的殿堂 传奇的故事——中国西部科学院八十年历史寻踪》中说:“1934 年,生物研究所植物部主任俞德浚和动物部主任施白南在四川马边采集到中国特有物种白熊(*Aeluropus sp.*)。白熊,即大熊猫。1934 年,生物研究所动物部主任施白南在黄螂马湖滨,连日在同一地点猎得两只九节狸(*Ailurus sp.*)。九节狸,即九节狐、红熊猫、小熊猫。”[2]

● 远眺惠宇楼(据 1947 年《中国西部博物馆一览》,侯江提供)

[1] 李慨士. 中国西部动物志[M]. 上海:商务印书馆,1934:71.

[2] 侯江. 科学的殿堂 传奇的故事——中国西部科学院八十年历史寻踪[N]. 北碚报,2010-10-08.

疑点一：采集到大熊猫标本属于重大新闻，未见相关原始资料的记载。

1910 年，英国人布鲁克（J. W. Brooke）的遗孀，将其丈夫在四川省乐山马边县收集到的熊猫标本送给英国博物馆。[1]

1929 年春，美国第 26 任总统罗斯福的两个儿子（小西奥多·罗斯福和克米多·罗斯福）在拖乌山南坡的凉山州冕宁县冶勒乡，射杀了一只大熊猫后，回国后不久便撰写出版《追踪大熊猫》，讲述猎杀大熊猫全程。[2]

据《雷马峨屏调查记》记载，1934 年 5 月至 11 月，中国西部科学院组成 12 人的考察队，到小凉山的雷波县、马边县、峨边县、屏山县一带考察，动物组成员就有郭卓甫、施怀仁（施白南）。书中提到大小凉山有“白熊”（大熊猫）[3]，是根据实实在在采集到的标本而记载，还是根据当地人的描述，或根据《中国杂志》等资料而记载，也不得而知。

1923 年创刊于上海的英文汉学期刊《中国杂志》，被学界形容为“包罗万象的人文和自然资料宝库”，是促使大熊猫国际化的重要推手，1924 年起图文并茂地刊载了《西康的大熊猫和野狗》《穆坪：大熊猫之乡》等稿件，刊载报道了罗斯福兄弟、“熊猫王”史密斯等人的追踪大熊猫之旅。

当时的媒体已经高度关注大熊猫的科学考察与标本采集。1931 年初，《申报》著名的摄影记者王小亭等随史密斯到四川考察拍摄，想见证记录大熊猫的捕捉，但跟随奔波了几个月，均没有发现熊猫的踪迹，不得不先行返回北碚，并演讲其见闻。[4]当时北碚的《嘉陵江日报》对中国西部科学院的工作进行了很多报道，若是当年采集到大熊猫标本，上海的报刊、重庆本地的报刊、中国西部科学院的相关档案想必不会漏报这一重大新闻，或成就与事件。

30 年代中期或初期，当时中国西部科学院的创立者、生物研究的人员从国内外的资料与新闻报道、来华采集标本的外国探险家的口中，已经认识到大熊猫（当时通俗称为白熊、黑白熊、花熊，而不是九节狸或九节狐）体态特征，了解其珍稀珍贵性，以及科学研究、展览价值，并把采集熊猫标本作为重要工作目标。

[1] 罗桂环. 我国三种珍稀动物西流考[J]. 中国科技史料，1996（2）：28-35.

[2] 小西奥多·罗斯福，克米特·罗斯福. 大熊猫追踪[M]. 高蕴华，译. 北京：北京出版社，2023：144-168.

[3] 常隆庆，施怀仁，俞德浚. 雷马峨屏调查记[M]. 重庆：中国西部科学院，1935：91.

[4] 侯江. 中国西部科学院研究[M]. 北京：中央文献出版社，2012：74.

若中国西部科学院的团队当年就捕杀到大熊猫，获得其剥制标本，其惊喜程度一定不言而喻，参与者、见证者的记忆一定深刻，当时国内外的报刊杂志也会闻风而动。在这样的背景下，若是 20 世纪 30 年代中期或初期就采集到大熊猫标本，中国西部科学院一定会像猎得小熊猫标本一样记录在案，甚至大书特书，而不会是含糊不清、语焉不详地记载。

● 山中猎人诱捕兽类的装置（据威尔逊 1913 年所著《一个博物学家在华西》）

疑点二：有关采集当事人的回忆和记述中，未见到采集大熊猫的记载。

若真的是施白南、郭倬甫等人 1934 年就采集到大熊猫标本，他们一定会视为重要成果、珍贵记忆体现在他们的生平介绍、学术成果介绍中。搜索查阅他们的同事、学生在 20 世纪八九十年代的回忆录，以及同年代有关刊物对他们的学术成果、工作经历介绍，均未提及他们采集制作大熊猫标本的内容。

按照侯江在《科学的殿堂 传奇的故事——中国西部科学院八十年历史寻踪》说法，我个人认为，最大的可能是郭倬甫亲手捕杀了大熊猫，因为俞德浚主要从事植物标本采集，施白南主要从事鱼类和两爬类调查研究，他们碰巧或有意猎杀大熊猫的可能性小，而郭卓甫枪法好，与施白南同为动物组成员。

郭倬甫（？—1994），1930—1936 年在中国西部科学院期间，曾为博物馆、动物部助理，负责野生动物标本的采集、制作。中华人民共和国成立后曾任四川中药研究所研究室主任，1978 年，郭卓甫等人将中国的梅花鹿修订为 6 个亚种，著有《川康狩猎法》。四川省中药研究所邓正已 1994 年在《四川动物》杂志撰文介绍称：郭倬甫年轻时枪法极好，被彝族人民称为“神枪手”，采集制作了许多动物标本，尤其是鸟类标本，这些标本大部分保存在四川大学、重庆自然博物馆、北培公园。[1]在 20 世纪 90 年代，大熊猫早已是风靡全球，若是郭卓甫当年亲手采集到大熊猫标本，邓正已不应该漏掉他这一彪炳史册的伟绩。

川　康　狩　獵　法　19

藥，價極昂貴，肉味鮮美，皮之用途亦大。

(十一) 虎豹之捕法

虎豹爲猛獸，亦爲害獸，居處不定，多獨行，性殘暴，常來人家附近，掠食家畜，掠得豬羊時，多趁活時啣走，口啣頸部，以尾作鞭，迫之隨行。土人惡而懼之，捕取較難，旣不能用犬，又不易找尋其巢穴，土人捕獵多用餌誘，或安置自動槍矛，或用木柵關閉，誘餌多用小獸，若偶然遇見，射擊亦須小心，免致其受傷後咬人，且頗巧爲隱蔽，或靈活進退，而反復射擊之，南川彭水及貴州邊境有用虎欽虎牢捕捉，但筆者未曾用過，虎豹之毛皮可製褥墊，肉味亦甚佳，骨骼可入藥。

(十二) 老熊之捕法

所謂老熊乃一種黑熊，亦爲害獸，多偏山獨行遊蕩，晝睡於竹林或叢林中，食物甚雜，如野菓竹筍竹葉，死獸，及農作物等，夏秋多來耕地附近啣食玉蜀黍，冬季伏居洞中，土人謂冬天僅「吹掌」度日，不取食物，捕獵不用犬，祇宜尋獵，或設自動槍矛及木柵關閉，鹹邊人多用矛殺，集合數人，乘其來竊食玉蜀黍時，以矛投殺之，熊受傷即來撲人，近人數尺時前肢上立，可乘勢殺其胸部，其餘諸人須急趨前協助，此法殺之者多半自身受傷。若用槍擊則較安全，熊肉味甚佳，掌尤爲名貴，熊膽入藥。

(十三) 白熊之捕法

此獸爲四川省特產，近年來已爲美國人運活獸至美，飼於該國動物園，該獸獨居大山之竹林內，專以竹筍爲食，性甚馴服，囊淺黃色，大如拳，兩端尖，常來人家附近舐鹹味器具，捕獵用極有訓練之獵犬圍獵或尋獵之，近有用關閉法，亦極著成效。

郭倬甫所著《川康狩猎法》中关于“白熊之捕法”（据《生物学报》1939 年创刊号）

[1] 邓正已. 深切怀念郭倬甫老师[J]. 四川动物，1994（4）：139.

郭倬甫在宝兴勾留一年以上，向当地人学习了很多狩猎方法。郭倬甫在《川康狩猎法》中说："此篇系笔者根据历年旅行四川、西康、及滇、黔边境采集动物标本之经历，为采集方便，曾应用当地各种狩猎方法，其中颇多可采取者，尤以宝兴县一隅勾留一年以上，得悉该地方法较详细，至于他处，或仅途次所经或小住数旬，各该地所习用之方法，因随时随地悉心咨访，大致均为谙悉，其中大部分，并曾经本人采用，小部分系根据猎夫之口述。"[1]此文介绍了捕捉和狩猎鸟类和兽类的犬猎法、寻猎法、暗猎法、绳系法、网捕法、关闭法、陷阱法、鹰搜法等 8 种方法，具体介绍了大熊猫、猴、野猪等 15 类动物的狩猎方法。他在涉及大熊猫的捕捉方法时写道："此兽为四川省特产，近年来已为美国人运活兽至美，饲于该国动物园。该兽独居大山之竹林内，专以竹笋为食，性甚驯服，粪浅黄色，大如拳，两端尖，常来人家附近舐咸味器具，捕猎用极有训练之猎犬围猎或寻猎之，近有用关闭法，亦极著成效。"此文述及大熊猫的生活习性，对其粪便也有详细描写，不知是亲自观察所得，还是从其他资料或猎人口中得知。

施白南是西南师范大学生物学系教授、我国著名的鱼类学家，他的回忆录、学术成果介绍等中，均没有大熊猫标本采集的记载。查阅九三学社重庆市委员会网站 2015 年施白南先生 110 周年诞辰追思会专题，发言的有其子女、学生、同事，及西南大学生命科学院院长、重庆自然博物馆馆长等，均未提及施白南采集大熊猫标本之事。

西南大学（前身之一为西南师范大学）生命科学学院何学福教授师从施白南教授，曾经是其助手。何教授向笔者证实，20 世纪 30 年代，施白南曾经写过关于大熊猫的稿件，并在香港的报纸上刊发，但没有听他讲述过亲手捕获到大熊猫之事。

施白南在《四川资源动物志》的《调查研究史略》中说："1934 年笔者在黄螂马滨湖，曾连日在同一地点，猎得两只九节狸，似乎有不相遗弃、难以相忘、追寻不遗的特性。"[2]若施白南及其同仁猎得到大熊猫，他肯定也会像猎获小熊猫一样，在《四川资源动物志》等重要文献中表述，因为大熊猫

[1] 郭倬甫. 川康狩猎法[J]. 生物学报，1939，1（1）：15-27.

[2] 四川资源动物志（第一卷总论）[M]. 成都：四川人民出版社，1982：3.

的知名度、珍稀程度、捕捉难度远在小熊猫之上，对捕捉大熊猫的记忆深刻程度、清晰程度也远在小熊猫之上。

综合相关资料，笔者认为，施白南、郭倬甫当年确实在雷波县马滨湖获得过小熊猫（九节狸）标本。施白南、郭卓甫等人当年是否采集到或收购到大熊猫标本，还需要找到更多的证据支撑，至少目前缺少有力的证据支撑。

版本三：中国西部科学院少年义勇队学生同“熊猫王”史密斯于 1931 年底采集到大熊猫标本。

侯江在《中国西部科学院研究》关于生物所动物部的介绍中说：“1931 年底，两名学生采集归来，其中 1 只活的黑熊，但大熊猫是死的。”[1]

疑点一：相关记叙矛盾。

同在《中国西部科学院研究》中的中国西部科学院大事记记载：“1931 年初，2 名少年义勇队学生跟随美国芝加哥博物馆苏密士（F. T. Smith，普遍译为史密斯、史密司）赴雅安、穆坪一带采集动物标本，苏氏来川意在捕捉大熊猫。年底，随苏氏采集的两名学生归来，采得活动物 3 只，其中黑熊 1 只，饲养在博物馆的动物园内，标本 260 余号，大熊猫未采到。”[2]就此，笔者与此书作者侯江进行过沟通，她确认 1931 年中国西部科学院未收获到大熊猫标本。

被称为熊猫王的史密斯于 1931—1932 年，受雇为芝加哥自然博物馆到中国西南四川一带收集动物标本。英国人早在 1897 年就在四川平武杨柳坝获得一雄体大熊猫标本，捕获熊猫最多的是英国的史密斯（F. T. Smith），他在西方有“熊猫王”之称，在我国大熊猫产区待了 20 年，仅在 1936 年至 1938 年，就在四川以高价收购活体大熊猫 12 只，但只有 6 只活着运抵英国。[3]

疑点二：即使史密斯当年可能采集到大熊猫标本，但不会轻易谦让给中国西部科学院。

据现有资料看，史密斯 1924 年前后窜到中国淘金，史密斯进入中国后，先后在天津、内蒙古、甘肃、福建等地收集动植物标本，因狩猎到较多的动

[1] 侯江. 中国西部科学院研究[M]. 北京：中央文献出版社，2012：74.
[2] 侯江. 中国西部科学院研究[M]. 北京：中央文献出版社，2012：240.
[3] 罗桂环. 我国三种珍稀动物西流考[J]. 中国科技史料，1996（2）：28-35.

物而小有名气。血气方刚的他对到中国的“淘金”行动充满信心与希望，还制定长期作战计划。《华北日报》1930 年 12 月 5 日三版刊载《斯米斯等赴重庆 将在川边考察六年 寻觅死或活之熊猫并希望能获得金发猿》[1]，原文如下：

斯米斯等赴重庆

将在川边考察六年

寻觅死或活之熊猫，并望能获得金发猿

（上海十二月二日路通电）美国支加哥野外博物院之斯米斯氏，十一月三十日离上海，搭轮赴四川之重庆，作第一期考察。到该处时，将主持一旅行考察团，在川藏交界处研究当地之动物五年。斯氏于去年八月到华，计划其工作，呈候国民政府之批准，上星期国府允许书到沪，彼遂立刻准启行。该考察团中，彼将为唯一之外人，其余摄影及助手共五人，皆华籍，猎夫可到当地寻觅。据斯氏谈称，彼考察团，为年甚久之一团，专研究亚洲东南亚部分动物分布者，且为此种研究之发韧者云。

斯氏与其伴侣，将在川边考察六年，六月间出将其所得样品寄回本国，复归内地，目下之第一目标为寻获死或活之熊猫。按第一个熊猫，为罗斯福兄弟所发现，地点为川边，罗氏兄弟亦该博物院派来者，彼辈又望寻找金发猿，开始该团将在绥府西北之同河一带考察，相信所希望之动物该处存在，继南行赴宵远一带云。

《探险家史密斯从华西返回》这样记载：“佛洛依德·丹吉尔·史密斯代表芝加哥费尔德自然历史博物馆，在去年 10 月早些时候，离开了上海，前往四川西北部地区开展他的第二次动物学考察。他在今年 2 月中旬的时候返回了上海，并随之带来了此次考察所收集的哺乳动物的标本和各种鸟类的剥制标本。史密斯先生这次也再一次造访了雅州地区（四川省雅安市）和位于汉藏边境的穆坪地区（今雅安市宝兴县），捕获了许多动物标本，但最重要的是他又得到了一套完整的熊猫皮和骨骼标本。”[2]

---

[1] 斯米斯等赴重庆 将在川边考察六年 寻觅死或活之熊猫 并希望能获得金发猿[N]. 华北日报，1930-12-05（3）.

[2] 本刊编辑部. 探险家史密斯从华西返回[J]. 中国杂志，1932，17（4）：169.

斯米斯等赴重慶
將在川邊考察六年
尋覓死或活之熊貓
並望能獲得金髮猿

【上海十二月二日路透電】美國支加哥野外博物院之斯米斯氏，十一月三十日離上海，搭輪赴四川之重慶，作第一期之考察，到該處時，將主持一旅行考察團，在川藏交界處研究當地之動物五年，斯氏於去年八月到華，計畫其工作，呈候國民政府之批准，上星期國府允許書到滬，彼遂立刻準備啓行，該考察團中，彼將爲唯一之外人，其餘攝影及助手共五人，皆華籍，獵夫可到當地尋覓，據斯氏談稱，彼考察團，爲年甚久之一研究團，專研究亞洲東南部分動物分布者，且爲此種研究之發軔者云。斯氏與其伴侶，將在川邊考察六年，六月間出將其所得樣品寄回本國，復歸內地，目下之第一目標爲尋獲死或活之熊猫，按第一個熊猫，爲羅斯福兄弟所發見，地點爲川邊，羅氏兄弟亦該博物院派來者，彼輩又望尋找金髮猿，開始該團將在綏府西北之同河一帶考察，相信所希望之動物該處存在，繼南行赴遙遠一帶云。

●《斯米斯等赴重庆 将在川边考察六年 寻觅死或活之熊猫 并望能获得金发猿》（据《华北日报》1930 年 12 月 5 日）

罗桂环在《我国三种珍稀动物西流考》中也说：“1931 年，F. T. Smith 为芝加哥博物馆收集标本到了川西，通过当地猎手收集到多个大熊猫标本。”[1]《淑女与熊猫》（新星出版社出版）描述了美国妇女露丝继承夫志在中国首次捕活体熊猫的传奇故事。露丝夫妇先后到中国的初期，曾经与史密斯有过合作。书中对史密斯动物采集情况作了记载：“史密斯上世纪三十年初期，曾经受雇为美国的一些博物馆收集野生动物标本，达 7 000 余件。”书中还提到，史密斯原是英国一银行的职员，辞职带家人到上海淘金冒险，手段就是通过标本换取工作与生活经费，他急于获取大熊猫标本与活体，以向博物馆证明自己的能力，获得更多预付金和更多订单，当时国外很多博物馆都渴望得到大熊猫标本。史密斯在与露丝合作前，已经在四川建立了 7 个营盘，由当地

[1] 罗桂环. 我国三种珍稀动物西流考[J]. 中国科技史料，1996（2）：28-35.

猎人驻守，目标就是活体大熊猫，在与露丝合作的 1936 年 7 月前，均未成功收集到大熊猫活体。[1]

起源为“古物保管委员会”兼有防止外国人私自在华采集生物标本之职责[2]。1930 年，斯密斯代表芝加哥费尔德自然历史博物馆赴川滇黔采集标本，12 月 3 日的《申报》对其进行报道，并派员参加考察。“美人斯密氏组织考察团前往滇黔两省考察动物标本，呈请外交部发给护照，该团一切组织办法，经教育部与中央研究院详细订定。昨日教育部已咨请外交部照发护照，兹将该团与中央研究院所订办法记述如下：(一)路程。川省茂平，位于雅州之北，为中国西部采取标本最重要之区域，同时因采集白熊完全标本以备解剖，羚羊标本数种，以备装置。须赴东河，以北山中滞留若干时或再至成都西北之瓦寺境内，设前二项标本能采集，迅速即当南至叙州，经云南之北部而入贵州省，约至明年六月回至南京，会同中央研究院将标本审查整理，再行装箱运美。(二)采集人员斯密司与华助手六人、摄影一人、申报代表一人、标本装置员二人、练习装置员一人。(三)由中央研究院派钱天鹤主任与斯氏交涉结果订立限制条件如下：(甲)所采标本须一律先行运至本院博物馆，后经选聘专家审查后，方得运出国外；(乙)本院派采集员一人或数人参加；(丙)标本经专家审查后须留一全份在中国。”[3]

1931 年的《中国杂志》刊载《华西动物学考察队从上海出发》，文中讲述史密斯的探险之旅时说：“弗洛伊德·丹吉尔·史密斯是一位上海地区的名人，他一直以来都在为芝加哥费尔德博物馆工作。在 11 月 30 日，史密斯先生离开了上海去了四川的重庆地区，从而开展他第一阶段的动物学考察活动，此阶段的考察时间预计会持续 5 年时间。他是此次探险活动中唯一一位外国人，而根据国民政府在允许他开展此探险项目时所制订的条款，他的探险中将会有几名中国陪同。我们认为史密斯所同意的条款还包括，所有捕获的动物标本都必须分一半给国民政府，甚至单一的动物物种标本也要分一半给政府。”[4]

---

[1] 维基·康斯坦丁·克鲁克. 淑女与熊猫[M]. 北京：新星出版社，2007：240.

[2] 罗桂环. 民国时期对西方人在华生物采集的限制[J]. 自然科学史研究，2011，30（4）：450-459.

[3] 美人斯密司赴川滇黔采集标本 [N]. 申报，1930-12-03（11）.

[4] 本刊编辑部. 华西动物学考察队从上海出发[J]. 中国杂志，1931，15（3）：144.

史密斯捕捉的大熊猫运抵伦敦（据《沙漠画报》1939 年第 2 卷 30 期）

侯江、欧阳辉在《重庆自然博物馆溯源——中国西部科学院博物馆和中国西部博物馆》也说："1930 年 12 月，四川文化考察团翁文灏等到北碚，考察中国西部科学院各部事业；同年，瑞典人郝满尔、美国芝加哥博物馆史密斯博士到院参观、接洽事务。"[1]

据《科学、商业与政治走向世界的中国大熊猫（1869—1948）》，史密斯在罗斯福兄弟追踪大熊猫之际，萌生出与菲尔德博物馆合作的想法，美国弗利尔美术馆副馆长毕安祺（Carl W. Bishop）在一封信中谈到"史密斯的愿望是在中国南方几省进行为期数年的标本采集活动，并建立一些标本采集营地，他将对其进行个人监督"，最后在毕安祺担保下，哺乳动物部主任奥斯古德同意赞助史密斯赴川滇采集大熊猫等动物的标本。[2]若如此，可看出作为商人

[1] 侯江，欧阳辉. 重庆自然博物馆溯源——中国西部科学院博物馆和中国西部博物馆[J]. 上海科技馆，2010，2（4）：84-92.

[2] 姜鸿. 科学、商业与政治走向世界的中国大熊猫（1869—1948）[J]. 近代史研究，2021（1）：74-89，161.

的史密斯是主动为他获取的动物标本找买家，故而主动联系美国菲尔德博物馆求合作与支持。

● 中国西部博物馆陈列之中华白熊油画（据1947年《中国西部博物馆一览》，侯江提供）

国立中央研究院与中国西部科学院有良好的合作与指导关系，综合《华北日报》《申报》《中国杂志》等对史密斯考察之旅的报道，以及前述史密斯与中国西部科学院合作的原始档案记载和相关论述，史密斯在四川采集标本得到国民政府许可，目标很明确，以捕获大熊猫、金丝猴（金发猿）为重点。并可作如下推测：受中央研究院（自然历史博物馆）委派，中国西部科学院派出郭倬甫、洪克昭（侯江在《中国西部科学院研究》1931年大事记中所指的2名少年义勇队学生）随史密斯赴四川西部采集标本。

《中国西部科学院研究》说史密斯一行未采到大熊猫，可能指的是少年义勇队学生未得到或带回大熊猫标本。史密斯到中国后，拉大旗作虎皮，冒充“博士”“生物学家”四处与国内的政府机构与学术机构打交道，反正他说一口地道英语，没有人质疑其身份来源和真实性，故当年有文献把他的身份与头衔记载为“博士”、生物学家、美国某动物园或博物馆的特派员。如《良友》（1931 年第 54 期 33 页）刊载史密斯与同赴川边考察的《申报》记者合影，史密斯的头衔赫然标注为“美国芝加哥博物院特派来华之生物学家”；《重庆自然博物馆溯源——中国西部科学院博物馆和中国西部博物馆》曾这样表述史密斯的头衔：“1930 年 12 月，美国芝加哥博物馆史密斯博士到院参观、接洽事务。”[1]

● 史密斯与申报摄影记者王小亭、刘硕甫同赴川滇考察生物（据《良友》1931 年第 54 期）

史密斯在中国混了多年，为了利益不择手段，拉大旗作虎皮、弄虚作假应该是驾轻就熟。据姜鸿的《科学、商业与政治走向世界的中国大熊猫（1869—1948）》载，受经济危机影响，菲尔德博物馆在支持史密斯完成 1931 年

[1] 侯江，欧阳辉. 重庆自然博物馆溯源——中国西部科学院博物馆和中国西部博物馆[J]. 上海科技馆，2010，2（4）：84-92.

的考察后，就解除了与他的合约，此后史密斯多次向菲尔德博物馆出售标本，其中共有大熊猫标本 3 具。史密斯之所以能够获得众多的大熊猫，与他在川西地区设置的标本采集营地有关。史密斯未经中央研究院同意，私自前往川西活动，后被四川省政府“勒令出境”，不过他的代理人继续为其收购动物。

姜鸿还说，中央研究院最初的管理重视对外国人的限制和对国家权益的维护，这也为身份不合法的探险家冒名申请大熊猫出口许可证提供了机会，“美国探险家史密斯的行为十分典型”。其证据如下：“1935 年 5 月，史密斯冒用菲尔德博物馆的名义从中央研究院获得了内地考察护照，但他深知自己的考察不合法，担心申请出口许可证时露出破绽，从而遭到拒绝。因此，冒名露丝·哈克内斯成为他规避自身身份问题的方法。1938 年 6 月，史密斯致函中央研究院总干事朱家骅,称哈克内斯打算运出她在四川收购的各种动物，他帮助哈克内斯‘代办护照’。申请出口的动物为 3 只大熊猫、1 只羚牛、1 只斑羚和 14 只雉鸡，并称将来还打算收购。按照‘限制条件’提留标本的规定，史密斯赠给中央研究院动植物研究所 1 只大熊猫，其他动物则由滇越铁路运出。很显然，史密斯之所以能够冒名成功，正是利用了中央研究院未重视物种保护的管理疏漏。这一局限也为大熊猫种群数量的减少留下隐患。”[1]

而事实上，按姜鸿的说法，史密斯则是向欧美动物园出售大熊猫数量最多的人，1937 年和 1938 年，史密斯至少收购了 11 只大熊猫，其中 5 只成功运抵伦敦。按罗桂环在《民国时期对西方人在华生物采集的限制》说法，1936—1938 年，史密斯先后捕捉了 12 只大熊猫，仅 1938 年的一次，就将 6 只活的大熊猫、1 只活的金丝猴和一些活的盘羊、青羊、雉鸡等运往欧洲。[2] 综合姜鸿、罗桂环的说法，史密斯实际运出的动物活体或标本远比向中央研究院申报的数量多，否则按采集标本的限制条件和平分提留标本的规定，史密斯应该向中央研究院提供更多的活体动物或标本，而不是“史密斯赠给中央研究院动植物研究所 1 只大熊猫，其他动物则由滇越铁路运出”[3]。

[1] 姜鸿. 科学、商业与政治走向世界的中国大熊猫（1869—1948）[J]. 近代史研究，2021（1）：74-89，161.
[2] 罗桂环. 民国时期对西方人在华生物采集的限制[J]. 自然科学史研究，2011，30（4）：450-459.
[3] 姜鸿. 科学、商业与政治走向世界的中国大熊猫（1869—1948）[J]. 近代史研究，2021（1）：74-89，161.

现有的资料显示，史密斯与中国西部科学院少年义勇队学生一道在宝兴县采集大熊猫标本时，可能成功收集到一具大熊猫标本（一只雌性成年大熊猫）。史密斯受到当地媒体、当地人及地方政府的抵制，其营地于 1931 年 6 月被当地穿着统一制服的人洗劫烧掉，部分标本被毁。后来，四川当地权威机关则给予了他在当地进行探险收集的许可，并保证为其提供保护。《中国杂志》对史密斯的标本采集活动进行了持续的跟踪报道，其中 8 月出版的第 15 卷第 2 期《收藏家史密斯在四川遭遇麻烦》时写道："在编写这篇文章时，史密斯先生已经收集了很多有趣的标本了，但其中有一些在那群人烧掉他营地的时候被摧毁了。他此次收集到的标本有：小熊猫、椰子狸、两只野猫、金丝猴、喜马拉雅斑羚、鬣羚、麂鹿、麝香鹿、麂鹿、羚牛和一只雌性成年大熊猫。"[1]据姜鸿在《科学、商业与政治走向世界的中国大熊猫（1869—1948）》统计，史密斯 1930—1938 年曾经向芝加哥菲尔德博物馆提供了 3 具大熊猫标本。[2]

个人推测，当时史密斯梦寐以求想得到大熊猫标本，向服务的或与合作的美国博物馆邀功行赏，证明自己的能力，获得更多的经济支持和经济利益，博取更大的荣誉。即便史密斯和少年义勇队学生在采集途中获得一具大熊猫标本的话，断然不会把共同获得的大熊猫标本谦让给同行的少年义勇队学生。虽然中国方面与外籍人士签订合同协议或管理协议，但史密斯可能拉大旗作虎皮，以"博士""生物学家"的身份，装腔作势，以与中央研究院签订的协议为据，以获得的标本要送南京中央研究自然历史博物馆交差等为由，带走大熊猫标本，最后私自带出国，卖给美国的芝加哥博物馆。义勇队学生年龄在二十岁上下，年轻且人微言轻，只是跟随师傅长点见识、学点知识而已，只有回北碚复命报告情况的份。关于此情行，并无直接依据，以下一个事例可以间接佐证。1931 年 5 月，北平研究院植物学研究所的刘慎谔、郝景盛参加中法西北考察团，远赴新疆。当时外籍人士自视高人一等，看不起中国人。出发不久，郝景盛即不堪忍受法方团长殴打，愤而退出考察团。[3]

[1] 本刊编辑部. 收藏家史密斯在四川遭遇麻烦[J]. 中国杂志，1931，15（2）：81.

[2] 姜鸿. 科学、商业与政治走向世界的中国大熊猫（1869—1948）[J]. 近代史研究，2021（1）：74-89，161.

[3] 胡宗刚. 北平研究院植物学研究所史略[M]. 上海：上海交通大学出版社，2011：40-45.

二、1939年北碚平民公园饲养熊猫

侯江在《科学的殿堂 传奇的故事——中国西部科学院八十年历史寻踪》（2010-10-08《北碚报》）[1]这样写道：“大熊猫标本第一次被戴维带到法国以后，西方世界掀起了到中国猎获大熊猫的热潮。20世纪20、30年代，英国的丹吉尔·史密斯（Tamgier Smith）在四川西部汶川等地高价收购了12只活体大熊猫，其中1938年11月在宝兴捕获的一只，于1939年8月11日送给了北碚平民公园饲养展出。”

大熊猫研究权威专家胡锦矗在《中国科技术语》2009年第1期中发表的《关于大熊猫的中文名称》中说：“1939年8月11日，一只Giant Panda，从成都华西大学运到重庆北碚平民公园展出。在展出时从左至右横书其名为‘猫熊’，但读者习惯直书从右至左读认，而成‘熊猫’。于是，从此后‘大猫熊’就变成了‘大熊猫’。”[2]

嘉陵江日報　中華民國二十八年七月四日

本區各事業機關
昨開「七七」紀念籌備會
決議當日活動要案多件

抗戰與進化

動植物研究所
贈區署白熊一隻
現已派人往成都接運
將以交動物園飼養

農業推廣所

文星鄉熱烈舉行國民月會
到會者計共有一千一百餘人
昨日商定「七七」宣傳一切工作

北碚平民动物园1939年获赠大熊猫的报道
（据《嘉陵江日报》1939年7月4日第三版）

[1] 侯江. 科学的殿堂 传奇的故事——中国西部科学院八十年历史寻踪[N]. 北碚报，2010-10-08（6）.
[2] 胡锦矗. 关于大熊猫的中文名称[J]. 中国科技术语，2009，11（1）：28-29.

据2019年重庆日报客户端龙丹梅1月31日报道，1939年，内迁北碚的中央研究院动植物研究所，闻北碚平民公园（现北碚公园）动物数量减少，为充实内容，便把从野外捕捉到的大熊猫赠予北碚实验区区署，交平民公园动物园饲养，供公众观览，这也是目前已知最早的大熊猫活体展示。[1]这一报道与《嘉陵江日报》1939年7月4日二版刊载的《动植物研究所赠区署白熊一只》[2]的报道相吻合。报纸内容如下："□□□此间国立中央研究院动植物研究所，以赠有外人史密斯（即史密斯），往西康采集标本，得有珍贵之白熊一只，赠送该署饲养，该所现将其转送此间实验区署，该所决交平民公园动物园内饲养，供众观览□，该署已派专人前往成都装运，不久即可来碚云。"（□为字迹不清）

同年8月11日，《嘉陵江日报》头版显要位置，刊载新闻稿《平民动物园运到白熊一只》，表示"平民公园动物数量减少，故为充实内容……特赠北碚平民公园白熊一只……白熊珍贵，需留心饲养，禁止游人惊扰击打"。[3]

● 北碚公园20世纪30年代饲养熊猫的笼舍旧址（据 http://tieba.baidu.com/p/3714520689）

[1] 龙丹梅，赵迎昭.原来大熊猫首次与游客见面是在 80 年前的北碚？这个展览告诉你[EB/OL]（2019-01-31）. 重庆日报客户端 https：//cq. qq. com/a//001312. htm.

[2] 动植物研究所赠区署白熊一只[N]. 嘉陵江日报，1939-07-04（2）.

[3] 赵良冶. 熊猫中国：中国大熊猫纪实[M]. 南京：江苏凤凰文艺出版社，2019：87.

● 北碚平民公园历史图片（据北碚发布《一座城与一个人，细数光阴里的那些故事》）

姜鸿在《科学、商业与政治走向世界的中国大熊猫（1869—1948）》说："1935 年 5 月，史密斯冒用菲尔德博物馆的名义从中央研究院获得了内地考察护照，但他深知自己的考察不合法，担心申请出口许可证时露出破绽，从而遭到拒绝。因此，冒名露丝·哈克内斯成为他规避自身身份问题的方法。1938 年 6 月，史密斯致函中央研究院总干事朱家骅，称哈克内斯打算运出她在四川收购的各种动物，他帮助哈克内斯'代办护照'。申请出口的动物为 3 只大熊猫、1 只羚牛、1 只斑羚和 14 只雉鸡，并称将来还打算收购。按照'限制条件'提留标本的规定，史密斯赠给中央研究院动植物研究所 1 只大熊猫，其他动物则由滇越铁路运出。"[1]

从《嘉陵江日报》当年的报道、姜鸿等人研究成果可以确认，北碚平民公园 1939 年饲养的大熊猫为史密斯在西康省采集。从《中国杂志》及侯江、罗桂环等人的记述可看出，熊猫王史密斯在雅安市、在宝兴县采集过熊猫标本。史密斯当年在雅安市宝兴县、阿坝州汶川县均设有营盘雇佣当地猎人为其采集标本。当年的西康省包括今天的雅安市、凉山州、甘孜州。阿坝州汶川县当时属于四川省。到目前为止，没有发现史密斯在凉山州、甘孜州采集大熊猫标本的记述记载。中国保护大熊猫研究中心的官方网站 2009 年刊发了

[1] 姜鸿. 科学、商业与政治走向世界的中国大熊猫（1869—1948）[J]. 近代史研究，2021（1）：74-89，161.

《大熊猫圈养繁殖进展》，文中这样表述：“1938 年 11 月，宝兴县捕获一大熊猫运重庆北碚平民公园（今北碚公园）饲养。”[1]

综合上述记载，笔者认为送给平民公园的大熊猫，由史密斯采集于今四川省雅安市宝兴县。史密斯采集到大熊猫后，按照“限制条件”提留标本的规定，因抗日战争而内迁至北碚的中央研究院动植物研究所提留了一只大熊猫，然后再转赠给北碚的平民公园饲养。

史密斯靠买卖动物标本和活体养家糊口，他为什么舍得将好不容易到手的大熊猫送给中央研究院动植物研究所？这源于当时国民政府对我国生物资源的管理。20 世纪 20 年末，随着我国生物学事业的发展，国内生物学界认为，调查研究本土生物是中国生物学家分内的事，不应由外国人“越俎代庖”，西方人在华恣意采集生物的情形不能再继续。为了维护国家的主权和本国学术机构的合法权益，当时国民政府中央研究院及其所属的自然历史博物馆（后改为中央研究院动植物研究所），通过与西方考察队签订协议，限制西方国家在华的生物学考察和采集标本活动。协议的内容一般包括：派一人或数人随同参加考察；在经过中央研究院代表审查后，考察团应该留下两套完整的标本中的一套作为礼物给中国收藏。如果出现采集的标本由于采集时安全的原因不足以提供两套，和数量少总数不足以提供的情况，经中央研究院审查后，允许其作为原始的一套保留运出国外。[2]

前述提及 1930 年，斯密斯代表芝加哥费尔德自然历史博物馆赴川滇黔采集标本，在教育部咨请外交部照发护照时，由中央研究院派博物馆钱天鹤主任与斯密斯交涉结果订立限制条件如下：“（甲）所采标本须一律先行运至本院博物馆，后经选聘专家审查后，方得运出国外；（乙）本院派采集员一人或数人参加；（丙）标本经专家审查后须留一全份在中国。”[3]可见，斯密斯在中国境内的采集活动得到中央研究院的许可并接受其管理。

据《淑女与熊猫》描述，1938 年，史密斯捕捉到了几只熊猫。由于抗日战争爆发，日军占领很多港口、公路、城市，还有很多公路被炸毁，交通不

[1] 大熊猫圈养繁殖进展[Z]. http://www. huaxia. com/zt/rdzz/05-065/528913. html.

[2] 罗桂环. 民国时期对西方人在华生物采集的限制[J]. 自然科学史研究，2011，30（4）：450-459.

[3] 美人斯密司赴川滇黔采集标本[N]. 申报，1930-12-03（11）.

畅通，运送熊猫困难，特别是通过飞机运输难。再加上，当时的国民党政府收紧了对熊猫捕捉与输出国外的审批许可。这种情况下，史密斯无法将熊猫运出中国，为此他万分沮丧。[1]

20 世纪 30 年代，“大熊猫热”在西方各大城市兴起，一睹中国大熊猫芳容，成了城市动物园的奢望，大熊猫的捕捉、运输和买卖持续不断，英文汉学期刊《中国杂志》进行了跟踪报道，更是推波助澜。

但是，随着国际上捕杀行为屡屡出现，特别是运输过程中导致大熊猫等动物大量死亡，这份有科学和人文立场的杂志开始大声疾呼，提出禁止国际社会捕捉大熊猫的建议，并刊发评论，“要把大熊猫从濒临灭绝的状态下拯救出来，这是唯一之路”。《中国杂志》的主编苏柯仁还写道：“大熊猫是稀有动物，不堪长期遭受这种虐待。因此，我们恳求中国政府介入，在还来得及的时候，尽快挽救大熊猫，不要让它们灭绝。”在舆论影响下，官方表态，此后所有捕猎行为都要经当时的外交部核准，且每个国家只能获准进口一只大熊猫。[2]

在那个时局不稳的动荡时代，中国又面临日本大举侵略的重重压力，但几个月之内，四川省政府、西康省建省委员会就下令禁止捕捉熊猫。1938 年 11 月 16 日，刘文辉以西康建省委员会委员长名义在发给雅江县政府的训令上说：“查本省所产之白熊、金线猴（即金丝猴）两种兽类不但为吾国之特产，且为世界珍品，自前年（此处疑时间有误，应为“前些年”）罗斯福采集团来康猎获白熊两只后，一时报刊宣传，中外人士来取猎者多。查以两兽原种极少，如不加以限制，将有灭种之态。兹依照狩猎法第四条之规定，对本省所产之白熊、金线猴绝对禁止射杀，以资繁殖。即生捕者，非经本省主管官署之许可，不得出境外。为此令仰该县长即遵出示，严禁是为至要。”[3]《天全县志》大事记这样记载：“ 民国二十七年（1938）十月，省政府依照《采猎法》第 4 条作出规定，对本省所产白熊（大熊猫）和金丝猴，绝对禁止猎杀，非经政府许可，亦不得运出境外，天全县政府告示全县。”[4]

---

[1] 维基·康斯坦丁·克鲁克. 淑女与熊猫[M]. 北京：新星出版社，2007：240.

[2] 高富华. 大熊猫史话[M]. 成都：四川民族出版社，2019：62-63.

[3] 高富华. 大熊猫史话[M]. 成都：四川民族出版社，2019：67-68.

[4] 四川省天全县志编纂委员会. 天全县志[M]. 成都：四川科学技术出版社，1997：13.

建會禁射殺白熊金綫猴

本省所產之白熊及金綫猴等稀有獸類，不但爲吾國之特產，且爲世界珍品，自前年羅斯福探險團來康，獲得白熊兩隻後，一時報章宣傳，中外人士之來康獵者日多，查前獸原數極少，如不加以限制，將有滅種之虞。建會特依照狩獵法第四條之規定，對本省所產之白熊金綫猴，絕對禁止射殺，以資保護，即生擒者非經政府之許可，亦不得運出境外，已通令各縣出示嚴禁云。

● 西康省建委员会禁射杀白熊金线（丝）猴的令（据《康导月刊》1938 年第 1 卷第 3 期）

在民国二十八年（1939）的《经济部公报》中即有国民政府行政院长翁文灏签批的公文：“咨内政部、四川省政府：农字第二七二三四号（中华民国二十八年五月十日）：准咨、政部咨关于四川省、贵省禁止收买猎捕白熊一案咨复请查照由。”[1]1936 年，露丝将首只大熊猫活体运回美国展出获得巨大成功。1938 年，她第三次到中国捕捉大熊猫。她和助手美籍华人杨昆廷（帝霖）捕捉了几只大熊猫并转送到成都，因运不走和饲养管理难，露丝一行人用手枪将一只活体大熊猫枪杀，另一只叫“苏森”的大熊猫被他们运送到采集地放归野外。[2]

笔者推测，可能基于上述背景、因素，再加上受中央研究院的管理和限制，为平息舆论和敷衍国民政府的管理机构，史密斯不得不将捕捉到的十多只大熊猫中的两只留在中国，一只交中央研究院动植物研究所，后转赠给北碚平民公园，另一只给了上海兆丰公园。

[1] 公牍：农林类[J]. 经济部公报，1939，2（10-11）：43.
[2] 维基·康斯坦丁·克鲁克. 淑女与熊猫[M]. 北京：新星出版社，2007：240.

尽管如此，因国民政府和相关管理机构管理的疏漏，1936 年至 1938 年，史密斯仍无视国民政府相关规定，超计划滥捕大熊猫，捕捉到 12 只大熊猫，集中在华西大学短暂寄养后，运出中国。其中，1938 年经陆路将大熊猫送到香港，再搭乘轮船运回英国 5 只大熊猫，除 2 只分别送北碚平民公园、上海兆丰公园饲养外，多只死于路途。1938 年 12 月 28 日《文汇报》头版刊载《四川熊猫由伦敦博物院购得》，内容大致为：史密斯运回英国的 5 只大熊猫中，有 3 只被伦敦博物院以 2 400 英镑的价格购得，其中一只 9 个月大的熊猫幼崽将在本周内展示 3 天。[1]

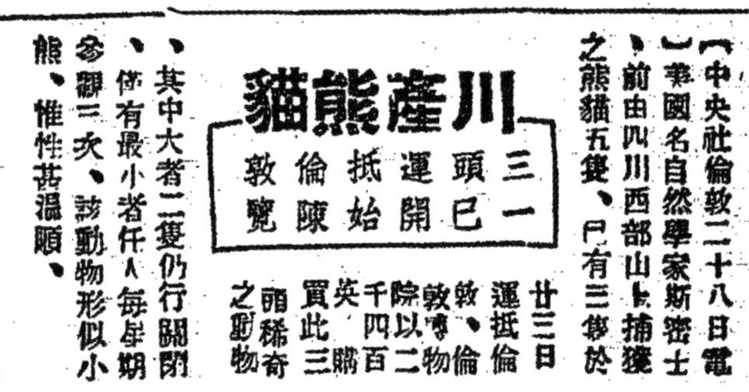

川產熊貓

三頭運抵倫敦
一已開始陳覽

【中央社倫敦二十八日電】英國名自然學家斯密士、前由四川西部山中捕獲之熊貓五隻、已有三隻於廿三日運抵倫敦、倫敦博物院以二千四百英鎊購買此三隻稀奇之動物、其中大者二隻仍行關閉、僅有最小者任人每星期參觀三次、該動物形似小熊、惟性甚溫順、

●《川产熊猫三头运抵伦敦一已开始陈览》
（据《申报》香港版 1938 年 12 月 29 日）

重庆市北碚区夏季酷热，而大熊猫不怕冷而怕热。据网文《重庆市民集体命名了大熊猫》，1939 年北碚平民动物园饲养大熊猫时，为了给大熊猫降温避暑，还把大熊猫抬到了缙云山。几经折腾，这只大熊猫还是不到一年就死了，被制作成了标本。[2]

三、中国西部博物馆的大熊猫标本

20 世纪 20 年代后期，南京、北平先后成立了中国科学社、中央研究院、北平生物研究所、静生生物调查所等科研机构。这些单位的不少中外学者、专家，陆续到四川进行动物、植物、矿物等自然资源考察。卢作孚认为这是一个培训人才、开发四川资源的好机会。为使正在受训的学生能“到野外去

[1] 四川熊猫由伦敦博物院购得[N]. 文汇报，1938-12-28（1）.

[2] 刘虎. 重庆市民集体命名了大熊猫[EB/OL]. http://tigerliuhu. blog. sohu. com/143777802. html.

获得自然知识”，1928 年第一批入川考察的专家、学者到来时，卢作孚主动与“考察团”合作，派出第一期少年义勇队学生随同前往，向专家、学者学习，采集各种标本，搜集各类资料。

1929 年夏天，中国科学社派动植物专家到四川，卢作孚又派少年义勇队队长卢子英，率领学生队员 30 人，随同去峨眉山、大小凉山一带，作动植物采集和社会调查，历时 4 个多月，带回了大量的动植物标本和彝族、藏族风情文物。在以后的数年中，还多次派人随中外专家到西南、西北各省进行自然资源调查和标本采集。

1930 年 3 月初，卢作孚派兵捣毁火焰山东岳庙的偶像，将近年所采集的各种标本与资料，分类整理，利用东岳庙庙宇创办了“峡区博物馆”。馆分动物、植物、西藏风物、卫生和煤炭等 5 室陈列展出。

中国西部科学院走进自然采集标本并整理展出
（据《北碚月刊》1937 年 4 月号第 1 卷第 8 期封二）

峡区博物馆开办不久，中国西部科学院成立，博物馆即划为科学院的组成部分。1936 年 4 月 1 日，三峡实验区署成立时，划归区署，更名为民众博物馆。兼辖区动物园及平民公园，并在各乡镇筹设公园。是时，博物馆有管理人员 1 人、助理 2 人，服务生及工人若干人，分别管理陈列室、动物园、平民公园各部。

● 中国西部博物馆外景（据 1947 年《中国西部博物馆一览》，侯江提供）

1943 年，中国西部科学院联络因抗战内迁至北碚的中央研究院动物和植物研究所、经济部中央地质调查所、中国科学社等 13 个学术机关，以中国西部科学院和北碚民众博物馆为基础，筹办中国西部科学博物馆。1944 年 12 月 25 日正式开馆，馆址设在文星湾“惠宇”楼，公推翁文灏、卢作孚、孙越崎等 13 人组成理事会，翁文灏、卢作孚为理事会正副主任委员，李乐元任馆长，施白南任研究部主任，特聘李春昱、王家楫等 24 人为设计委员。馆内分设工矿、农林、地质、地理、生物、医药卫生及气象地理等 6 个陈列馆。开馆时初展陈列品 13 503 件，后发起各学术机关捐赠历年所采集制作之标本模型，陈列品多达 108 205 件。1945 年 7 月，改名为北碚科学博物馆，次年 10

月 1 日又更名为中国西部博物馆。并将陈列品进行全面整理，精选陈列品 7 万余件展出。这年开始，创国内先例，将鸟类按自然生活环境布置，又对熊猫、野猪、云豹、鹿等，按自然生活环境，采用电光布景，使其千姿百态，栩栩如生。从开馆到 1949 年底，参观人数多达 36 万人次。[1]

● 北碚市民参观中国西部博物馆的动物标本（据 1947 年《中国西部博物馆一览》，侯江提供）

生物馆分植物、动物两部分。分类陈列植物标本，共计 7 429 号，为中国西部科学院历年调查采集所得，由中国科学社生物研究所及中央研究院植物研究所协同整理，并有中国科学社赠送药用植物标本和中央研究院植物研究所赠送的藻类及苔藓标本；动物部分陈列品包括脊椎动物及无脊椎动物两部分，其中鸟类 354 号、兽类、爬虫类及鱼类 136 号；昆虫类 1 712 号。此外还有大幅油画及图表 36 幅。陈列品系中国西部科学院藏品，由中央研究院动物研究所整理。[2]

[1] 李萱华. 北碚乡建故事. 内部资料，2012：71-72.
[2] 侯江，欧阳辉. 重庆自然博物馆溯源——中国西部科学院博物馆和中国西部博物馆 [J]. 上海科技馆，2010，2（4）：84-92.

中国现代文学馆馆长、老舍之子舒乙，从 1943 年到重庆市北碚上小学，到 1950 年离开，舒乙先生在北碚度过了 7 年难忘的童年时光。2009 年接受《重庆晨报》记者电话采访时，舒乙回忆说："在嘉陵江边，有一个很大的公共体育场，从体育场往嘉陵江上游的方向，穿过一个隧道（即现在的文星湾隧道），就是博物馆。那里有许多珍贵的动物标本，各种鱼类的标本非常齐全，我印象最深的就是在那里第一次看到了大熊猫的标本。"[1]

1944 年 12 月诞生于重庆北碚的中国西部博物馆是重庆自然博物馆的前身，展览品来自中国西部科学院联络中央研究院动植物研究所、经济部中央地质调查所、中国科学社等 13 个学术机关与社会捐赠，是我国早期展出大熊猫标本的机构之一，动物标本共陈列 7 个房间，其中 1 间为"中华白熊自然环境"。1947 年编印的《中国西部博物馆概况》这样记载："白熊及小红猫熊为川康特产，名传全球，本馆所藏二者之剥制标本，装置完整，姿态生动，今春特辟专室陈列，按照白熊之自然生态环境，配合竹林山坡，景况逼真，后壁用油画配置远景。……解剖陈列室陈列各种动物骨骼内脏，内以白熊全副骨骼及脑标本最为名贵。"[2]中国西部博物馆的展室就在原中国西部科学院惠宇楼一、二层。

● 中国西部博物馆陈列之中华白熊及小红熊猫
（据 1947 年《中国西部博物馆一览》，侯江提供）

[1] 66 年前，北碚就是花园城市[N]. 重庆晨报，2009-11-19.
[2] 中国西部博物馆. 中国西部博物馆概况. 内部资料，1947：2-12.

四、中国西部博物馆的大熊猫标本由中国西部科学院制作？

中国西部博物馆 1944 年 12 月开始展出大熊猫标本，除皮张做的充填标本外，还有骨骼与脑标本，这套标本由死于北碚的大熊猫制作而成的可能性较大。以当年的运输环境与条件，捐赠者一般送大熊猫皮，后由收藏单位制作成大熊猫皮张充填标本进行展示，这是最方便最简单的。成年大熊猫的尸体重达百余斤，从四川西部采集地运送到重庆，部分路段只有山路小路，要经过多次水陆转运和人工肩挑人抬，好几十天才能送达，即便在冬季，皮肉也早已腐烂或臭味熏天，这是护送人员不愿意看到的，其毛皮上的毛可能因皮腐烂而脱落，这样皮也是不能用于皮张标本制作的。若在采集地制成完整的骨骼标本、大脑标本也不是一件容易的事，耗费的时间长、技术要求高，大脑、内脏标本还得装在容器中，用酒精或福尔马林液浸泡，面临相关材料获取难、标本成品运输难、成本高的窘境。故此系列标本在距离北碚千公里外的大熊猫产地制作的可能性不大。

从中国西部博物馆留存的图片资料，1947 年 8 月制作的《中国西部博物馆一览》的《中华白熊的自然环境》来看，当年的熊猫皮完整，姿态好，是专业人士所为。民间非专业人士剥制兽类毛皮作褥或皮衣，一般从兽类四肢的腕处环割，并不需要肢端的皮毛，这样的皮张难以复原成良好的姿态标本。当年参与中国西部科学院生物研究所历年采集标本工作的杜大华的记述可以佐证这一点。

1934 年，杜大华在刊物《新世界》发文《天宝见闻录》，讲述在雅安市天全县、宝兴县开展动植物标本采集的见闻，其中有关于宝兴大熊猫的记载："白熊：此为华西特产之新种，为数不多，极难捕得，美人视之为至宝。曾经悬赏数百元，迄今未获得。今土人偶有猎得者，但以不善于饲养，又不善于剥制，均已死坏无用矣。腹部有斑纹，极美丽，富者用为卧褥，俗传卧此者，有祸福至，立可预知，至为可笑，其他用途，尚未知。"[1]故由博物馆方面或相关机构从民间猎人处收集购买土法剥制的熊猫皮的可能性不大。

在《民国时期中国西部科学院档案开发》一书中，中国西部科学院移交给中国西部博物馆的标本中有"白熊皮"，登记的收录时间是"33/12/24"。[2]根据中国西部博物馆成立于 1944 年 12 月等因素，此处"33"为民国 33 年，

[1] 杜大华．天宝见闻录[J]．新世界，1934（54）：20-29.

[2] 唐润明．民国时期中国西部科学院档案开发[M]．重庆：西南大学出版社，2018：640-641.

即 1944 年。当时人们还习惯称“大熊猫”为“白熊”。当年，中国西部科学院在宝兴采集标本，除白熊皮，还收到了雪豹、金钱豹、青猴子、小红猫熊等动物标本。

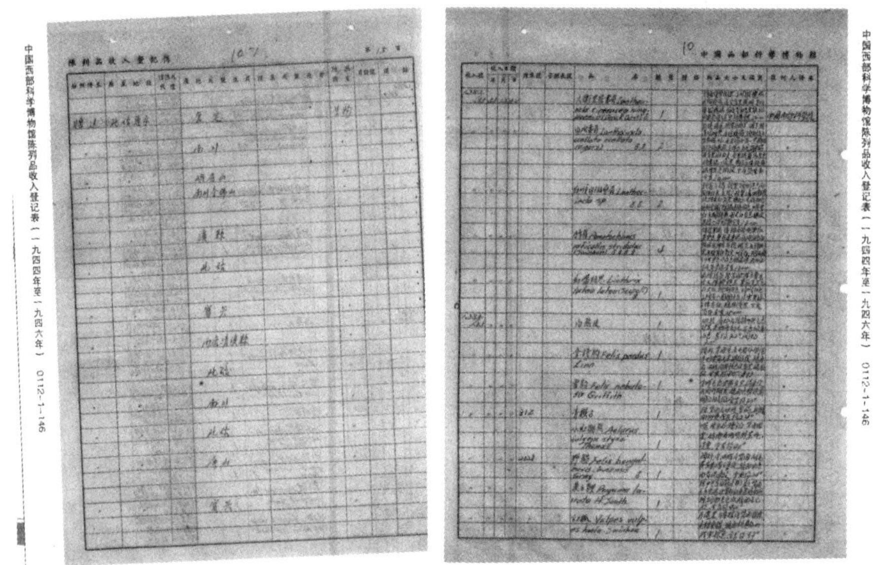

中国西部科学博物馆接收大熊猫标本的原始档案，记录中明确大熊猫标本（白熊猫皮）采集自宝兴（据《中国西部科学院档案开发》第 2 辑）

在“白熊皮”中，特别注明：“下体灰白，腹侧灰黑，下尾简白，全长 150CM。四肢、肩部及头额中央毛色棕黑，其他各部分毛色均为白色。”“产地或制造处”栏标注为“宝兴”，“从何人得来”栏标注为“中国西部科学院”，“原主地址”标注为“北碚惠宇”。

这一档案资料的记载表明，中国西部博物馆是较早拥有大熊猫标本的国内科研机构，并对外展出的国内机构。惠宇楼是中国西部科学院理化研究所旧址。1937 年抗日战争爆发，原在南京的中国科学社生物研究所于同年 10 月内迁到北碚，也借住在惠宇楼。[1]

博物馆制作为姿态标本的大熊猫标本是中国西部科学院制作，还是中国科学社生物研究所制作的？

[1] 侯江. 中国西部科学院研究[M]. 北京：中央文献出版社，2012：196.

1914年夏，几位留美学生感于中国科学的落后，在美国康奈尔大学酝酿创立“科学社”，次年元月在上海发行《科学》月刊，旨在向国内传输科学。同年10月25日，“科学社”正式改组为中国科学社，以“联络同志，共图中国科学之发达”为宗旨，成为真正的科学学会团体。1918年，中国科学社迁回国内。科学社除出版刊物外，还建设科学图书馆，参与设计改良科学教育，审定科学名词，参与国际科学会议，建立科学咨询处，举行学术讲演。1922年8月，在秉志等社员的一再倡议下，中国科学社组建的第一个研究机构——中国科学社生物研究所在南京成立，这是我国继1913年成立的地质调查所之后建立的第二个科学研究机构，也是中国近现代第一个民间生物学研究机构，开启了民间科研机构研究生物学之先声。中国科学社原计划创立其他学科的研究所，但限于经费、设备等原因，只创办了生物研究所。生物研究所主要开展生物的调查与采集，并在此基础上进行生物学研究。其调查、采集的范围较为广泛，“北及齐鲁，南抵闽粤，西迄川康，东至于海”。

有“中国解剖学的先驱”之称的卢于道（1906—1985），是《科学画报》的创始人，1947年，他在《科学画报》上撰文《行将绝迹的大猫熊》，呼吁保护大熊猫。作为神经解剖学家、生理心理学家，科普先驱，九三学社创始人之一，人脑研究的先锋旗手，卢于道不仅研究人脑，在20世纪40年代任内迁至重庆北碚的中国科学社生物研究所、复旦大学生物系教授期间，曾解剖过大熊猫，写过一篇论文《大熊猫的脑》，其内容提要发表在1943年出版的《读书通讯》，内容提要为：“大熊猫为中国四川之特产，其形如熊，脑形状亦近似。普通之熊脑，额叶特别发达，视区不善发达。颞叶则较猫狗脑为更发达。显然其脑形态表示其为高等食肉类，详细研究尚待进行。”[1]1957年7月，卢于道在《解剖学报》发表《大猫熊脑子之外形》一文，不仅有详细的研究成果，还讲述解剖标本的来源：“抗战期间，前中国科学社生物研究所在四川北碚时，北碚公园所饲养的一头大猫熊（俗名熊猫）死了。他们将死了大熊猫送到所里来。因此，我们有这个机会，取出脑子来作观察。如图1-5所示。这是很稀有的材料。”[2]故卢于道整理当时的札记，完成了研究报告。

[1] 卢于道．中国动物学会论文提要：大熊猫（*Aeluropus melanoleucus*）脑之初步报告[J]．读书通讯，1943（79-80）：47.

[2] 卢于道．大猫熊（Giant panda，*Aeluropus melanoleucus*）脑子的外形[J]．解剖学报，1957（3）：221-231.

中国科学社的黄似馨也进行过大熊猫脑和人类大脑的比较研究，形成论文《大猫猫之脑血管分布》，其内容提要作为中国科学社第二十三届年会论文提要发表在1943年出版的《读书通讯》上。内容如下："大猫熊脑之血管分布，可以和灵长类相比，动脉管长圆形，中大动脉分布甚广，而前动脉及后动脉较灵长类者分布区域较小。"1941年《科学》推出了一组介绍中国科学社研究成果的稿件，同时介绍了黄似馨、卢于道等人近期研究成果："本所黄似馨君取四川特产之大猫熊（The giant panda）脑而观之，与灵长类之脑相比较，知前者动脉管分布短而少，惟分布于小脑延脑等处之基底动脉较长且粗大，可知大猫熊大脑所获得之血液不及高等灵长类之多，其功用亦较逊，而小脑延脑等处之血管分布既繁，其功用并不亚于灵长类动物。"[1]如此看来，当年中国科学社生物研究所拥有大熊猫的脑标本，且黄似馨、卢于道均对其进行解剖与观察，脑标本来源于北碚公园所饲养的大猫熊死后制作，时间为1941年前。

新快报调查记者刘虎的博文《重庆市民集体命名了大熊猫》[2]提到，重庆自然博物馆陈列馆曹幼枢副研究员的父亲曹泽金曾参加过筹建西部博物馆。曹幼枢还讲述说，卢作孚在20世纪30年代就曾派人前往川西等地采集各种动植物标本，包括希望采得熊猫标本，但未能如愿。1939年，重庆北碚平民公园（今北碚公园）和上海兆丰公园（今中山公园）曾分别饲养一只大熊猫，均时间不长，是我国饲养最早的大熊猫。当年，前往观看者人山人海，因酷暑难耐，大熊猫还曾被送上缙云山避暑。北碚平民公园的熊猫死亡后被捐赠给博物馆，上海的那只则在战乱中不知去向。按此文观点，1944年12月中国西部科学院移交给中国西部博物馆的标本"白熊皮"，为在北碚饲养的熊猫死后制作。

刘虎的说法有一硬伤，中国西部科学院生物研究所于1931年夏成立，1937年春因经费困难，所有工作暂行停止，只留职员一名管理标本仪器。[3]据《中国西部科学院1939年度工作概况》，"生物研究所现在工作仅限于生物标本采集制作，（民国）二十八年（即1939年）度曾经采集标本216种，已

[1] 科学思潮[J]. 科学，1941（9-10）：559.

[2] 刘虎，重庆市民集体命名了大熊猫[EB/OL]. http://tigerliuhu. blog. sohu. com/143777802. html.

[3] 唐润明. 民国时期中国西部科学院档案开发[M]. 重庆：西南大学出版社，2018：348.

制成 181 种”[1]。与 1937 年前，每年上万号动植物标本的采集量相比，这点采集量只能算零头。 据《民国时期中国西部科学院档案开发》，1937 年 7 月至 1938 年 1 月的月度工作报告，只有理化所、农林所、地质所的内容，没有生物研究所的内容。在 1938 年 3 月月度工作报告安排给生物研究所的经费 20 元，而在同月，安排给理化所、农林所、地质所的经费分别是 708 元、81 元、121 元。[2]笔者推测，此时的生物研究所早已名存实亡，工作骨干流失殆尽。纵观中国西部科学院 1938 年后的经费支出，安排给生物研究所的经费多为留守人员的薪金，留守人员数量有限，为 1 人，工作经费极少，甚至在有些月份和季度没有工作经费。估计采集制作的标本多为北碚周边的植物标本。

北碚平民公园 1939 年才开始饲养熊猫，且于 1940 前后死亡，大熊猫死亡时，中国西部科学院生物研究所已经停办，估计专业制作标本的人员早已各奔东西，而制作大熊骨骼、皮张标本的工作量大、专业技术要求高，恐一人难以完成，而管理标本仪器的那名留守人员也恐怕难以胜任。

中国西部科学院一隅，左侧挂牌为“中国西部科学院”，右侧挂牌为“中国西部科学博物馆”（据高碧春《中国西部科学院旧址陈列馆》）

[1] 唐润明. 民国时期中国西部科学院档案开发[M]. 重庆：西南大学出版社，2018：361.
[2] 唐润明. 民国时期中国西部科学院档案开发[M]. 重庆：西南大学出版社，2018：315.

根据上述资料分析，笔者认为这具大熊猫标本是在中国西部科学院的旧址——惠宇楼制作的，制作为标本后就保存在惠宇楼，后来成为中国西部博物馆的陈列品，制作单位为中国科学社生物研究所。高碧春所撰的《中国西部科学院旧址陈列馆》上，有一中国西部科学院门口的老图片，左侧挂牌为“中国西部科学院”，右侧挂牌为“中国西部科学博物馆”。[1]中国西部科学博物馆于 1944 年 12 月挂牌成立，于 1945 年 7 月，改名为北碚科学博物馆，次年 10 月 1 日又更名为中国西部博物馆。此图片应该是拍摄于 1944—1945 年，反映了中国西部科学院与中国西部博物馆的关系。

中国西部博物馆陈列之中华白熊之自然环境（据 1947 年《中国西部博物馆一览》，侯江提供）

[1] 高碧春. 中国西部科学院旧址陈列馆[J]. 红岩春秋，2021（8）：21.

平民动物园饲养的大熊猫死后，被送到借住惠宇楼中国科学社生物研究所，卢于道等研究人员制作了其脑标本，并对其进行了全方位的观察解剖，完成和发表相关论文。笔者推测，卢于道等人视这具大熊猫遗体为珍贵材料，故对其进行全方位的利用，分别制作了皮张标本、骨骼标本、内脏标本等。因为中国科学社生物研究所借住在中国西部科学院的旧址，而且中国西部科学院生物研究所也在惠宇楼设有剥制标本陈列室[1]，可能被误为大熊猫的系列标本为中国西部科学院制作收藏。

笔者推测还有一种可能：博物馆展出的大熊猫姿态标本为中国科学社生物研究所制作，其来源为平民动物园饲养的大熊猫死后制作；而中国西部科学院生物研究所的确也在野外考察与标本采集中，收集到大熊猫皮张标本，在组建中国西部博物馆时，也贡献出来移交给博物馆，博物馆方面在登记时，据实在“从何人得来”填写为“中国西部科学院”。

若是这样，中国西部科学院收集到大熊猫标本的时间不详、采集人不详，采集时间可能为中国西部科学院生物研究所野外采集标本活跃的 1930 年至 1937 年。其采集地点如“中国西部科学博物馆陈列品收入登记”中登记的“宝兴县”。

中国西部博物馆员工在制作动物标本（据 1947 年《中国西部博物馆一览》，侯江提供）

[1] 侯江．中国西部科学院研究[M]．北京：中央文献出版社，2012：67.

1937 年前，学界还没有在陕西省秦岭发现大熊猫，也未见中国西部科学院生物研究所在陕西省、甘肃省大熊猫产区活动的记录，而中国西部科学院在 1937 年前组织多批人员在宝兴县进行过考察与标本采集。可能因为这具标本是收购的大熊猫皮，并不是考察队员亲手捕捉、品相也不好，故没有大肆宣传和有意详细记录相关信息。若是直接收购猎人手中的标本，皮张不完整、质量不高，移交给博物馆后，可能并未展出。

1945 年的《北碚科学博物馆概略》中说："动物部门陈列品，包括脊椎动物和无脊椎动物二部分，陈列鸟类标本 345 号、兽类爬虫类鱼类标本 136 号及昆虫标本 1 712 号，均系中国西部科学院历年调查采集所得，由中国科学社生物研究所和中央研究动物研究所整理。"[1]《中国西部博物馆概况》（1947 年版）在介绍生物馆时说："中国西部科学院于抗战前五年之间，曾按年分区派员工作，所得植物标本甚多，全部移赠本馆，植物陈列室系由中国科学社生物研究所及中央研究院植物研究所协同整理，陈列标本七千号……藻类及苔藓标本乃中央研究院植物研究所赠，川康药用植物素称丰富，室内陈列之药用植物标本系中国科学社生物研究所赠送……动物部门陈列室，开馆时共计三大间，系由中央研究院动物研究所整理，标本为中国西部科学院历年采集所得而移赠于本馆。"[2]1944 年，在筹建中国西部博物馆时，中国科学社生物研究所在惠宇楼办公，参与了动植物标本的整理陈列，而且设立的中国西部博物馆本身也在惠宇楼。笔者推测，中国科学社生物研究所在整理动植物标本时，顺便将他们制作的大熊猫皮张、骨骼、内脏标本一并贡献出来，而这一套完整的大熊猫标本，来自曾经在北碚平民公园饲养展出的大熊猫。

根据《民国时期中国西部科学院档案开发》，中国西部博物馆的陈列标本

[1] 唐润明. 民国时期中国西部科学院档案开发[M]. 重庆：西南大学出版社，2018：566.

[2] 中国西部博物馆. 中国西部博物馆概况. 内部资料，1947：10-11.

中有“白熊皮”，采集地点为“宝兴”。[1]中国保护大熊猫研究中心的官方网站 2009 年刊发了《大熊猫圈养繁殖进展》，文中有这样的表述：“1938 年 11 月，宝兴县捕获一大熊猫运重庆北碚平民公园（今北碚公园）饲养。”[2]侯江在《科学的殿堂 传奇的故事——中国西部科学院八十年历史寻踪》也说：“英国的丹吉尔·史密斯在四川西部汶川等地高价收购了 12 只活体大熊猫，其中 1938 年 11 月在宝兴捕获的一只，于 1939 年 8 月 11 日送给了北碚平民公园饲养展出。”[3]

综合上述资料，可作这样的推论：北碚平民公园的大熊猫来自四川省雅安市宝兴县，大熊猫死后被捐赠给中国西部科学院所属的平民公园饲养展出，死后被借住在中国西部科学院原办公楼内的中国科学社生物研究所制作成系列标本，并于 1944 年 12 月中国西部博物馆开馆时展出。若是这样，可以得出这样的结论：北碚平民公园最早饲养展出的活体大熊猫、中国西部博物馆最早展出的大熊猫标本，其熊猫的籍贯为四川省雅安市宝兴县，且为同一只大熊猫。

五、中国西部博物馆的大熊猫标本消失了？

1949 年重庆解放后，中国西部科学博物馆由西南文教部接管，馆名先后改为“西南人民科学馆”“西南博物院自然馆”“重庆市博物馆”“四川省重庆自然博物馆”。1991 年，四川省重庆自然博物馆恢复独立建制。1997 年，重庆市直辖，四川省重庆自然博物馆正式更名为重庆自然博物馆。

在与西南大学生命科学学院何学福教授交流中，他提到一件令他难以释怀的事，他供职的西南师范大学生物学系（今西南大学生命科学学院），曾经

[1] 唐润明. 民国时期中国西部科学院档案开发[M]. 重庆：西南大学出版社，2018：640-641.
[2] 大熊猫的圈养繁殖进展[EB/OL]. http://www. huaxia. com/zt/rdzz/05-065/528913. html.
[3] 侯江. 科学的殿堂 传奇的故事——中国西部科学院八十年历史寻踪[N]. 北碚报，2010-10-08（6）.

培养出了大熊猫研究专家胡锦矗，却至今还没有大熊猫标本，而重庆自然博物馆一大一小的大熊猫标本，却在20世纪80年代（实为2000年左右）的展出中失窃，公安也未破案，失踪的大熊猫标本的制作年代可能较久远。20世纪80年代，林业与公安部门曾经从民间等渠道收了很多大熊猫皮张，生物学系努力协调争取，也未能得到用于教学研究的大熊猫标本。

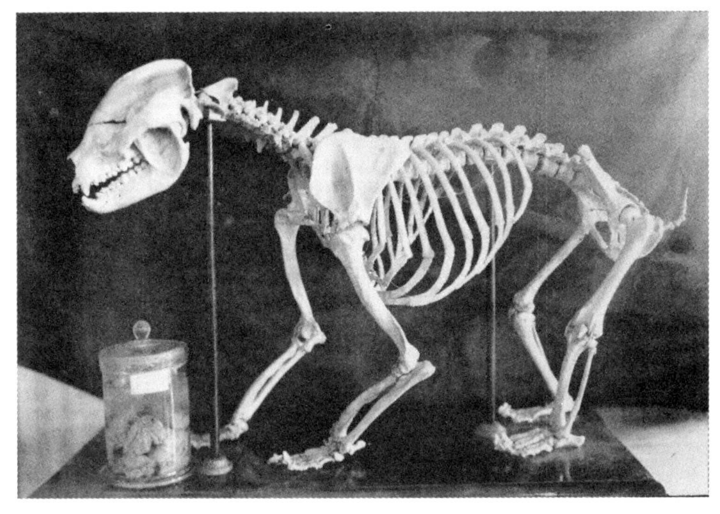

● 中国西部博物馆陈列的中华白熊骨骼及其脑标本
（据1947年《中国西部博物馆一览》，侯江提供）

重庆自然博物馆坐落在缙云山麓、北碚区文星湾，集科普、文物、园林于一体，中国西部科学院及中国西部博物馆是其前身。目前，馆藏动植物标本12万余件，高等动物1 000余种，占全国高等动物总数的40%，珍贵动物54种，占全国种数过半。无脊椎动物3万余件，分属8个门、20多个纲。植物221科、1 500属、2 400多种，其中珍稀植物35种。其中不少是中国西部科学院及中国西部博物馆制作的动植物标本。

笔者1987年在西南师范大学生物学系读书时，一次动物学课程有半天到重庆自然博物馆参观学习，印象较深的是：其藏馆标本丰富，远超过学校标本室，不少是模拟动物生活环境陈列，如有些蛇的标本就是绕在树枝上的，而学校的蛇标本是用福尔马林浸泡在玻璃缸中的。当第一次看到一种蛙的标本标注的中文学名叫“宝兴树蛙”时，我甚感震惊与自豪，当时就在想，这只蛙何年从我的家乡宝兴县来到这里的？这里还有多少标本来自雅安、来自宝兴？用宝兴命名的动植物还有多少？

近年随着资料的收集，又有新的疑问，中国西部科学院最早制作标本的熊猫也来自雅安？它是国人制作的国内第一具熊猫标本吗？这具标本现在在哪里？

● 重庆自然博物馆展出的大熊猫标本（刘彬 2015 年拍摄）

就此，几年前与重庆自然博物馆生命科学部副主任胥执清研究馆员有过电话沟通。他介绍说：“中国西部科学院抗战期间曾经是科学家的避难所和聚集地，特别是生物学和地学专业的科学家。因为单位的历史传承和工作原因，我曾经对当年的西部科学院作过肤浅的研究。解放后国家授予的中科院学部委员（院士）中，有 21 位曾在中国西部科学院工作过，他们在此有过很多研究成果。我在博物馆已经工作 20 余年，现在展出的大型兽类馆藏标本，从成色、工艺推测，大部分标本应制作于 20 世纪 70 年代以后；也有部分馆藏标本是 20 世纪 30、40 年代制作的，但以小型标本为主。博物馆历经战争、‘文化大革命’等动荡和受保藏条件的制约，馆藏物品有损毁，很多原始资料、一手资料遗失。至于中国西部科学院最早制作展出的熊猫标本是否还在，需要进一步查实与清理。”胥执清还介绍说，他们目前正紧锣密鼓地进行全国首次可移动文物普查，中国西部科学院、中国西部博物馆等采集、制作、展览大熊猫标本史实的真伪和细节，也许会有进一步的揭示。

第九章

雅安考察面临的主要困难

朱昊在《中国西部科学院科学传播方式研究（1930—1938 年）》中说："中国西部科学院从成立之初就历尽艰辛，正常运作的时间不到八年，且一直面临着资金困难、科研人才缺乏等诸多困难，但西部科学院的各级职员还是以超强的毅力和顽强的科研精神让科学之花终于在北碚这片土地上绽放，完成了一次科学的本土化过程，同时也是一次成功的民众科学教育运动。"[1]

从 1928 年中国科学社生物研究所方文培携少年义勇队学生杜大华到雅安采集开始，至 1938 年因经费不足中国西部科学院生物研究所野外采集工作中止期间，中国西部科学院及少年义勇队有多批人员先后在雅安进行科学考察和标本采集，或路过雅安顺路进行考察和标本采集。他们不惧交通不便、匪患和战争等带来的不确定性和风险，在雅安境内跋山涉水，足迹遍布八区县。

一、战火绵延

1911 年（清宣统三年）10 月 10 日武昌起义打响第一枪，辛亥革命爆发。11 月 22 日重庆建立蜀军政府，27 日成都建立大汉四川军政府。从此时起，四川（包括雅安）脱离清王朝统治。1912 年元旦，孙中山在南京就任临时大总统，宣告中华民国成立。4 月 27 日，重庆蜀军政府与成都大汉四川军政府合并，在成都成立中华民国四川军政府。辛亥革命后，从 1912 年到 1934 年，四川全境处于军阀混战之中，战争不断，大小军阀在其所割据的防区内，总揽民、财、教、建大权，征兵、征粮、征税；名义上虽有省级行政机构，实际上并不能充分行使权力。[2]主政雅安的军阀在二三十年间，数度换主，并为争夺雅安而混战。

民国时期第一个主持雅安政局的是陈遐龄。1907 年（清光绪三十三年），陈遐龄任标统驻防雅州。1917 年 10 月，担任川边镇守使。次年 2 月，北京政府正式任命他为川边镇守使加"福威将军"衔。

1918 年，四川靖国军总司令熊克武，要川边镇守使陈遐龄回驻川边（今甘孜、昌都等地），将雅安交给川军第四师（师长刘成勋）。1920 年 5 月，川、

[1] 朱昊. 中国西部科学院科学传播方式研究（1930—1938 年）[J]. 科普研究，2018，13（4）：91-103.
[2] 耿俊杰，王杰. 雅安史略[M]. 成都：四川大学出版社，2010：167.

滇、黔三省靖国联军总司令唐继尧发动倒熊（克武）之战，刘成勋奉熊克武之命率部参战，陈遐龄乘虚进驻雅安，并在川军内讧中与刘成勋为敌。1924年，刘成勋（1920年8月任川军第三军军长）部兵发雅安，与陈遐龄争夺雅（安）宁（西昌）防区，爆发被称为“三边两军”（川、滇、黔三省及四川陆军第三军和川边陆军）之战。[1]结果，陈遐龄部兵败，刘成勋部占据雅安。

1925年春，北京政府任命的四川军务善后督办、国军第16师师长杨森发动“统一之战”，刘成勋在川西的防地尽失。川边军孙涵、羊仁安等旅向雅安进攻，于4月26日占领荥经，29日前后占领雅安、名山、夹江等县，刘成勋部向乐山、宜宾撤退。秋季，杨森失败。8月24日，刘湘主持在自流井召开会议，刘成勋恢复川西防区和雅、宁（西昌） 两属防区。刘成勋重占雅安之后兼并川边陆军，任西康特别行政区屯垦使兼民政长。[2]

国民革命军北伐胜利后，刘成勋的部队被编为国民革命军第二十三军，刘成勋任军长，驻防上川南的宁、雅、邛、嘉等23县及西康15个县，军部设在雅安。雅安是上川南道各县的政治、军事和文化中心，雅安的各项建设事关刘成勋的颜面，为此他在城市建设、教育等方面作出了不少努力。[3]正当刘成勋励精图治经营雅安时，爆发刘文辉兼并刘成勋之战。

刘成勋防区中的双流、新津、彭山等地，阻隔着第二十四军军长刘文辉由成都至乐山、宜宾的防区。刘成勋极力靠拢刘文辉的对手刘湘（第二十一军军长），使刘文辉不满。

1927年6月6日，刘文辉以民众控告刘成勋作口实，通电声讨刘成勋，宣称为解救民众和西康的前途而“破除友谊，忍痛用兵”。结果，刘成勋战败，刘文辉收编刘成勋部约1万兵，驻军西康，与川南、川西防区连成一片。曾任川军总司令、四川省省长的刘成勋于6月29日通电下野，带数十名弃兵和一连步兵回原籍大邑，1945年逝去。

刘文辉兼四川省政府主席、川康边防总指挥、第二十四军军长等职，占据川康81县，有5个师、3个路、3个独立旅、7个司令，总兵力为11.3万

[1]《雅安市志》编纂委员会. 雅安市志[M]. 北京：方志出版社，2020：587-588.

[2]《雅安市志》编纂委员会. 雅安市志[M]. 北京：方志出版社，2020：587-588.

[3] 耿俊杰，王杰. 雅安史略[M]. 成都：四川大学出版社，2010：175.

余人；刘湘身居四川善后督办、第二十一军军长等职位，占有川东、鄂西46县，有6个师、3个路、3个司令，总兵力10.15万人。为独霸四川，刘湘托人转呈给蒋介石《安川计划》，下决心攻打刘文辉。刘湘与川军将领邓锡侯（第二十八军军长）、田颂尧（第二十九军军长）、杨森（第二十军军长）、李家钰（四川边防军总司令）、罗泽州（第二十三师师长）、刘存厚（川陕边防军总司令）等结成联盟（称“安川军”）。罗泽州于1932年10月1日向刘文辉驻南充的林云根部打响第一枪，揭开二刘大战序幕。双方投入兵力20余万，经过泸州、成都、毗河等战役，刘湘取得优势。1933年8月中旬后，刘文辉的岷江防线全面崩溃。8月16日，刘文辉率1个营的卫队退到雅安。安川军随即尾至青衣江边，刘文辉见大势已去，将余部托给副军长向育仁和师长夏首勋、冷寅东，于8月17日撤离雅安，率刘元瑭、高育琮2旅经荥经县退到汉源县九襄镇。

刘文辉的大哥刘升庭前往刘湘处，晓以家族情谊，求侄儿刘湘看在叔侄情分上放刘文辉一条生路。蒋介石为避免日后刘湘独霸川康，也有意保留刘文辉，以牵制刘湘。当时，中国工农红军第四方面军在川陕边区日益发展壮大，蒋介石授刘湘以四川“剿匪”总司令衔，一再催促其调头去“围剿”红军。刘湘于9月6日与刘文辉联名通电停止敌对行动。10月8日，安川军撤离雅安。10月24日，刘文辉抵达雅安。二刘大战历时数余年，刘文辉部减员至不足2万人，防区丢失近五分之四，偏居西康一隅。刘湘占地、扩军，后担任四川省政府主席、川康绥靖公署主任。[1]

民国时期的雅安，不仅军阀之间抢地盘互攻，而且驻军与地方势力也冲突不断，破坏社会经济发展秩序，殃及地方百姓，让当地群众苦不堪言。

1925—1926年，川南边防军丁佑良团与天全独立二团，因收编地方武力，强征民间枪支，与地方势力发生武装冲突。地方势力集结武力于天全城西北大岗山，鸣枪鼓噪，冲击县城，意消灭丁良佐部。丁良佐被困城中，后经谈判，达成让丁良佐率部撤离天全的协议，丁良佐到雅安以后投靠贺中强部（原川边陆军旅长）。不久，川南边防军瓦解。

[1] 《雅安市志》编纂委员会. 雅安市志[M]. 北京：方志出版社，2020：588-589.

1927 年冬，天全县永盛乡袍哥大爷曹茂松及几名兄弟进县城，与二十四军驻天全的士兵发生争执被打伤。同年 10 月 10 日晚，李松营的官兵在会餐中喝醉，曹茂松的人马杀掉枪械仓库卫兵，撬锁入室盗取枪支并杀死 10 余名官兵，拿走全连 100 多支枪，李松集合 2 个连追击无果。驻雅安的旅长张为炯接到李松的报告后，要派军进剿。天全县推举绅士杨鹤山出面谈判，议定由曹茂松退还所抢武器，由民众捐款办理死伤官兵殓葬和医疗等事项，方告平息。

1934 年 10 月，红军开始长征。1935 年 5 月，中央红军在石棉县安顺场强渡大渡河，夺取泸定桥，然后翻越泥巴山、二郎山，过荥经、夺天全、攻芦山，1935 年 6 月 17 日经宝兴县翻越夹金山与红四方面军会师。毛泽东、周恩来、朱德、刘少奇、邓小平、陈云等老一辈无产阶级革命家率部在雅安浴血奋战，留下革命的火种和红色的记忆。1935 年 10 月，红四方面军南下，相继占领雅安地区各县，剑指川西坝子。11 月，南下红军集中 15 个团的兵力，在名山百丈与 80 个团的国民党军队展开生死决战。战后，南下红军在天全、芦山、宝兴一带与敌相持，发动群众，成立地方党组织和苏维埃政权，建立革命根据地。1936 年 2 月，南下红军全线撤退，再越夹金山，重返北上抗日的征途。雅安人民参军参战，无私奉献人力、物力、财力支援红军，为中国革命和人民解放事业做出贡献。[1]

民国时期，各类战争、战斗，以及发生于地方的争斗，给当时中国西部科学院的调查增添了不确定性与困难。

1928 年春，中国科学社生物研究所方文培由南京出发到川西考察，到达重庆后接洽重庆军政长官，请求通电沿途军警团防，加以保护。卢作孚从少年义勇队的学生中选出杜大华等人作为助理员协助采集。采集队一行十余人，肩挑背扛采集制作标本的专用材料、物品以及行李，由重庆向南川行进，在金佛山等地采集。方文培在《川康植物标本采集记》中写道："綦江县东之老瀛山高五千余英尺，为綦江县最高之山。六月八日至十一日均在斯山採集，斯山植物与金山下半部略同。时因川东战事愈烈，赖德祥部退綦江特别戒严，

[1] 《雅安市志》编纂委员会. 雅安市志[M]. 北京：方志出版社，2020：588-547.

旅行采集，均感不便，不得已，途停止采集往綦江县城，请县知事设法，护送离綦。县知事以军事期中，交通断绝，虽奉有上峰明令特别保护，亦束手无策。斯时也，欲离綦他往，则交通断绝；欲留綦候时局平静，则虚度时日，深为可惜。后得津、綦、巴、南清乡大队长周化成先生设法保护，始得于六月十九日安全到重庆。此时川东南均系军事区域，遂商同人直经川北往川西。”[1]

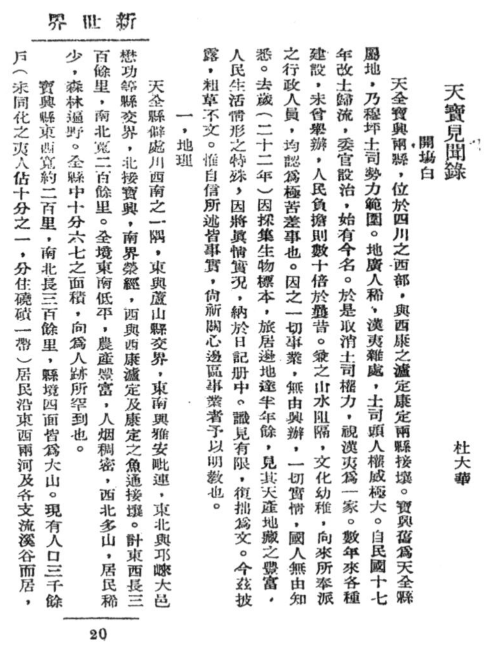

新世界

天寶見聞錄

杜大華

開場白

天全寶興兩縣，位於四川之西部，與西康之瀘定康定兩縣接壤。寶興舊爲天全縣屬地，乃穆坪土司勢力範圍。地廣人稀，漢夷雜處，土司頭人權威極大。自民國十七年改土歸流，委官設治，始有今名。於是取消土司權力，視漢夷爲一家。數年來各種建設，未曾舉辦，人民負擔則數十倍於疇昔。彙之山水阻隔，文化幼稚，向來所奉派之行政人員，均認爲極苦差事也。因之一切事業，無由舉辦，一切實情，國人無由知悉。去歲（二十二年）因採集生物標本，旅居該地達半年餘，見其天產地藏之豐富，人民生活情形之特殊，因將眞情實況，納於日記册中。識見有限，復拙爲文。今茲披露，粗草不文。惟自信所述皆事實，倘新關心邊區事業者予以明教也。

一，地理

天全縣僻處川西南之一隅，東與蘆山縣交界，東南與雅安毗連，東北與邛崍大邑懋功等縣交界，北接寶興，南界滎經，西與西康瀘定及康定之魚通接壤。計東西長三百餘里，南北寬二百餘里。全境東南低平，農產豐富，人烟稠密，西北多山，居民稀少，森林遍野。全縣中十分六七之面積，向爲人跡所罕到也。

寶興縣東西寬約二百里，南北長三百餘里，縣境四面皆爲大山。現有人口三千餘戶（余同化之夷人佔十分之一，分住磽磧一帶）居民沿東西兩河及各支流溪谷而居，

20

杜大华所撰的《天宝见闻录》（据《新世界》1934 年第 54、55 期）

1933 年春，俞德浚在京、沪争取到中华教育文化基金会对中国西部科学院植物部五年采集计划中采集经费的补助，补助当年开始拨付。有了额外的经费支持，俞德浚组织采集的信心与底气更足了，故亲率植物部全体人员外出调查采集。原计划分为三组：第一组赴川西北一带，如松潘、汶川茂县以及川甘边境各地，由杜大华率领。第二组赴川西天全、宝兴、懋功（今小金县）、灌县（今都江堰市）以及川康边境等处，由俞德浚亲自带队，成员有孙

[1] 方文培，章树枫. 川康植物标本采集记[J]. 科学，1929，13（11）：1509-1521.

祥麟。第三组由彭彰伯率领，在峨眉、峨边两地，搜罗苗木种籽。1933 年 5 月 13 日，他们从北碚出发，经水路到合川后，换乘汽车，经安岳、乐至、简阳等，抵达成都。当时，省内军阀战争爆发，经郫县、灌县到川西北的交通阻断，不得已改变行程计划和人员分组，一二两组合并到雅安。

1935 年 5 月，在中国科学社任采集员的曲仲湘到中国西部科学院兼任生物研究所植物部主任。曲仲湘上任后，继续实施川康植物调查采集计划，还亲率队伍到南川、巫山县等地采集标本。1936 年 3 月，曲仲湘率队到达天全，成员有杨宏清、孙祥麟。 此前一个月，在雅安天全、宝兴、芦山、雨城等地征战的红四方面军撤离雅安，翻越夹金山，重返北上抗日的征途。杨宏清在《天芦宝三县之采集工作》[1]中提到，因红军在雅安与国民党军队的对抗与战斗，导致天全县物价异常增高，宝兴县城等处的农房受损，给他们的衣食住行带来了难度。

二、安全保障堪忧

刘文辉在西康对罂粟明禁暗种，致使地方政府与地方势力冲突不断，民间械斗不息，百姓受鸦片毒害，加之禁烟政令又受到地方武装抗拒，百姓更添杀戮之祸。民国时期，雅安境内鸦片泛滥，土匪横行，四处抢劫。因政令不一多变，派系林立，地方势力占山为据。驻军以及民众武装多次清乡剿匪，所剿、关、杀者，既有恶贯匪徒，也有罪不该诛者或有替罪冤者。

1940 年 5 月 24 日，芦山县升恒乡（1955 年 11 月将升恒、隆兴并为升隆乡）程志文犯抢劫罪，县长宋琅密令该乡乡长张德睿捕杀，其弟程志武（县国民自卫中队队副）因包庇哥哥而被捕入狱。程志武刑将处决前夕，串通同监的 20 人，在亲友接应下，诱杀哨兵，越狱逃往宝兴，投靠袍哥大爷焦海珊，组织避难自卫队，年余拉起 50 多人的队伍，以硗碛为据点，经常出没于锅巴岩一带拦路抢劫。程志武遭到刘文辉二十四军的围剿。1945 年 4 月中旬，程志武联络大邑、邛崃、名山、雅安、天全、宝兴、芦山等地的武力共计 2 500 余人围攻芦山县城。

[1] 杨宏清. 天芦宝三县之采集工作[J]. 工作月刊，1936，1（3）：115-116.

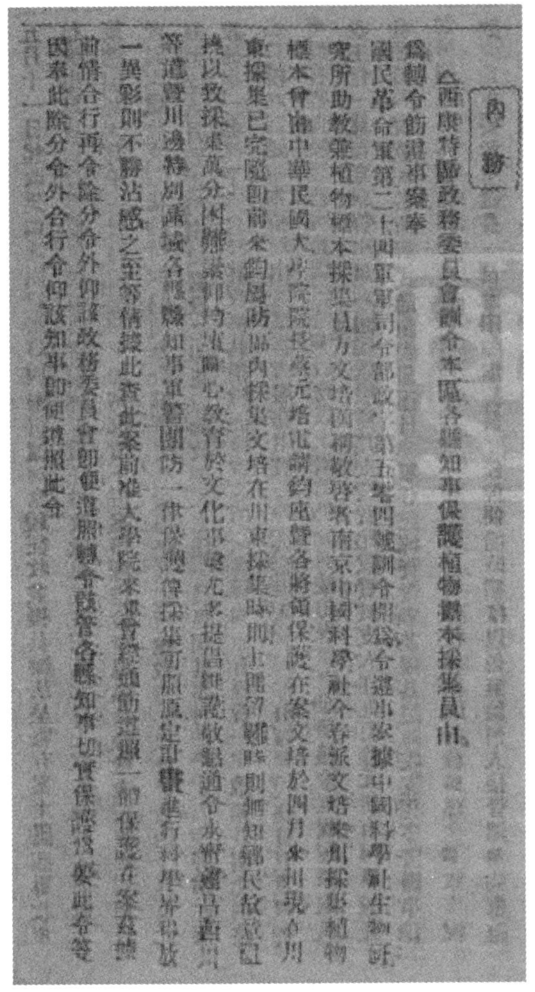

內務

△西康特區政務委員會訓令本區各縣知事保護植物標本採集員由

爲轉令飭遵事案奉

國民革命軍第二十四軍軍司令部政字第五零四號訓令開爲令遵事案據中國科學社生物研究所助教兼植物標本採集員方文培函稱敬啓者南京中國科學社今春派文培來川採集植物標本曾由中華民國大學院院長蔡元培電請鈞座暨各將領保護在案文培於四月來川現在川東採集已完還由前來鈞屬防區內採集文培在川東採集時則土匪[illegible]時則無知鄉民故意留難以致採集成分困難務請鈞座均本熱心教育於文化事業尤多提倡維護敬懇通令[illegible]等遵暨川邊特別區域各縣縣知事軍警團防一律保護俾採集可順[illegible]進行科學界幸甚[illegible]一與影則不勝沾感之至等情據此查此案前准大學院來電[illegible]飭遵照一體保護在案茲據前情合行再令除分令外仰該政務委員會即便遵照轉令該管各縣知事切實保護爲要此令等因奉此除分令外合行令仰該知事即便遵照此令

● 1930年，中国科学社方文培率少年义勇队学生在西康采集植物标本，西康特区政务委员会训令各县知事予以保护（据《西康公报》1930年第12期）

1928年，方文培携杜大华等到达雅安，原计划天全采集后，北上穆坪（宝兴县），到法国博物学戴维采集过的地方进行植物采集，再由芦山县返雅安城，然而因匪患严重，不得已改变考察线路。关于此段行程，方文培如此记叙："九月一日由峨眉首途，经夹江、洪雅，往雅安，沿途土匪横行，县知事派团练护送，始于九月四日安全到雅。散闻雅安县北之天全、芦山两县，北连懋功、灌县，大山绵亘，植物种类极多。逐于九月七日由雅安往天全采集。天全位于山之中，满山丛林，植物种类诚属不少。原拟北到穆坪，再由芦山返雅安。乃天、芦一带，土匪遍地，县知事已派团练保护，仍谓不能保无危险，劝勿前往。于九月十日由天全返雅安。西康奇特植物极多，素所熟知，既返雅安，即预备西往西康。于九月十二日由雅安出发，经荥经、汉源、泸定等县，于九月二十日到康定县（前名打箭炉），沿途山路崎岖，备尝辛苦。而土匪出没不常，幸有军警护送，未遇何危险。”[1]

1933 年，中国西部科学院的刘振书在川西采集植物种籽种苗，“在峨(眉)山探集月余之后，原拟转道峨边乃以峨嘉等处，匪患所阻，中途折回，秋间刘振书君复登峨眉搜集大批之林木籽种”[2]。

雅安市内的彝族主要聚居在南部的汉源县、石棉县和荥经县。彝族自称“诺苏”，元代依其自称译为“罗罗”，后被贬称为“倮倮”，中华人民共和国成立后称“彝族”。藏族主要分布于南部和北部，南部聚居于大渡河两岸，北部聚居于宝兴县。[3]由于存在民族隔阂矛盾、风俗习惯差异等因素，民国时期，在一些区域和时段，少数民族同胞与汉族人存在戒备或敌视行为。

1932 年，俞德浚率队在川西南采集考察组，其后在乐山、峨眉山、峨边、越西、西昌、宁南、会理、盐源、冕宁、雅安等县各大山中采集，部分为彝族聚居区。他们在冕宁县的灵山寺采集标本后，走小路经拖乌翻越菩萨岗，经越西县擦罗（今石棉县擦罗乡）老鸦漩苏村，沿大渡河岸到达汉源县富林镇。在富林镇走了两天，翻越泥巴山抵达雅安城。俞德浚后来在《四川植物采集记》对此行的回忆写道：“经行蛮夷土司之境，蒙当地军政长官格外保护引导，幸可平安通过。终以夷患所阻，深山老林多未能深入之处颇为遗憾。至于当地植物分布情形之观察亦仅知其概略耳。”[4]

---

[1] 方文培，章树枫. 川康植物标本采集记[J]. 科学，1929，13（11）：1509-1521.
[2] 俞德浚. 四川植物采集记（续）[J]. 中国植物学杂志，1935，1（4）：442.
[3] 《雅安市志》编纂委员会. 雅安市志[M]. 北京：方志出版社，2020：1727-1731.
[4] 俞德浚. 四川植物采集记（一）[J]. 中国植物学杂志，1934，1（3）：325-344.

高孟先是少年义勇队成员，曾经在彝族聚居区考察。他的日记记载了1934年10月4日所发生的一幕："寻了一所宽大而清洁的房子，行李运了进去，人刚进屋，就看见山上跑下了数十夷人，执戈持枪，一声吼动，应者四起，其行动，大有开撕杀之势，更有十余夷人掷石打人，如雨般落在屋顶，幸屋面是木板盖的，无一被击，只有一力夫，稍受小伤，后经保夷多方解释，方得平了下来。结果听说这些夷人是海克家的，这房子也是他家的，他误我们是汉兵，恐于他不利，又此家曾受过汉兵之害，现在尚有交涉，所以才有此举。继后我们便让步移住魁星家的一间狭小的屋子，这时风雨大作，饥饿已达极点，进了小屋一个个倒卧地上，一声不响，好似刚才的情景，还在眼前一般。"[1]

1932 年川康植物采集团途经普格县时，"夷匪出没无常，抢掳之事每有所闻。本团所雇力夫，其中一人因黑化过深之故，担运行李遗落后方，当晚即遭抢劫，力夫惨死"。在中国西部科学院1934年4月和5月份工作报告中，总务处文书股发文"呈廿四军部为派员赴西康采集请令商西康所属军政机关保护并请发给护照""呈廿一军部为派员赴西康采集标本请发给护照""致西康采集区内军政机关请予维持函"等。[2]

可见当时治安环境状况，采集队员深入边地、少数民族区域开展工作面临风险，生命常受威胁，不得不依靠地方军警、治安力量保护。尽管寻求了保护，有些计划中的采集地也未能前往。

三、交通不便

雅安境内公路建设始于民国初期。1912年，四川军政府都督尹昌衡倡议修成都至康定"军路"，计划1914年修至雅安，虽修成但质量很差。1925年，刘成勋筹资修建成都至康定防区马路，次年修至新津、邛崃、名山百丈、金鸡关。1928年，驻军续修建原路，至1932年成雅线勉强修通，全长151千米，雅安境内49千米。

[1] 高代华，高燕. 高孟先文选[M]. 重庆：西南师范大学出版社，2016：172-173.

[2] 侯江. 中国西部科学院研究[M]. 北京：中央文献出版社，2012：78.

● 葛维汉在雅安考察时拍摄的茶马古道背夫（据 https://www.163.com/dy/article/CCN8DGKV0523E15D.html）

1935 年，蒋介石为堵截红军，将雅安至康定 210 公里的公路作为战运干线，命令限期修通。曾由国民政府交通部、四川公路局、蒋介石行营公路监理处派工程师、测量队，以及美籍技术专员凯恩浩参加勘测定线，先由工兵往天全县施工，未通。1936 年 6 月，川康公路工程处成立，雇技术人员重新开工，修到天全停工。1938 年 4 月，蒋介石再令行营拨款，二次组建川康公路工程处施工。到 1940 年 10 月 15 日举行试车，一辆小客车、一辆大卡车从天全出发，16 日抵达泸定渡口，由小型钟摆式渡船渡过小客车，大车过不去返回，小车经推拉人抬，于 20 日才到康定。这段路费时 4 年半，先后征工 13 余万人，民众饱受劳役之苦，“路工死亡三千，负伤者六千”，换来的只是川康公路的虚假通车。1941 年，国民政府交通部又成立川康公路改善工程处，由总工程师蓝田负责，经一年整修才勉强通车，公路标准极低。1945 年，改善工程处改为川康公路管理局，到 1946 年这条路遭水毁废弃。[1]

[1] 张勃，唐伯明，万宇. 川藏公路的历史探究与时代价值[J]. 桥梁杂志，2019（2）.

1935年，蒋介石下令四川省公路局整治成雅线，限期完善，9月又令赶修川康路雅康段，限次年4月完成。1935—1942年，雅安经天全至康定路段勉强打通。抗日战争胜利后，国民政府忙于内战，无暇养路，路塌桥朽，一些路段难以通车。1949年，境内仅雅安城至金鸡桥 10千米尚能通车。1940年，抗日战争战势紧迫，蒋介石下令赶修川滇西路，拨专款修建雅（安）富（林）公路。1942年5月，雅安至荥经 44千米公路修通但不能通车。1943年，西康省政府设置雅富公路雅荥段路面管理处。川康公路管理局下拨补助资金100万元并借给筑路工具，征调雅安县民工5 000人、荥经县2 500人，于11月动工铺整路面。历时3年多，动用民工近2万人，毛路基本形成但最终未能通车。1939年至1948年，国民政府多次对雅富公路荥经至富林段进行修筑，先后征调民工5万余人，耗资近3亿元（法币），耗时7年，终因组织不力资金不足未能修通。[1]

中国西部科学院和少年义勇队在雅安进行科学考察与采集标本的时段为1928年至1938年，综上所述，在此期间雅安的交通条件是很差的，只有雅安城区至成都通公路，且公路的质量很差。考察队员和标本采集员，到天全、宝兴、芦山等地工作，或经荥经、汉源、天全等地到康区工作，均需要步行或骑马，甚至从成都到雅安有时也是步行。

1936年3月4日，曲仲湘率队从北碚出发，成员有杨宏清、孙祥麟。在重庆，他们采购了野外研究考察的用品后，次日即搭乘重庆到成都的客车到达成都。当时汽车速度慢，路况差，汽车走走停停，重庆到成都走了两天。在成都他们又逗留2日，一是到省建设厅接洽办理手续，二是继续采购相关物品，并到有关机构向民众科普生物研究、四川植物资源的相关知识。省建设厅非常重视此次森林调查，派遣办事员漆联金全程参与。3月8日，他们一行人步行向雅安进发，从成都到雅安他们走了4天，顺路观察了沿途林木分布、种类情况和交通状况。

当时，成都到雅安的路虽然已建成好几年，但路况很差，车辆难行。孙祥麟感叹道：“成雅公路远不及成渝公路佳，尤其是名山到雅安段之间的金鸡

[1] 《雅安市志》编纂委员会. 雅安市志[M]. 北京：方志出版社，2020：1168-1169.

岭（关）最坏，坡度最大、泥土太重，而车辆行至此处，雇佣民夫拖拉，其危险之多也可想见也！”[1]曲仲湘一行从雅安到天全，七十余里，他们溯青衣江及其支流天全河又走了两天。

他们在林中考察，走的是崎岖的山路、小路，有的地方甚至没有路，得过偏桥、索桥、独木桥，甚至需要涉水前行。“羊肠险阻，藤棘挡道，声撼山谷，途中多依岩前行，架木而过，俗称偏桥；有时渡河，则在两岸寄（系）一二桥索，几度往返，称为索桥；在水枯时期，则用树干支持之，即独木桥也。若更上行，山益陡险，溪流渐小，非跣中涉水不能通过……自银厂坪北上沿鸦雀河进发，路益险峻，一日之间渡独木桥四五次，行程不过三十余里，桥皆圆滑，用木制成，旅客颇少，往往不加修整，则桥置于两山之谷间，又有波涛涧流之于下，人渡其间，魄飞九霄，无任惊恐！”[2]孙祥麟在《天全植物采集记》中这样记述他们的标本采集与森林调查征途和感受。

《川边季刊》曾以《西部科学院调查天芦宝大森林》为题对曲仲湘的工作情况进行记叙，文中说道：“该县（天全）交通异常梗塞，早出晚归，时间极少，即深夜亦须整理当日未完工作，未尝有片刻余闲。至大小河沿岸森林之大，区域之广，实为吾川及滇黔诸省及其他地方所仅见。闻该团在天全县再住半月后，即赴天宝接界之大山入宝兴工作。闻翻此大山须两日途程，但均森林地带，夹道崎岖，仅有采药小道可寻，人烟绝迹，山上气候寒冷，除林业药材外，不宜农产云。”[3]

20 世纪 30 年代乘木船在水深流急的金沙江上考察，生物研究所施白南、地质研究所常隆庆都遇到过翻船落水的险情。[4]此时期，雅安到宜宾，多走水路，工具为竹筏。

采集队员野外工作辛苦，“在康人员，入秋后冰天雪地仍坚持工作”。曾经多次到雅安和经雅安到康定采集标本的彭伯彰，1934 年在康定积劳成疾，返渝就医，不几日病逝。[5]

[1] 孙祥麟．天全植物采集记[J]．北碚月刊，1937，1（8）：69-73.
[2] 孙祥麟．天全植物采集记[J]．北碚月刊，1937，1（8）：69-73.
[3] 西部科学院调查天芦宝大森林[J]．川边季刊，1936，2（2）：150-151.
[4] 侯江．中国西部科学院研究[M]．北京：中央文献出版社，2012：78.
[5] 侯江．中国西部科学院研究[M]．北京：中央文献出版社，2012：72.

曾昭抡是中国化学教育与化学研究的开拓者，1939 年作为中华自然科学社西康科学考察团的主要成员，从东到西穿行雅安，后经康定到达昆明。1941 年，他率“国立西南联合大学川康科学考察团”师生，从昆明出发徒步 101 天考察川康，再次踏入雅安。曾昭抡对野外考察之苦与险有切身体悟，他事后回忆考察历程时说：“我说旅行‘苦’，在这些地方，根本不能成为问题，因为在这些地方成为问题的，不是苦和乐，更不是干净和肮脏，而是死和活。”[1]曾昭抡考察川康的体悟，在一定程度上反映了当年中国西部科学院员工考察雅安面临的问题与现状。

[1] 戴美政. 曾昭抡评传 [M]. 昆明：云南人民出版社，2010：237.

第十章

中国西部科学院留给雅安的财富

20 世纪 20、30 年代，包括雅安在内的西康落后闭塞，其资源、经济文化现状与民情多不为外界所知。中国科学社、中国西部科学院及其少年义勇队在雅安的科学考察开启了国人自主开展生物资源、森林资源考察研究的先河，奏响了开发西部、开发边疆边地的序曲，给雅安留下宝贵的精神财富和难得的历史资料。

一、见证和展示雅安生物多样性的魅力

通过包括中国西部科学院在内的中外机构及科技工作者的接续努力，查明雅安是名副其实的动植物基因库，有维管束植物约 185 科 869 属 5 200 多种、脊椎动物 800 余种。初步研究表明，150 多年间，中外学者在雅安发现命名动植物新种（新亚种）700 余种，使雅安成为模式标本种最多的地级城市。

根据中国科学院成都生物研究所、四川省林业科学研究院生态研究所、四川蜂桶寨国家级自然保护区管理局 2019 年完成的《四川蜂桶寨国家级自然保护区维管地模植物调查报告》，佐以国家植物标本资源库信息，中国西部科学院累计在雅安采集到模式植物标本种 48 种，其中曲桂龄 30 种、俞德浚 7 种、杜大华 11 种（详见表 10-1）。

表 10-1　中国西部科学院采集于雅安的植物模式标本

序号	名称	馆代码	采集人/号	采集时间	采集地点	海拔（米）	鉴定人
1	脱毛弓茎悬钩子 *Rubus flosculosus* Focke *var. etomentosus* Yu & Lu	PE00020740	曲桂龄 3232	19360723	宝兴县		Yu et Lu
2	银花藤山柳 *Clematoclethra loniceroides* C. F. Liang & Y. C. Chen	PE00024276	曲桂龄 2836	19360000	宝兴县		梁畴芬 陈永昌
3	光果菱叶乌头 *Aconitum rhombifolium* Chen var. leiocarpum W. T. Wang	PE00025325	曲桂龄 3981	19361008	天全县	950	王文采
4	短柱银莲花 *Anemone brevistyla* C. C. Chang ex W. T. Wang	PE00026894	曲桂龄 /K. L. Chu2419	19360000	天全县		C. C. Chang
5	长距无柱兰 *Amitostigma dolichacentrum* T. Tang	PE00027310	曲桂龄 3515	19360000	宝兴县		郎楷永

续表

序号	名称	馆代码	采集人/号	采集时间	采集地点	海拔（米）	鉴定人
6	距萼景天 *Sedum nothodugueyi* K. T. Fu	PE00029241	曲桂龄 /K. L. Chu3967	19360000	宝兴县		傅坤俊
7	*Roegneria dolichathera* Keng ex Y. L. Keng & S. L. Chen var. glabrifolia Keng	PE00039196	曲桂龄 2697	19360604	天全县青草坪至旋沟途中	2 350	耿以礼
8	闭基假瘤蕨 *Phymatopteris rotunda*（Ching）Pic. Serm	PE00044933	曲桂龄 4097	19360000	芦山		秦仁昌
9	宝兴雪莲 *Saussurea baoxingensis* Y. S. Chen	PE00392993	曲桂龄 3585	19360812	宝兴县赶羊白铅厂	2 650	Ling Yong
10	尖突穆坪紫堇 *Corydalis flexuosa* Franch. var. mucronipetala C. Y. Wu et H. Chuang	PE00934553	曲桂龄 2806	19360000	天全县		C. Y. Wu
11	卵穗薹草 *Carex ovatispiculata* F. T. Wang et Y. L. Chang ex S. Yun Liang	PE01862952	曲桂龄 3037	19360630	宝兴县梅里川，银厂沟		张玉良
12	头花粉条儿菜 *Aletris capitata* F. T. Wang et Tang	PE00001556	K. L. Chu（曲桂龄）3604	19360815	宝兴县赶羊沟	3 500	Nicholas J. Turland
13	卵齿 *Ajuga ciliata* Bunge var. ovatisepala C. Y. Wu et C. Chen	PE00029681	K. L. Chu（曲桂龄）3024	19360630	宝兴县梅里川银厂沟	2 500	C. Y. Wu et C. Chen
14	天全紫菀 *Aster tientschwanensis* Hand-Mazz.	E（爱丁堡皇家植物园）00550819	K. L. Chu（曲桂龄）3780	19360613	天全		Hand-Mazz
15	天全囊瓣芹 *Pternopetalum wangianum* Hand. -Mazz.	NAS0004891	曲桂龄 32772	19360620	天全县		Shan et Pu
16	天全银莲花 *Anemone patula* Chang ex W. T. Wang	NAS00070561	曲桂龄 2796	19360000	天全县		姚淦
17	天全铁角蕨 *Asplenium szechuanense* Ching	PE00059426	曲桂龄 2487	19360000	天全县		秦仁昌
18	*Senecio monpiense*（一种蟹甲草）	PE00609234	曲桂龄 3181	19360000	宝兴县		
19	长序白珠 *Gaultheria longiracemosa* Y. C. Yang	PE 00195421	曲桂龄 3305	19360000	宝兴县赶羊沟		

续表

序号	名称	馆代码	采集人/号	采集时间	采集地点	海拔（米）	鉴定人
20	毛叶珍珠花 *Lyonia villosa*（Hook fexC. B. Clarke）Hand.-Mazz	PE00258451	曲桂龄 3416	19360000	宝兴县赶羊石窑头高桥林中	2 750	秦仁昌
21	*Saussurea chaochienii* Chun & Tsiang（一种风毛菊）	IBSC0004576	曲桂龄 3585	19360812	宝兴县赶羊白铅厂	4 000	W. Y. Chun, Tsiang
22	大果钻地风 *Schizophragma megalocarpum* Chun	IBSC 0084976	曲桂龄 3706	19360826	宝兴县赶羊村		W. Y. Chun
23	硬苞风毛菊 *Saussurea coriole pis*	PE01842114	K. L. Chu（曲桂龄）3570	19360812	宝兴县赶羊白铅厂		林镕
24	川甘火绒草 *Leontopodium chuii* Hand. -Mazz.	PE00502987	曲桂龄 3905	19360920	宝兴县邓池沟灰窑岗	2 200	林镕
25	薄叶天名精 *Carpesium leptophyllum* Chen et C. M. Hu	IBSC0004595	曲桂龄 3280	19360724	宝兴县		胡启明
26	短果升麻 *Cimicifuga brachycarpa* Hsiao	NAS00070614	杜大华 4710	19331005	天全县高圆架子岩	1 700	Hsiao
27	细茎旋花豆 *Cochlianthus gracilis* Benth.	IBSC0004523	K. L. Chu（曲桂龄）3690	19360826	宝兴县赶羊村头股上横山海	1 850	卫兆芬
28	石上大丁草 *Gerbera saxatilis* Chang ex Y. C. Tseng	IBSC0004568	K. L. Chu（曲桂龄）3608	19360816	宝兴县赶羊柏木林	3 500～2 400	张肇骞
29	小花三脉紫菀 *Aster ageratoides* var. micranthus Y. Ling	PE00274077	K. L. Chu（曲桂龄）3887	19360918	宝兴县邓池沟黑洞子	2 000	Y. Ling
30	镰叶紫菀 *Aster falcifolius* Hand. -Mazz.	PE00275370	K. L. Chu（曲桂龄）3970	19360928	宝兴县盐井坪大池沟下生境海拔	1 800	Chen Y. L.
31	曲氏薹草 *Carex chuii* Nelmes	IBSC 0656001	K. L. Chu（曲桂龄）3022	19360630	宝兴县	2 450	Nelmes
32	宝兴糙苏 *Phlomis paohsingensis* C. Y. Wu	PE00031173	T. T. Yu（俞德浚）2207	19330706	宝兴县赶羊沟	3 100	C. Y. Wu
33	毛缘筋骨草长毛变种 *Ajuga ciliata Bunge* var. hirta C. Y. Wu & C. Chen	PE00694386	俞德浚 2010	19330611	宝兴县冷溪口	2 000	C. Y. Wu & C. Chen
34	四川红门兰 *Orchis sichuanica* K. Y. Lang	PE01432225	俞德浚 2174	19330603	宝兴县赶羊寺	2 400	郎楷永
35	毛叶花椒 *Zanthoxylum bungeanum* *Maxim*. var. pubescens Huang	PE00022555	T. T. Yu（俞德浚）2129	19330629	宝兴县赶羊沟	2 200	黄成就

续表

序号	名称	馆代码	采集人/号	采集时间	采集地点	海拔（米）	鉴定人
36	*Rhododendron augustinii Hemsl.* var. yui Fang	PE00027584	T. T. Yu（俞德浚）1976	19330611	宝兴县瀑沟	2 300	W. P. Fang
37	宝兴藨寄生 *Gleadovia mupinensis*	PE00032337	T. T. Yu（俞德浚）2189	19330706	宝兴县赶羊沟	3 100	Z. Y. Zhang
38	线叶黄堇 *Corydalis linearis* C. Y. Wu	PE00133852	T. T. Yu（俞德浚）2316	19330715	宝兴县青草塘	3 250	吴征镒
39	*Carpinus paohsingensis Hsai*	PE00021940	T. H. Tu（杜大华）4356	19330708	宝兴县吹店子	1 960	W. Y. Hsia
40	岩生翠雀花 *Delphinium saxatile* W. T. Wang	PE00027070	T. H. Tu（杜大华）4366	19330708	宝兴县锅巴岩	2 100	王文采
41	宝兴景天 *Sedum paoshingense* Fu	PE00029247	T. H. Tu（杜大华）4351	19330708	宝兴县邓池沟	1 750	傅书遐
42	宝兴梅花草 *Parnassia labiata Jien*	PE00029362	T. H. Tu（杜大华）4842	19331026	宝兴县教场沟	1 040	简焯坡
43	*Rohdea tui* Wang & Tang	PE00036954	T. H. Tu（杜大华）4256	19330622	宝兴县邓池沟	2 460	梁松筠
44	拟弯曲碎米荠 Cardamine flexuosoides W. T. Wang	PE00934776	T. H. Tu（杜大华）4291	19330626	宝兴县邓池沟	3 300	Ihsan A. Al-Shehbaz et al.
45	绒毛叶变种 *Pentapanax henryi* Harms var. tomentosus Hoo	PE00942527	T. H. Tu（杜大华）4676	19331003	天全县老码头山	2 240	Ho Gin
46	花葶翠雀花 *Delphinium sinoscaposum* W. T. Wang	PE00027071	杜大华/曲桂龄 3606	19360815	宝兴县赶羊沟	3 500	王文采
47	宝兴列当 *Orobanche mupinensis* Hu	PE00032333	T. H. Tu（杜大华）4368	19330708	宝兴县锅巴岩	2 100	H. H. Hu
48	三角齿马先蒿 *Pedicularis triangularidens* Tsoong	PE00032983	T. H. Tu（杜大华）4345	19330701	宝兴县邓池沟	3 300	钟补求

注：PE-中国科学院植物研究所标本馆；IBSC-中国科学院华南植物园标本馆；NAS-江苏省·中国科学院植物研究所标本馆。

目前，尚能在国家植物标本资源库信息网搜索到中国西部科学院相关人员采集自雅安境内的标本，初步统计略约 3 520 号，其中，俞德浚 106 号，曲仲湘 2 692 号，刘式民 130 号，杜大华 550 号，黄治平、罗正远、黄楷、刘维馨、蒋卓然等人 31 号，署以“中国西部科学院”的植物标本 11 号。这些标本除部分珍藏于重庆自然博物馆外，因交流互换部分珍藏于西北农林科技大学生命科学院、中国科学院植物研究所、中国科学院华南植物院、四川大学等单位的植物标本馆。这只是他们所采集标本中的一部分，尚有很多因保藏、损毁以及尚待进一步整理等因素，未能收录到国家植物标本资源库。当年他们在同一时间、同一地点采集时，每种植物（每号）均采集制作几份至十余份标本不等，故他们在雅安实际采集标本的号数与份数，应该过万。另外，他们还在雅安采集很多植物种苗、种籽、根茎和鳞茎，用于植物园的引种栽培。

● 中国西部科学院旧址陈列馆展出的植物模式标本（侯江提供）

通过国家植物标本资源库信息网搜索，重庆自然博物馆现收藏有源自雅安的植物标本 656 份，其中宝兴 461 份、天全 149 份、芦山 3 份、荥经 7 份、汉源 2 份、石棉 5 份、雨城 24 份、名山 5 份。

20 世纪 20 年代末 30 年代初，时在中国科学社生物研究所任职的方文培、郑万钧等人先后率中国西部科学院的职工或少年义勇队学生在雅安采集到很多标本植物标本，开启了中国人在雅安采集植物标本的先河。根据中国数字植物标本馆的资料，1928 年，方文培率少年义勇队学生在雅安市区域内采集的植物标本有 160 号（天全县 95 号、汉源县 61 号、雅安县和荥经县各 2 号），其中为小舌紫菀（*Aster albescens*）、中华鳞盖蕨（*Microlepia sinostrigosa*）的模式标本。第一次雅安之行，丰富的植物资源给方文培留下了深刻印象，吸引他后来多次到雅安进行采集。1930 年，方文培率领中国西部科学院川西南组的杨宏清、孙祥麟等人，在荥经县境内采集到 3 号标本，分别是光石韦（*Pyrrosia calvata*）、杜仲（*Eucommia ulmoides*）、珍珠花（*Lyonia ovalifolia*）。这一年的 9 月，方文培还登上了周公山顶，采集到四裂花黄芩（*Scutellaria quadrilobulata*）正模标本。1930 年，郑万钧率领少年义勇队学生从成都到康定途中，在汉源采集到腺果杜鹃（*Rhododendron davidii*）、星果草（*Asteropyrum peltatum*），高山木姜子（*Litsea chunii*）等 20 号标本，其中高山木姜子标本被认定为该种的合模标本（syntype）。

1938 年，曲仲湘陪同著名植物分类学家裴鉴在天全、宝兴采集植物标本。通过国家植物标本资源库，可查阅到裴鉴在天全县采集到标本 17 号，在宝兴县采集到标本 48 号。裴鉴还在天全县竹梗山采集到 2 号短圆叶柃（*Eurya oblonga*）等模式标本。

1934 年 11 月 19 日 Harry Smith 在雅安大相岭采集到垂叶蒿（*Artemisia flaccida*）等模式标本，标本现藏于中国科学院植物研究所标本馆（据中国数字植物标本馆）

1934 年，中国西部科学院即派植物园主任刘式民，助员彭彰伯、甘辛茹，与瑞典阿卜所拉皇家大学植物学教授史密斯（Harry Smith）组成采集团赴西康采集，他们在雅安市的大相岭及川、康交界处的飞越岭采集了很多植物标本。此行 Harry Smith 在四川采集了数千份标本，目前在中国数字植物标本馆能查阅到其中的 988 份，光滑高粱泡（*Rubus lambertianus*）、川莓（*Rubus setchuenensis*）、女贞（*Ligustrum lucidum*）等百余份标本采集于雅安市汉源县境内。1934 年 11 月 19 日，Harry Smith 还在雅安境内的大相岭采集到垂叶蒿（*Artemisia flaccida*）等模式标本。刘式民也在汉源县采集很多标本，至今在国家植物标本资源库信息网平台可查到刘式民当年所采的标本约 130 份。

宝兴藨寄生（*Gleadovia mupinensis*），模式标本由杜大华 1933 年 7 月 6 日采集自宝兴县海拔 3 100 米的赶羊沟（据《四川（宝兴）蜂桶寨国家级自然保护区维管地模植物标本原色图鉴》）

1935年，中国西部科学院助理周承烈，与南京总理陵园的贺贤育等西行至雅安市天全县采集标本。经中国数字植物标本馆搜索，贺贤育在天全县采集到毛鳞盖蕨（*Microlepia strigosa*）、合蕊五味子（*Schisandra propinqua*）等标本23份。

20世纪20年代末30年代初，德国博物学家傅德利率领的少年义勇队学生、中国西部科学院职工深入到包括雅安在内的西康等地进行过动植物标本采集，其中有部分昆虫标本，因采集记录，再加上标本流失，昆虫及其他动物的采集情况不详。

郭倬甫、洪克昭先后与为美国芝加哥博物馆采集动物标本的特派员史密斯，合组赴穆坪采集。经笔者考证，1931年，郭卓甫、洪克昭带回的活体动物中，有一只小熊猫。这只小熊猫饲养在中国西部科学院的动物园，为国内最早饲养展出小熊猫（详见第七章）。郭倬甫还在宝兴勾留一年以上，向当地人学习了很多狩猎方法，后将众多方法收录在其撰写的《川康狩猎法》中。

与中国西部科学院有渊源的北碚平民公园于1938年开始饲养大熊猫，为中国最早饲养大熊猫的国内机构，其大熊猫可能采集自雅安。由中国西部科学院发起成立的中国西部博物馆于1944年开始展出大熊猫标本，为国内较早展出大熊猫的机构，展出的大熊猫标本来自雅安市宝兴县。（详见第八章）。

康成德、郭倬甫、杨滋毒（杨宏清）等在雅安采集到很多鸟类标本，据王希成《四川鸣禽之研究》记述，《四川鸣禽之研究》引用他们采集自雅安的鸣禽标本就有29件，采集地点为宝兴、雅安（今雨城区）。

施白南在其《四川两栖类与爬虫类之记载》《四川鱼类目录》等记述中，有产于雅安的两栖爬行动物6种、鱼类4种。

二、为开发雅安提供决策参考

卢作孚十分重视资源调查与边地开发。1930年6月，在四川各军首脑会议前夕，他向当局条陈和讲演《四川的问题》时，就“奖励边地调查”说：“吾人无论对于何种新兴事业，均须有精密之调查。了解全部组织，然后设计始有标准。故边事调查工作为眼前急切之要务。西康风土、人情、政治、经济、宗教、教育、交通、物产均有待于调查。然徒作粗浅之调查，仍不能据之以立适当之方案。是调查更有赖于边疆之深入，彼英美日法人之为本国调查而赴边地者，恒有十数年之过程。生活行动与之同化，人我无猜，窥其堂奥。故调查所得，无微不至，以之献于本国政府。故英美日法，虽远隔重洋，对于康藏情形，洞若观火，侵略之方，卓著成效。边地险苦，人民难堪，调查人才尤难物色。故凡遇入边之学术团体，或为采集而努力，或为调查而冒险，应力予奖励，庶考察能得其详，以供治边之参考。”[1]

卢作孚在时属四川省的巴县北碚设立中国西部科学院，以“从事于科学之探讨，以开发宝藏，富裕民生”为目的。主政西康、四川的军阀刘湘、刘文辉等人有“立足四川、图谋中原”的现实理想，也有开发地方资源，繁荣一方经济，获取更多军费的现实考量，故中国西部科学院在川西、西康的考察，得到了主政四川、主政雅安的刘湘、刘文辉等人的支持。

1928 年，中国科学社方文培携少年义勇队杜大华等到四川考察和采集标本，从重庆到达成都后，与驻成都的军政长官接洽，商讨到各县采集的安全保障办法，办理相关通行手续。邓锡侯、刘文辉、田颂尧三军长，均通电各所属军警团防，要求对采集队伍加以保护，并各赠大洋二百元，作为补助采集费用。方文培对军政官的支持非常感激，感叹道：“盖可见吾川军政长官于文化事业，亦系积极提倡者也。”[2]

据侯江整理的中国西部科学院大事记，“1930 年 3 月，卢作孚就往川边采集生物、地质标本及夷区用品的采集事宜电请 21 军军长刘湘（刘甫澄）、24 军军长刘文辉（刘自乾）、西康政务委员长龙守贤给予赞助，军政方面皆表乐助。”[3]

刘文辉 1927 年任国民革命军第二十四军军长，成为四川实力最为强盛的军阀之一，他在立下“先统一四川，后问鼎中原”的雄心时，仅 32 岁。在 1933 年 9 月与刘湘的大战中告负，兵马大损，被迫带着 2 万余人的残师退至川边防区，正是被逼到了危急关头，才让刘文辉彻底感到只有背靠西康，才

[1] 凌耀伦，熊甫. 卢作孚文集（增订本）[M]. 北京：北京大学出版社，1999：159.
[2] 方文培，章树枫. 川康植物标本采集记[J]. 科学，1929，13（11）：1509-1521.
[3] 侯江. 中国西部科学院研究[M]. 北京：中央文献出版社，2012：237.

有东山再起的可能。[1]此后，刘文辉将经营重点放在西康，目标界定为“化边地为腹地”。为开发利用当地资源，选派农矿地质专门人员驰赴康、宁、雅各属实地勘查，同时刘文辉四处联络推进招商引资，也广泛地邀请各方科研机构到西康考察，以期让更多的人了解、认识西康。

高孟先（1912—1979），璧山人，少年义勇队高才生，1949 年前历任中国西部科学院员管理员、《嘉陵江报》报社主任、北碚民众教育馆办事员、北碚管理局建设科科长，时为中国共产党地下党员。1929 年到峨眉山、雷波、马边、峨边、屏山等处作自然标本采集与夷人社会调查。1930 年随卢作孚率领的考察团到南京学牧畜及制作标本，著有《合组考察团报告》等。1933 年 9 月 3 日、4 日的《新蜀报》副刊刊载了高孟先撰写的《边地如何去》，文章分边区、调查、计划、宣传、屯垦、交通、开发、教育、边民、村政十一部分阐述开发建设边地的看法与观点，在开篇写道：“我们要到边地去的原因，是为着巩固国防，不使外人在我国来搜求和攫取殖民地，同时又是救济内地的经济破产，调节人口的密度，和安插失业的人们，这些理由，都由高伯吹先生的《到边地去》一文当中，说得淋漓尽致了。自己要说的，仅仅就是：‘边地如何去！’现在把它分别地写在下面。”文章最后呼吁说：“诚能如上所说而试行之，则边防之可巩固，富源之可开发，失业之可救济，交通之可建设……则庶几中国的前途，尤其四川西康的命运，或总不曾像今天的东三省一样！现在我们每个人都须知道，日本人的地方不够，有本事到中国来抢，我们现在怎样的夯，何不自己去开发自己的园地？——我们只会关起门来成吗？”[2]

1933 年底，俞德浚一行在宝兴县等地完成采集任务返回北碚，在整理标本间隙，应邀参加民生公司举行的会议并作演讲，他以《一年来边地采集的旅行生活》为题，与听众分享他的五年川康调查采集计划、在雅安等地的采集经历见闻和感受。他在演讲中流露对开发西部的愿景与希望：“有许多人听到‘川边’两字，常会引起荒凉的感觉来，同时也认为边地希望极少。其实不然，边地真的是富源。例如川西南遍地生产铜、铁、铅各种金属和非金属矿产，川西天全宝兴各山有百里繁茂森林，川西北松潘草原地每年出产大量

[1] 龚静染. 刘文辉的西康岁月[N]. 华西都市报，2019-10-31（11）.

[2] 高代华，高燕. 高孟先文选[M]. 重庆：西南师范大学出版社，2016：44-46.

羊毛、毛皮和药材，在本省出口货物上都重要之位置。遍地宝藏，尚待开发，在边地无论农林、矿产、畜牧等，都有经营之价值！要充分发展本省的生产，须到边地去。”在这次演讲中，他两处提到宝兴，另一处则说：“宝兴县四境皆大山，与西康接壤，森林生长得茂密，植物种类之复杂，为川西各县所仅见。很多贵重药材，如贝母、虫草、当归、大黄为县中大宗出产。”[1]

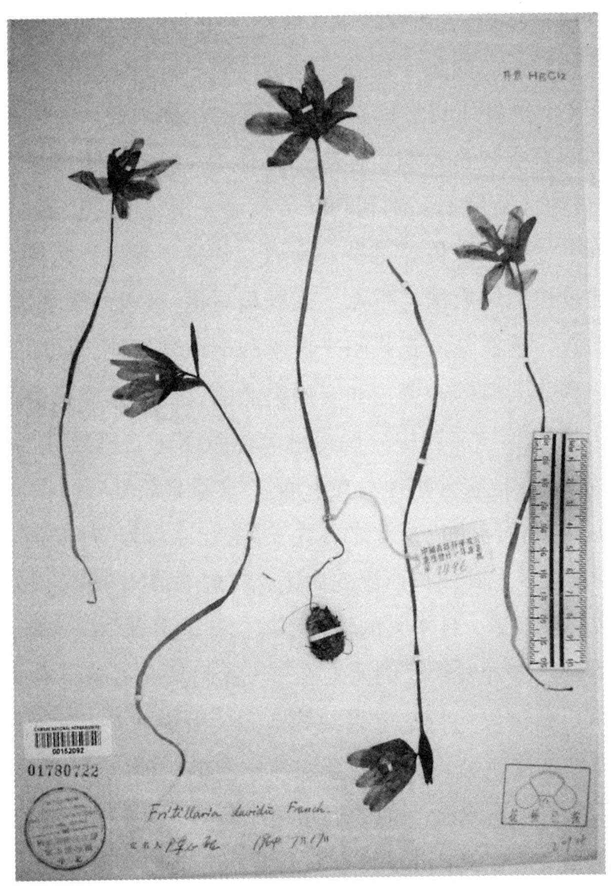

● 中国西部科学院 1936 年采集于天全县的米贝母（*Fritillaria davidii*）标本，现存中国科学院植物研究所标本馆（据中国数字植物标本馆）

[1] 俞季川．一年来边地采集的旅行生活（十二月十八夜在本公司讲演）[J]．新世界，1934（37）：1-5.

1933 年，杜大华随俞德浚考察宝兴高山的药山管理与药材采挖后，提出了人工种植贝母的观点，“如政府能于各山提倡栽培药用植物，就地繁殖，将来产量增多，故政府税收、人民生计，均能维持矣”[1]。杜大华还呼吁政府、资本家、有志之士开发西部，巩固边疆，他在《天宝见闻录》最后写道：“综观以上述天全宝兴两县之富源无穷，随处可以兴利，随处可以建设，凡有识者见之，亦当知何者利兴办，何者宜改良，何者关系国计民生，最宜及早为之计。值此民穷财尽，国将不保之时，政府即无法以维持现状，人民尤难以固目前之生存。舍努力从事生产建设之道，其余皆不为功。如全国物产之亟待详细调查也，水路交通亟待建设也，地下宝藏之亟待开采也，各种工业之亟待创办也，农产品亟待改良也，以及森林教育科学等，无不在亟待力谋发展之列。至于天宝两县，虽处交通不便，文化落后之区，一切事业，亦不容缓。当此之时，专赖政府首先提倡设计，并颁发规程，明文奖励，则参加努力工作之民众自多事业成功之效率，亦可加速。如此，使人得以丰衣足食，从事生产，亦国家之策也。”[2]

20 世纪 30 年代中期，日本军队占领东北，觊觎华北。国民政府为备战，拟经营开发西南，筹建成渝铁路。建设铁路需要大量枕木，枕木哪里来？当政者，把目光投向了四川西部的雅安。找枕木的使命落在时任中国西部科学院生物研究所所长曲仲湘的肩上。1936 年，曲仲湘率领研究人员，系统考察研究雅安的森林资源，成为系统研究雅安森林第一人。从 1936 年 3 月底至 7 月中旬，曲仲湘一行在雅安工作三个半月，足迹到达天全茶合河、门坎山、昂州河、蜂子河、漩漩沟、冷水河、邋遢河、白沙河、喇叭河，宝兴的柳洛沟、泥巴沟、中岗、若壁沟、赶羊沟、梅里川等处，攀上了海拔三四千米的针叶林、高山草甸地带，记载了这些地方的地形、地势、交通、林木种类、气候特征等信息，就开发利用提出了可操作的建议。曲仲湘认为：“天全、宝兴两县之树种，软木类以冷杉、云杉、杉为主，硬木以青杠、桦木、木荷、苦楝等类为主，冷杉、云杉为人造丝木质及各种大建筑之上等材料，铁杉及硬木类各种，为铁道枕木之上等材料。宝兴缺少硬木种类，天全之硬木种类

---

[1] 杜大华. 天宝见闻录[J]. 新世界，1934（54）：20-29.
[2] 杜大华. 天宝见闻录（续）[J]. 新世界，1934（55）：49.

甚多，尤其以茶合河之硬木，生长优良，木质绝佳，无论为任何需要而开发森林，天全、宝兴之森林，均有开发价值。”[1]

曲仲湘在雅安进行森林考察后，形成了《青衣江流域天全宝兴森林调查报告》。1938 年，四川省政府建设厅以《四川之森林》为书名，出版刊载了曲仲湘关于青衣江流域天全宝兴森林、万源及通南巴森林、大渡河上游森林、松理茂汶四县森林、峨边森林的考察报告，其中《青衣江流域天全宝兴森林调查报告》放在首卷。

《青衣江流域天全宝兴森林调查报告》中的数据科学严谨，抽样分树种测量树高、胸高直径等数据，测量和估算了天全、宝兴两县森林面积、木材蓄积量。根据曲仲湘调查，两县木材蓄积量为 37 141 442 立方米，适合于作枕木的树种为铁杉和杂木，可制作枕木 1 697 万件。[2]

根据当年我国铁路现行建设标准，木枕轨道每公里最多为 1 920 根。按此计算，天全宝兴的森林可修铁路 8 000 多公里，而成渝铁路只有 400 余公里。在报告中，曲仲湘测算出成渝铁路需要枕木 80 余万根，以当时的运输条件，三年之内天全、宝兴可以采足成渝铁路所需的枕木。也就是说，只需要砍伐天全、宝兴两县铁杉与杂木的 20%，就可满足成渝铁路的枕木需求。

基于曲仲湘等人的调查结论，在开发西部资源满足抗战之需的背景下，西康省政府 1939 年成立后即设省属雅安模范林场，场址在城郊金凤寺。1940 年后迁天全县，更名为西康省立天全林场，管辖天全、宝兴天然林区，负责其森林调查、保护及管理工作。1942 年 7 月，国民政府农林部青衣江流域国有林管理处成立，地址天全县，管辖天全、芦山、宝兴、荥经、雅安等县天然林区的经营管理。

曲仲湘考察雅安森林资源,其目的是为修建成渝铁路寻找枕木的来源地。但绝非仅停留在砍伐森林上，而是综合考虑了森林抚育、造林等。当年他即有了生态战略思想与可持续发展理念。曲仲湘在青衣江、大渡河、渠河等流域考察后，形成了开发保护区与利用四川森林的总体思路。他在向四川省建

[1] 曲仲湘. 四川之森林. 四川省建设厅内部资料，1938：48.
[2] 曲仲湘. 四川之森林. 四川省建设厅内部资料，1938：39.

设厅等提交的《四川森林之开发》[1]《经营四川森林之我见》[2]中，根据各地的森林资源现状，将全川分为三种区域，即伐木、保林、造林三种区域，分区域实行不同开发、保护、利用政策。

天然林丰富的地区，为伐木区域，以政府为主导，实行伐木政策，商业经营开发森林，满足国家与社会对林产品的需求。涪江、金沙江、青衣江、大渡河流域的部分区域，大小凉山的部分区域纳入伐木区域，其中，青衣江上游的天全、宝兴、荥经，大渡河流域的汉源、石棉为伐木区域。

保林区域为天然林较少的区域，人工林呈次生状态，山势不高，无采伐价值，且无人力造林。政府对这类区域要加强管理，保护森林的发育，禁止采伐胸高直径一市尺以下的小树，绝对禁止烧山，并加强野外用火管理，对失火烧山之人进行处罚。鉴于近河流区域的森林，因水运方便采伐殆尽，故设立限制采伐地带，以涵养流域水土，保护水源。曲仲湘还认为，长江流域的森林不仅可以满足国家对木材的需要，还有重要的水土保持功能，故采伐前后均要有详细计划，统筹考虑如何采伐、如何运输、如何整理原有的森林，如何推进森林再生等问题。

除伐木区、护林区域外的均为造林区域，一般交通方便，人口密度大，不仅需要护林，更需要通过造林建设适宜人生活的自然环境。

曲仲湘在考察中还发现，当时不少天然林区已进入老年时期，树顶和枝叶干枯者比比皆是，因风吹雨打雪压而倒地的大树较多，眼见加工出优良木材的树木将化为粪土，觉得很可惜。他写道："四川天然森林既届利用时期，若不设法利用现存之森林，一旦枯灭，不知岁百年后方能再成良林。利用之法，在一方面采伐既成之材，一方面整理不合理之现象，一方面抚育苗木，留有母树，使其成为永续不断之良好森林。打开山险水汹之封固，流出无穷之利益，乃建设新国家不可少之举也。"[3]

曲仲湘在雅安等地调查森林资源的成果，为后人开发利用雅安森林资源提供了重要参考。曲仲湘关于保护利用并重，可持续开发利用森林的理念和学术观点，被当代人认同接受，并固化为林业政策和法规。

---

[1] 曲仲湘. 四川森林之开发[J]. 建设周讯，1937，1（11）：15-19.
[2] 曲仲湘. 经营四川森林之我见[J]. 新经济，1939，2（4）：14-16.
[3] 曲仲湘. 经营四川森林之我见[J]. 新经济，1939，2（4）：14-16.

1936年曲仲湘在天全县大河头发现正处于盛花期的珙桐（*Davidia involucrata*），而今在雅安的森林中可见参天的珙桐树挂满“鸽子花”（杉君摄影）

曲仲湘一行还在天全县大河头（地名）发现了正处于盛花期的珙桐。孙祥麟在《天全植物采集记》说：“珙桐树花色纯白，时逢盛开，且甚美丽，为观赏植物最著名者，植物采集家威尔逊曾经在四川采得，并重价收买。”[1]

[1] 孙祥麟. 天全植物采集记[J]. 北碚月刊，1937，1（8）：69-73.

● 曲仲湘关于二郎山森林公园建设的构想已经变成现实（杉君摄影）

就雅安的森林开发利用，曲仲湘在《经营四川森林之我见》中写道：“川康公路盘旋于二郎山森林之中，将来通车后，应辟为国家森林公园，使国人皆有享受森林之美的机会。”曲仲湘当年的设想已经变为现实。1994 年四川省林业厅批准建立二郎山森林公园，2003 年已成为国家森林公园。二郎山国家森林公园为国家 4A 级景区，2019 年入选“中国森林氧吧”榜单，总面积为 57 517 公顷，海拔高度 1 050 ~ 5 150 米，相对高度差 4 100 米，生物多样性丰富。在曲仲湘当年用双脚丈量过的地方，而今森林覆盖率比他考察时还要高许多，达 69.42%，为全省最高，其间还有一个国字号的、比二郎山国家森林公园大十多倍的公园正在建设之中，这就是大熊猫国家公园雅安片区。全市 5 936 平方公里、占全市 39.45%的行政区划划入大熊猫国家公园，占全国大熊猫国家公园总面积 27%、占全省大熊猫国家公园面积 31%，雅安因此成为大熊猫国家公园面积最大、涉及最多县（市、区）的市（州）。

1939 年，在抗战烽火中，国民政府航空研究院在成都诞生，开展战机的研制与维修工作。航空研究院器材组将竹材应用到飞机零部件的生产中，如层板、外挂汽油箱等。航空研究院还建立飞机层板制造厂，组织人到雅安天全县南（滥）池子山场采购飞机层板所需要的桦木木材，满足抗战期间军队飞机制造与维修对层板的需求。航空研究院还组织人员深入雅安采集木材标本开展试验研究。在航空研究院诞生前，经过中国西部科学院、中国科学社生物研究所实地调查，已经关注到雅安的深山之中，孕育着可制造飞机部件的林木。

中国西部科学院在西康区域的资源考察与标本采集活动得到主政西康的军阀刘文辉的支持，中国西部科学院与西康区域内的机构还有良好的合作关系。据侯江整理的"中国西部科学院大事记"，1934 年 3 月，中国西部科学院"寄送雅安屯殖部农场标本 30 份"[1]。刘文辉于 1927 年夏任"川康边防总指挥"，开始筹备经营西康。之后刘文辉部属多次提出恢复农事试验场的建议，认为西康地方"若于各地划拨官地创设农事试验场，并将旧有之西康农事试验场恢复，雇觅富有农圃经验者为之领导，于国内外购买谷植物种子，以内地艺蔬之法分别试种"；1928 年 5 月，西康农事试验场正式设立于康定。西康农事试验场在天全、宝兴、汉源、雨城均设立有农林试验场。笔者推测"中国西部科学院大事记"中指的"雅安屯殖部农场"可能指的川康边区屯殖司令部农场。

1935 年春，雅安屯殖司令部邀请大公报记者周宝韩到雅安各屯殖区考察。周宝韩考察的第一个县就是新建县六年的宝兴，他在宝兴县工作近一个半月，对宝兴县的资源、经济、社会等进行了详细考察与记述，后撰写了《宝兴视察记》在《边事研究》杂志上连载。关于雅安动植物资源，周宝韩写道："宝兴山高气冷，特殊的动植物很多，已成为生物学采集的目标，数十年来中外生物学采集的人到宝兴的不下数十起。动物方面的白熊（按：大熊猫），植物方面的珙桐，引起了中外学者的注意。假使中国局面安定，文化事业逐渐发达，动植物标本，宝兴可以成为一供给地带。姑离开学术言，各种山禽野兽的皮毛肉骨，亦是一种出产，或得一机构，对于当地人加以指导，请求猎取制造的方法，增加利益，一定不少。植物方面如羊肚菌，在省外为早已驰名之四川特产，当地人反不甚珍惜，若能在外觅得销场，里面大批收买，产量远可望增加。林业方面，里面有不少的原始森林，成自生自灭状态：林木异常茂密，其大可合三人围，是极好的建筑材料，但交通不便不能运到县外……。"[2]由此可以看出，中外机构在宝兴县的考察，为宝兴人了解认识和开发利用宝兴的资源提供了机会和可能，也为外地人了解宝兴打开了窗口。

[1] 侯江. 中国西部科学院研究[M]. 北京：中央文献出版社，2012：244.
[2] 周宝韩. 宝兴视察记[J]. 边事研究，1935，2（3）：108-115.

在极其困难的条件下，中国西部科学院组织多批人员对雅安这块土地进行了深入细致的考察，提出开发利用森林、药材资源，持续利用森林的对策建设，为人们认识西康、开发西康起了很重要的先导作用，也为当时的国民政府拟定相关政策、开发方略提供了依据。特别是在准备抗战和抗日战争时期，相关成果对于从西部获取支撑抗日战争所需要的材料、经济发展需要的资源有重要参考作用。这些成果，对于今天深入推进西部大开发战略，推动资源开发和生态环境保护仍有积极的借鉴意义。

三、为研究雅安民国史提供重要史料

我国西南边疆地区早期由于交通闭塞、民族成分复杂、文化落后，中央统治力量薄弱，关于这些区域的历史文献少。民国初年，外人很少进入这些区域，特别是康藏地区，除外国人进入探险、考察外，国人则少人问津。中国西部在雅安的科学考察，主要为生物学考察、标本采集、森林资源调查，同时也把社会民情的调查作为一项重要工作，作为考察计划的内容，要求考察人员写旅行日记，“每晚依当日观察社会及自然界情形，摘要记录”。[1]

20 世纪二三十年代，中国西部科学院组织多批人员进入经济文化落后、政局动荡、社会不稳、交通闭塞的包括雅安在内的西康进行科学考察，他们科学报国救国的使命担当，开发西部、泽惠民众的为民情怀，不畏艰难、勇于探索、敢于献身的精神品格至今让人景仰，也是今天进行科学精神、爱国主义教育精神的重要素材，我们可以从中汲取前进发展的精神力量。他们除从学术、推动资源开发等角度留下资料外，还在众多的考察报告、旅行日记中留下了 20 世纪二三十年代关于雅安人文地理、社会民情、经济文化的一手资料，这些都是研究雅安历史文化的重要资料。例如，宝兴县盛产贝母，民国时期政府、当地居民是如何保护生长贝母的山场，如何对采挖贝母这个行业进行管理的，其他文献资料未见记载或描写，而在俞德浚、杜大华的笔下却有清晰记录。

1933 年春，俞德浚实施川康植物调查采集计划第二期时，将雅安作为重

[1] 俞德浚. 中国西部科学院生物研究所廿二年度植物部采集计划大纲[EB/OL]. http://www.360doc.com/content/23/0323/19/40084095_1073304429. shtml.

点。他们经成都到达雅安城后，先在天全县的旋子沟（地名）、蜂子河、永兴场（仁义乡）等地采集，后走天全县到灵关镇的小路，进入宝兴县采集。在从宝兴县永富乡翻山进入鱼通后，俞德浚等与杜大华的一组人分手，俞德浚等取道两河口，去往阿坝州小金方向，到理县、茂县、松潘等地采集。俞德后来撰写《四川植物采集记》，以《花木满谷之宝兴》为章节标题，记载了他们在宝兴的所见所闻。而杜大华则继续留在天全、宝兴、芦山一带采集，达半年之久，后来将其所见所闻写成了《天宝见闻录》。

综合俞德浚及其助理杜大华记述，宝兴与天全药材极为丰富，且价廉物美，其中虫草、贝母每市斤分别值十余元、三四元，每年夏秋末，上山采药的人有好几千人。虫草最为贵重，但数量较少，散生于高山地带。除贝母以外的大宗野生药材和虫草，不受限制，任由农民自主采集，而较贵重的、数量较大的贝母则由政府管理征税。

● 宝兴县硗碛藏族乡的高山草甸生长有珍贵药材——米贝母（*Fritillaria davidii*）（牛洋摄影）

根据俞德浚、杜大华在《四川植物采集记》《天宝见闻录》中的记述，产贝母的山被称为“药山”，产权归政府所有。事先由当地有经济实力、有号召力的人士，以经营者身份向县政府投标，承包药山，开办“座棚”，开办座棚的人被称为“老板”。老板每年下山，向政府缴纳一定数量的贝母作为税金。座棚为就地取材，用木料、草料等建成的简易居所，每个座棚可住十余人，甚至上百人不等，在棚里建有简易的食宿设施，准备了生活用品，如苞谷、腊肉、油盐、布匹、草鞋等。每年农历二至六月间开棚后，由老板召集山民前来挖药，挖药人被称为“药夫子”。药夫子上山初期，寄住在座棚，此时贝母并没有出苗或未能成熟，尚不能采挖，药夫子就地挖取杂药，如大黄、木香等，这时住在棚中，住宿免费，所需食物等自理，或用采挖的药材与老板交换。到采挖贝母季节，棚里又来了很多药夫子后，统一开挖贝母。

在贝母采挖季，老板将药山分为若个区域，定期组织药夫子分区采集。开锄挖贝母之日，老板还要宣布各种规定，例如：指明每日采集的地点，规定上缴药材数量的规则，用采集来的药材交换苞谷、腊肉、油盐、布匹、草鞋等生活品的细则，同时任命管事、外管事、跑堂管事等。管事负责药材与生活用品的交易，管理棚内一切事务。外管事又称清山管事，负责管理山上各处界限，解决药夫子之间争执。跑堂管事为各棚推举的代表，负责与老板交涉接洽各事项。

每天清晨，药夫子早饭后，即带上玉米饼等干粮，携带雨具和锄头上山，到规定地点采挖贝母。天黑后，各人回到棚里夜宿，由管事称量登记每人的采集量。采集总冠军称为“大刀手”，二三名分别称为“二刀手”“么刀手”。当日采集的新鲜贝母，须放置在竹或藤制的筐或容器中，当晚用小火烘干。指定地点的贝母挖完后，不限时间与地点，由药夫子自行挖遗落下的贝母，谓之“清期”。当季贝母全部挖完后，药夫子依所挖贝母多少，按一定比例缴纳贝母给老板，作为住棚挖药的食宿费用和药山的管理费用，余下的贝母则自主处理，可带走自行买卖，也可以就地卖给老板，还可与老板换取生活用品，甚至换鸦片。

对于这种贝母采挖管理模式，规则透明，解决了政府管理与征税问题，可防止争抢资源而引发治安问题，提高了政府、药山老板管理药山的积极性，有效防止放牧、垦荒和过度采挖而导致资源破坏、枯竭。采用实物事后交纳相关税金、费用，减少了市场价格波动对多方利益的影响，减轻了老板、药夫子等群体的经济压力，让贫困的山里人，甚至一无所有的山里人也能通过挖贝母讨一口生活。这让人不得不佩服管理者的智慧，至于这种制度起源于何时，终止于何时，限于资料原因，未能详细考证。

俞德浚等登山采集植物标本时，正值采挖贝母季节，其组织方式和活跃景象给他留下了深刻印象，他写道：“宝兴境内，如西河上之两河口、城墙岩，赶羊沟之香草塘、中梁子，东河上硗碛之咔日沟、马蝗沟、泥巴沟，高上草原地带皆有药棚之设立，每棚中数十人至百十人不等。昼间集合登山掘取贝母，夜则围火团坐，歌笑互怡，遂使此幽静壮丽之高山旷野，增加一种熙攘活跃之现象。而于食品之供给，力夫之雇请，道路桥梁之恢复，亦与而采集旅行有若干便利焉。”[1]

贝母曾经是宝兴的大宗药材，解决过很多人的副业或生计问题。遗憾的是几十年过去，无序的采挖和过度放牧，资源遭到破坏，野生贝母产量逐年下降，俞德浚、杜大华笔下采挖贝母为朝阳产业的景象不再。《宝兴县志》显示，1954 年宝兴县供销社收购贝母 108 担，进入 20 世纪 80 年代，年收购量在 10 担上下，1984 年只有 7 担，而现在已经没有人采挖野生贝母。若不恢复和保护贝母生长的高山草甸，淡出我们视野的不仅仅是挖贝母这一行业，还有可能是在这片土地上生长了数万年的野生贝母，而这些野生贝母可以作为人工种植贝母的种源或育种材料。

在俞德浚的笔下，宝兴县土地肥沃，物产丰富，当时鸦片种植普遍。如他在记述宝兴县城周边近况时说：“教场沟与冷瀑（木）沟在县之东北十余里，平地海拔一千三百公尺。地多开阔为农田，春季作物为油菜、鸦片、马铃薯，夏季则植玉米、豆类。土质肥沃，雨量充足，年中收获颇丰富。但产米极少，因自来通渠灌田，为土司所禁止，农民相沿成习，亦不善于耕种稻田矣。”[2]

笔者小时所见，有些宝兴县高山农村房顶盖的不是瓦，而是被当地人称为“杉板子”的材料，有点像现在市场销售的用于吊顶的扣板，灰褐色，薄而轻，除了用作“瓦”，还广泛用于作隔墙材料。木材断面的年轮，由于温度湿度的原因，一年生长的木质部分因细密差异而成一圈。云杉树材质柔软，一年生长木质部分与另一年生长的木质部分，容易像萝卜皮一样用工具剥离开，压制成木板状的薄板，当地人把这种薄板称其为“杉板子”。俞德浚在他的文中称“杉板子”为“山中造屋最普通之建筑材料”[3]。而今天在宝兴已经很难寻觅这种“杉板子”，因为这种材料在风吹雨淋环境下，容易腐烂碎化，使用年限有限。想必当时高山农民使用这种材料，是在交通不便环境下，就地取材的权宜之计。因交通改善、云杉树减少等，高山农民早已使用水泥瓦、

[1] 俞德浚. 四川植物采集记（续）[J]. 中国植物学杂志，1935，1（4）：449.
[2] 俞德浚. 四川植物采集记（续）[J]. 中国植物学杂志，1935，1（4）：443.
[3] 俞德浚. 四川植物采集记（续）[J]. 中国植物学杂志，1935，1（4）：446.

塑料瓦等代替“杉板子”，“杉板子”也就淡出大家的视野。

在俞德浚眼里，山里的农民勤劳朴实，在靠山吃山中积累了生存生活的智慧，如外地人用竹制作蒸笼，而宝兴大山上则就地取材，用云杉薄板制作，“将云杉薄板加火烤曲，制为蒸笼，或取山麻柳之木材，刳为瓢形用以取水，是皆山居农民秋冬间之副业也”[1]，俞德浚如此记述。

杜大华在《天宝见闻录》中，较为翔实地记录了20世纪30年代初期天全、宝兴两县的地理、交通、物产、工商业、教育、工业、教育、农业等县情民情。在介绍两县矿产开采中，不仅有所开采的矿产种类，还有主要企业的概况、生产销售情况、工人待遇现状等。在介绍两县教育落后现状时，有学校、老师、学生的数量，学校所在地及教育教学水平。关于社会教育，杜大华写道：“边区学校教育，尚且简陋如此，社会教育当可想见。惟天全有一私人捐款设立之图书馆，惜经军匪之蹂躏，目前存书无几，至于其它乡镇，即报纸亦均无人订阅。国事、川事，多系信口传说，真假虚实，无法证明。人民眼光可要概见。前年川康军屯殖部，曾在各县及较大乡镇设立民众夜校，推行民众教育，惟属创办，未见效果，已因战事而闭门久矣。”[2]

草鞋早在三十多年前就已经淡出雅安人视野，没有人穿，没有人制作了。20世纪30年代，雅安交通闭塞，经济落后且自给自足特征明显，人民生活困苦，多穿的是草鞋。杜大华在《天宝见闻录》中记述到：“边区各市场上虽有草鞋出售，然消耗概为商旅。各处居民，皆系自编自穿无须求诸他人。所有材料，全属山胡桃之嫩树皮、苞谷壳及其它富裕有织质之树皮。常见山居农民，无论贫富，全家老幼，均终身终年穿草鞋，包毛织，原料采自山中，成品出自己手，其金钱之不外出有如此者，其俭朴之精神有如此者。”[3]杜大华关于草鞋的记述，无疑为我们了解那个时代民生民情提供了佐证。

20世纪30年代，西康各地遍种鸦片，人民深受其害。杜大华在《天宝见闻录》的记叙可窥视一斑。他写道：“天宝种烟者特多，在小春中约占豆麦面积之大半，现更以全部土地种烟者。各地人民已经黑化，今后殆将以鸦片果腹矣。”[4]在介绍天全、宝兴的作物品种和鸦片危害时写道：“大宗为苞谷

---

[1] 俞德浚. 四川植物采集记（续）[J]. 中国植物学杂志，1935，1（4）：446.
[2] 杜大华. 天宝见闻录[J]. 新世界，1934（54）：23.
[3] 杜大华. 天宝见闻录（续）[J]. 新世界，1934（55）：40.
[4] 杜大华. 天宝见闻录[J]. 新世界，1934（54）：23.

洋芋，次为稻麦小菜鸦片。洋烟危害，尽人皆知。近年来虽高唱禁吸之美训，迄今仍未收到若何效果。且分布广，病民日深，此中原因，一为政府令人种烟，可抽税；二则各界常用之以为招待品。愚夫愚妇，视为病者良药，珍贵补品，西南各省产量之多，吸者之众，全世界全国，殆无其比。即以天全宝兴两个极贫之小县而论，黑化程度，已可惊人。稍有家产者男女老幼终年不离烟灯。即使时患饥寒之民众，虽衣食无着，但也须想法设法，大过其瘾。前据宝兴当局调查，全县户口仅三千余家，烟具四千余套。于此足证边民吸烟普及之一般。如斯社会，危害万状也。”[1]在杜大华记述中，吸烟的群体中也有老师，“且常有教员嗜洋烟者，学识办法皆无”。

杜大华在《天宝见闻录》对洋人教堂影响当地政治经济文化时记述道：“教会事业在边区异常伟大，过去土人认为不可耕种之地，外人则以贱价收买，加以开劈，逐一变而为可种之地，租与土人耕种，坐收粮食。于是日积月累，权势渐次扩充，吸引男女入堂，念诵礼拜。贫苦者常由教堂贷与粮食钱物，以济急需。例付息金，常较汉人为轻，故一般愚妇愚夫，对于洋人之信仰特深，相处日久，被其同化入教者亦多，凡教会势力所及之地，无一人不为吸引加入。且进一步，各处教堂并代理民间诉讼，及调解一切纠纷，以其较汉官评理教公，要钱较少故也。常有少数教民，昧尽良心，欺压同类，当双方起诉于教堂时，教民又少有不胜诉者。因此，教堂之权威，直有县府而代之之势，目前政府当局，不但不设法制止，尚出示保证，谓之有关邦友，现状如此，后患何堪设想也！”[2]这些对研究当地的宗教等均有参考价值。

俞德浚当年考察宝兴后，感叹说：“至今沿河诸谷，林木畅茂未开发，复以县中人烟稀少，建筑燃料之消耗无多。高山植物社会，仍可保持其自然状态，诚研究植物生态学者之适宜处也。”[3]

而今，雅安仍以生物多样性丰富而著称，如何保护生物多样性，考验着当代人的智慧与行动力。希望我们能保护好俞德浚眼中的“研究植物生态学者之适宜处”，让丰富的生物资源造福于民。

---

[1] 杜大华. 天宝见闻录（续）[J]. 新世界，1934（55）：40.
[2] 杜大华. 天宝见闻录（续）[J]. 新世界，1934（55）：40.
[3] 俞德浚. 四川植物采集记（续）[J]. 中国植物学杂志，1935，1（4）：443.

附　录

附录 1

四川植物采集记（续）之四

花木满谷之宝兴

中国西部科学院　俞德浚

今岁采集为本院采集川康植物计划之第二期工作。原计划分为三组：第一组赴川西北一带，如松潘、理番、汶川、茂县以及川甘边境各地，由杜大华君担任。第二组赴川西天全、宝兴、懋功、灌县以及川康边境等处，由俞季川、孙祥麟两君前往工作。第三组则派彭君彰伯在峨眉、峨边两地，专作苗木籽种球根等之搜罗。五月十三日，自北碚出发，经合川、安岳、乐至、简阳抵成都。适以省内战争爆发，郫灌道阻，川两北之交通断绝无已，乃改变行程计划，工作人员亦有更动。一二两组合并先去雅安，转赴宝兴采集。计在宝（兴）各山分组工作，达月余日复在鱼通会合。此后为实现预定之工作计划，乃由俞季川、孙祥麟二人，取道懋功、抚边、理番杂谷脑北上松茂各地工作。留杜大华在鱼通、天全、宝兴、芦山等地继续为详细之搜罗。至往峨眉工作人员，在峨山采集月余之后，原拟转峨边，乃以峨嘉等处匪患所阻，中途折回。秋间刘振书君复登峨眉搜集大批之林木籽种。此为工作分配之大概情形也。

计各组采集工作，在（民国）二十二年十二月底或二十三年一月初间，始告结束返院，为期先后达八月余，其在川西北所得标本九百四十九号计一万余份，林木籽种三十余种，木材标本五十四号，药材标本四十号，苗木一百余株。在川西区采得标本八百二十八号计九千余份，林木籽种四十六号，木材标本二十一号，苗木二百余株。在峨眉所采集标本六百余号计三千余份，林木籽种三十余号。惟今年采集出发时以受川战影响改变行程，到处匪警治安堪虞；复以川西北一带大地震为灾，交通梗塞，旅运艰苦。许多预定区域，未能勘察普遍，详细搜罗尚有待于来年之补充工作也。兹以沿途观察所及，拟为简略报告，以见川西北各地植物分布之概况。

宝兴旧为穆坪（Mupin）土司管辖区域，民（国）十七年收复设治，始改今名。县境四面皆有大山，中有两河灌溉南北，俗称东西两河；至县城附近始合流为一，经灵关、芦山与天全河相会为青衣江之上游，下流经雅安、嘉定注于长江。宝兴界内溪流湍急，滩险甚多，不但无舟楫之利，即冲漂木材均生横阻。至今沿河诸谷，林木畅茂尚未开发；复以县中人烟稀少，建筑燃料之消耗无多。高山植物社会仍可保持其自然状态，诚研究植物生态学者之适宜处所也。

我等到达宝兴之后，即在县城附近之教场沟与冷瀑（木）沟采集，更分组赴东河之邓尺（池）沟与西河之赶羊沟工作。山路皆沿河上行，羊肠险阻，藤棘载道，流水溅花，声撼山谷。途中多依岩石架木而过，俗称偏桥，或为一二树干所支之独木桥。更上行则山益陡险，溪流渐小，非跣足涉水不能通过。登山采集，支幕露宿，一切饮食用具，均须预为准备。高山多雨，衣被浸湿殆为常事。山中植物种类繁多，森林生长茂密，为川西各县所仅见。早春期间，山花怒放，红紫争艳，点缀于苍翠郁闭之松杉林中。高山草原浅绿平铺，群芳散布如织锦，观夫自然界之伟大壮丽，使人工作兴趣勃发，殆已忘却旅居跋涉之辛苦矣。

教场沟与冷瀑（木）沟在县之东北十余里，平地海拔一千三百公尺。地多开辟为农田，春季作物为油菜、鸦片、马铃薯，夏季则植玉米、豆类，土质肥沃，雨量充足，年中收获颇丰富。但产米极少，因自来通渠灌田，为土司所禁止，农民相沿成习，亦不善于耕种稻田矣。田边白杨（*Populus sp.*）、枇杷（*Eriob otrya japonica* Lindl.）、胡桃（*JugIans regia* L.）、漆树（*Rhus rernicifera* DC.）为习见之树木。若上行则多次生之灌木林，如两种柳树（*Salix spp.*）、马桑（*Coriaria Sinica* Maxim.）、火棘（*Pyracantha crenulata* Rocm.）悬钩子（*Rubus sp.*）等。高大乔木不多见，因距城较近，时加斧斤，供薪炭之材料故也。更上则可见四种槭树（*Acer sp.*）、三种南梨（*Neillia sp.*）、两种卫矛（*Evonymus sp.*）、两种樱桃（*Prunus sp.*）、两种荚蒾（*Viburnum sp.*）、两种溲疏（*Deutzia sp.*）、山梅花（Philadelphus sp.）、旌节花（*Stachyrns sp.*）、齐墩果（*Styrar sp.*）、桦木（*Bctula sp.*）等落叶林中，混以忍冬（*Lonicera sp.*）、猕猴桃（*Actinidia sp.*）、五味子（*Schizandra sp.*）、马兜铃（*Aristolochia sp.*）之藤本。时各种落叶树方始萌芽，惟荚蒾、溲疏、山梅花正盛开，粉白相间，清香徐来。间有少数常绿之杜鹃与樟料植物，夹杂其中，但花期已过，满地缤纷矣。

更上行自二千五百公尺之山腰以至二千九百余公尺之山顶，则落叶树木渐少而代以常绿林。冷杉（*Abies delavayi* Franch.）、铁杉（*Tsuga chinensis* Pritz 与 *Tsuga yunnanensis* Mast.）、紫杉（*Taxus chinensis* Rehder.）与少数云杉（*Picea Cornplanata* Mast.）之竹叶树下，有各种灌木式之杜鹃（*Rhododendron dendrocharis* Fr.，*R. orbiculare* Dec.，*R. strigellosum* Fr.，*R.* Wilsonii Hem et wils.）与密茂丛生之矮竹林。时杜鹊花正盛开，点缀万绿丛中倍极美观，所惜春初山间多雨，时为云雾笼罩，不克常观此好画图也。山后为去天全县太平场之小路，距离村镇较近，林木多被焚烧砍伐，惟少许丛林或荒芜草原而已。

离宝兴县城西行，过两河口沿西河上行，两岸多峭壁，大道皆自岩间凿石成阶，梯级而过。据传昔日为偏桥，沿峡架木以行，因来往人多，危险时起，乃改辟隧道，以便通行。途中田园相望，村落三五，田边仍可见栽植之胡桃、皂角、枇杷、板栗、杏树等。路旁则多迎春（*Jasminum sp.*）、两种小蘖（*Berberis sp.*）、齐墩果（*Styrax sp.*）、醉鱼草（*Bucldleia sp.*）、解宝叶（*Grewia sp.*）等稀疏灌木。抵初旭村沿西河之一支南行，则为赶羊沟，在村中预备米粮菜蔬，并加请力夫多人，因自此即入深山，人迹罕见，购买不易，每日均须露宿，山路益渐崎岖，多行偏桥或跋涉岩石，力夫不能负重矣。

赶羊沟下，村庄附近多为白杨（*Populus sp.*）、赤杨（*Alnus cremastogyne* Burk.）、椿树（*Ailanthus alttiusima* Swingle.）、火棘、马桑、胡颓子（*Elaegnus sp.*）、水麻（*Debregeasia sp.*）之类。渐上则林木渐丰，落叶灌木林与常绿树林混布丛生。流水行峡谷中，波涛汹涌，皆呈白沫状。“龙结盖”为一深潭，急流聚止，静水呈深绿色，闻前此在山伐木者，所放木料冲运至此，即不复下行，积藏至数百株尚难填其深壑，是以先后失败者甚多，大都为交通上之限制也。

自石窖头而上大小鹿井，登五朝雪山。沿溪旁三种柳（*Salix* sp.）成林，枝条细密，可蔽天日。其间复杂以醉鱼草（*Buddleia sp.*）、八仙（*Hydrangea sp.*）、荚蒾（*Viburnum sp.*）；溲疏（*Qeutzia sp.*）、山梅花（*Philadelphus sp.*）、忍冬（*L.onicera sp.*）、丁香（*Syringa sp.*）、铺地蜈蚣（Cotoncastcr moupinensis Franch.）等灌木。乔木林中则以山麻柳（*Ptero-carya hupchensis* Skan.）、蜡瓣花（*Corylopsis Wiilmottiae* Rehd. et Wils.）、藏榛（*Corylus tibetica* Batal.）、臭桃（*Prunus pnbigera* Kochne.）、方氏鹅耳枥（*Carpinus Fanginna* Hu.）、紫荆叶（*Cerciciphhllum japonicum* Sieh et Zucc.）最为普通，皆新叶萌发，花苞始放。二千七百公尺以上则冷杉云杉渐多，林下点缀以桦（*Bctula sp.*）、槭（*Acer lariflorum* Wall 与 *A. tetramerum* Pax var lobalatuni Rehder.）、南梨（*Neillia longeracemosa* Heinsl.）、悬钩子（*Rubus* sp.）、忍冬（*Lonicera sp.*）、花楸（*Sorbus sp.*）、白蔷薇（*Rose sp.*）等耐寒落叶乔木或灌木与常绿之杜鹃花（*R. villosum* Hem. et Wils.）。三千二百公尺以上几全为冷杉之占领区域，林下苔藓厚积，矮竹丛生，阔叶树木已不多观矣，大小鹿井位峡谷中，林菁幽深，泉水清澈。初春时节麞鹿三五，往来其间。冷杉林中则有金线（丝）猴十数成群攀援树上，若非遇极敏捷之猎手，彼等优游山泉，终年度其安乐生活也。

石窖头高二千一百五十公尺，旧有村落开垦农田，出产玉米、小麦、豆类。所惜以山中野兽，如野猪、马熊之类甚多，时来践踏掘食。昼伏夜出，农民无法抵御。岁中收获难以糊口，是以农田大半放弃，荆棘丛生。其中常见者为柳树、悬钩子、胡颓子、山花椒（*Xanthoxylum sp.*）、八仙花（*Hydrangea sp.*）、艾蒿（*Artemesia sp.*）、蓬菊（*Leontopodium sp.*）、苦苣菜（*Lactuca sp.*）、泥胡菜（*Saussaurea sp.*），以及禾本科、莎草科之小草与少数蕨类而已。年中农民来此二三次，收集杂草，燃为灰烬之后煮水取碱，除供日常洗涤、食料、肥料之用，并可运销各处以为生产。此外则常錾木为筒，悬崖壁旁，引山蜂其中，任其繁殖，岁秋不劳而可获得大量之蜂蜜。盖以山花遍野，蜜源植物最为丰富之故也。制蜂筒最常之木料，为山麻柳、方氏鹅耳枥、紫荆叶（俗名山白果）三种。取其木质细密柔软易于施工，或常伐云杉（*Picea complanto mact.*）之干材，开为板片以代屋瓦。山中造屋此为最普通之建筑材料，或将云杉薄板加火烤曲，制为蒸笼，或取山麻柳之木材，刳为瓢形用以取水，是皆山居农民秋冬间之副业也。

赶羊沟自石窖头上行，路益险峻，一日之间渡独木桥四五次，行程不过二十余里。桥皆圆滑，由树作成，不加修整。有时峡谷两面皆绝壁木桥无法支持，冬季水浅涉行以过，夏秋洪水期，则非自悬岩上匍匐移行不可。岩石间隙有时窄狭不能容两足，须先后替换梯级而过。路之奇险，令人毛戴！ 中间经过独自高百数十尺之悬岩有瀑布三段向下直流，水石相冲水花喷出如细雾，峡谷间风势紧急，寒气迫人，来往小路皆自瀑布前通过，呼吸急迫如在急雨中行走，一霎那间衣履尽湿矣。

途中所见为针叶树与阔叶树之混合林，铁杉、云杉、红杉（*Larix Potaninii* Batat.）、桧柏（*Juniperus sp.*）之外，则为槭（*Acer* Davidi Fr.，*A. giraldiiPax.*）、椴（*Tilia sp.*）、杜鹃（*Rhedodendron sp.*）、钩樟（*Benzoin sp.*）、荚蒾（*Viburnum sp.*）、藏榛（*Corylus tibetica Batat.*）、木兰（*Magnolia sp.*）、水青树（*Euptelea pleiospema* Hook，et Thomo.）、鹅耳枥（*Carpinus Fangiana* Hu.）、山麻柳（*Pterocarya hupeheneis* Shan.）、吊钟花（*Enkian thus chinensis* Fr.）、山桑（*Moms anstralis* Poir.）等。林下多柳（*Salix sp.*）、茑（*Ribes sp.*）、丁香（*Syringa sp.*）、紫金牛（*Myrsinfe sp.*）、六条木（*Abelia sp.*）、悬钩子（*Rubus sp.*）、山梅花等灌木枝叶密生，不易插足。两河口附近山多峭壁。山上有松林（*Pinus tabulaeformis* Carriere.）老树参天，雄据峰顶。赶羊沟至此分为二源，我等循河之左支继续西上，暮宿于打枪棚（2 930m），而往附近中梁子、钩鱼台、青草塘各山采集。

中梁子为一山脊，位于赶羊沟上游两溪之间，山脚沿河附近林木繁茂，仍为常绿与落叶树之混淆林。林中见有设陷阱以捕麞者。法以四条长约尺许之长方木板，埋置地下成方井，而于井中设套绳，此绳复于附近之一 已破折曲成为弓形之小树相连。猎者熟知此种动物之生活习性与来往路径，沿途各山林下，皆设有此种圈套，多至一二百架。麞出经行井中，两足则为套绳所系，而挂于弹性恢复直立之小树上，不能逃脱矣。猎麞者以雄为贵，其生殖腺附近方芳香腺，可以制为珍贵香料之麝香。山中一部森林，惨遭野火，繁茂之冷杉林仅留粗大黝黑之树干，耸立于悬钩子（*Rbus sp.*）、醉鱼草

（*Binwleia sp.*）等复生丛密多刺之灌木林中。三千公尺以上始得再见林木，杜鹃之种类颇多，惜时已晚，开花者仅一二种（*R. villosnm* Hem. et Wils.）。次则如白色蔷薇、紫花忍冬、白色金梅（*Potentilla Fruticosa* Linn var.）均著花满枝，引人注目。林下苔藓厚积，倍增湿润，常可见凤仙花（*Imgpnticns sp.*）、附子（*Aconitum sp.*）以及各种蕨类。

中梁子后山以及青草塘附近，则山高寒重，林木渐少，均为高山草原，浅绿平铺，一望无际。复夹以粉红色之马先蒿（*Pedicular.*）、牻牛儿苗（*Geranium.*）、秋牡丹（*Anemone.*）、乌足兰（*Satyriutn.*）、白色之蓬菊（*Leontopodiam.*）、山蓼（*Poygonum.*）、独活（*Angelica.*）、金黄色之毛茛（*Ranunculus.*）、金丝桃（*Hypericum.*）、紫堇（*Corydalis.*）、龙胆（*Gentiana.*）、紫蓝色之鸢尾（*Iris.*）、泡参（*Campanula.*）、樱草（*Primula.*）、刺参（*Papnver.*）、猩红色之大黄（*Rheum.*）、芍药（*Paeonia.*）、岩韭（*Allium.*）。星罗棋布点缀其间，远望之不啻一幅嵌花绒毡也。惟山阴避风之处则有矮小之杜鹃林（*R.nitilulum* Rehder et Wilsoon）、金梅林（*Potentilla Fruticosa* Linn. var.）、盘香柏（*Juniperu sp.*）、矮柳（*Snlix sp.*）等铺地蔓生，枝叶细密，皆可为高山植物之代表。更上行经金斗坡而上狮子山，草原疏散，但除流沙走石。秋冬两季常见积雪，春夏之间则沙石中，偶见多年生之景天（*Sedum sp.*）、蓼（*Polygonum sp.*）、樱草（*Primula sp.*）等体小而根深之草本。山顶皆壁岩裸石，奇峰插天，时有烟雾笼罩，除少数地衣苔藓之外，已不复见植物之踪迹矣。

宝兴全县四界均为群山环抱，三千五公尺以至四千余公尺之地带，皆为高山草原，此种丰美草原，除可供畜牧之外，每年复有大量药材之出产。居民赖以生活者约十之七八，为农家重要副产之一。药材之种类既多，成熟采掘之时间亦不同。例如旧历二三月间采独活、赤芍、绵芪，并掘虫草。四五六月间掘贝母，设阱捕麞以取麝香。七八九三月间掘取羌活、大黄、木香等。其中最贵重者为虫草与贝母。虫草也亦称冬虫夏草，为一种菌类（*Cordycep Sinensis* 属肉座菌科）寄生于昆虫之幼虫体内。早春期间自虫之头部抽出子囊则可采取。虫体黄褐色，菌柄深褐色，共长五六公分，宝兴金汤两地毗连之高山地带皆有之。随处可以采取，产量无定，年中出口贩卖，中医作为滋补上品，且有抗鸦片毒之效。贝母为百合科一种（*Fritillaria roylei*）之地下部鳞茎，烘干后尖卵形乳白色，直径长自五公厘至十公厘不等。中医入药有止嗽退热之功，为疗肺病喉病之珍品，全年产额约一二千斤。当地市价值洋五六千元。因有此巨额贵重药材之出产，为管理保护计，乃有药棚之组织。由当地绅富为棚主，在山支架板棚，预备各种消费用品，如草鞋、灯油、玉米、麦粉，布锭、线盐、腊肉等物。集合当地汉番男女老幼登山，分区掘取烘制药材。采得贝母之后，除以少数供献棚主之外，余则用以互换所需之食品或用物。至于所采母，虽仅为植物学上之同一种类，而在药山上为认识便利计，复依其花叶数目及形状分为以下诸品种：贝母苗初生时，高二三寸，仅具一叶时谓之一匹草；缀两叶者谓之双飘带；若更生长高至六七寸，有叶十余片谓称为树儿子；同上而无顶芽者称之糖巅子；已开花者则称灯笼花，结果之苗则谓八卦种。此皆同为一种，而在药夫眼光中因其地下部鳞茎之大小与其在药物上之价值各异，故亦不厌烦琐，而分别之也。我等登山采集，正值贝母棚期，宝兴境内如西河上之两河口、城墙岩、赶羊沟之青草塘、中梁子，东河上硗碛之咔日沟、蚂蝗沟、泥巴沟高上草原地带皆有药棚之设立，每棚中数十人至百数十人不等。昼间集合登山掘取贝母，夜则围火团坐，歌笑互怡，遂使此幽静壮丽之高山旷野，增加一种熙攘活跃之现象。而于食品之供给力夫之雇请，道路桥梁之恢复亦与采集旅行有若干便利焉。

越狮子山后，即属鱼通界。鱼通原为康定县之一区，旧亦穆坪土司势力范围，今已筹备设治称金汤县。下山沿溪谷两旁多水柏（*Myricaria germanica* Desr）、鲜卑菊（*Sibiraea laevigata* var. augustata Rehder.）等灌木林。向阳燥地则有蛮青冈林（*Quereus.*）、矮杜鹃林（*Rhododendron nitidulnm* Rehder et Wilson.）。更下始见高大之冷杉林，中混以少数云杉（*Piece sp.*）、铁杉（*Tsuga yunnanensis* Mast.）、海鼠李（*Hippohae rharnnoides* L.）等。此下复沿河西行抵青岗坡途中不少茂林，如松（*Pinus tabulaeformis* var. densata Rehder）、槭（*Acer tulrescens* Rehder）、桦（*Betulajaponicvor szechuanica* Sch.）、椴（*Tilia sp.*）、杨（*Populius sp.*），与钩樟（*Berizoin sp.*）、榛（*Corylus heterophylla* Fisch.）、绣线菊（*Spiraea sp.*）、铁线莲（*Clematis sp.*）等灌木林。林下有百合（*Lilium sp.*）、蒿（*Pedicularis sp.*），黄红相间，美丽悦目。青岗坡以下则林木稀少，

村落渐多。初夏期间农民正忙耕作，番女山歌互答，悠扬自得。直抵寇家河坝，麦陇青葱，碉房三五，若非见有木牌之揭示，尚不知已入筹备中之县城也。

就上匆匆观察，知宝兴境内植物社会，大半仍可保持其自然状态，其垂直分布约可分为以下四段。

1. 一千三百公尺至二千公尺之平地或丘陵，为农垦地带，此带多荒芜草原或灌木林，主要成分为各种柳树（*Salix spp.*）、马桑（*Coriaria sinica* Maxim）、荚蒾（*Viburnum sp.*）、绣线菊（*Spiraea sp.*）、悬钩子（*Rulus sp.*）等。

2. 自二千公尺至二千六百公尺地带为落叶树林带，主要成分为槭（*Acer spp.*）、桦（*Betiila spp.*）、榛（*Corylus Tibetica Bata.*）、杨（*Populus sp.*）、椴（*Tilia sp.*）、麻柳（*Pterocarya nupchensis* Skan）、鹅耳枥（*Corpinus sp.*）诸属。

3.自二千六百公尺至三千五百公尺地带为常绿针叶树最繁茂区域，其主要成分为冷杉（*Abies Delavayi* Franch.）、云杉（*Picea sp.*）、铁杉（*Tsnga chinensis* Rehder and *T. yunnanensis* Mast）、红杉（*Larix Potaninii* Batrd.）等，林下则以常绿阔叶之多种杜鹃（*Rhododendron* spp.）最占优势，次则矮竹林。

4.自三千五百公尺以上之高山均为草原。常见植物如樱草（*Primula sp.*）、龙胆（*Gentiana sp.*）、毛茛（*Ranunculus sp.*）以及菊科、兰科、伞形科、唇形科、禾本科、莎草科等小草。间有矮小杜鹃林（*Rhododendron spp.*）、金梅林（*Potentilia frutillcosa* Linn Var.）、蛮青冈林（*Que reus sp.*）、矮桧林（*Juniperus spp.*），但皆分布不广耳。

至于地理上之水平分布，各地差异甚少，惟面积之广狭不同。因宝兴位于群山万谷中，居民稀少交通不便，各地林木多未砍伐。其中如邓池沟、黄水河、赶羊沟、大小鹿井、梅里川、硗碛、中岗等数处，纵横一二百里之森林，直径三四尺之树木，均极普遍，此后殊可有大量木材供吾人之开发利用也。

（原载《中国植物学杂志》1935 年第 1 卷第 4 期）

附录 2

天宝见闻录

杜大华

天全宝兴两县，位于四川之西部，与西康之泸定康定两县接壤。宝兴旧为天全县属地，乃穆坪土司势力范围。地广人稀，汉夷杂处，土司与头人权威极大，自民国十七年改土归流，委官设治，始有今名。于是取消土司权利，视汉夷为一家。数年来各种建设，未曾举办，人民负担则数十倍于往昔。兼之山水阻隔，文化幼稚，向来所奉派之行政人员，均认为极苦差事也。因之一切事业，无由兴办，一切实情，国人无由知悉。去岁（民国二十二年）因采集生物标本，旅居边地达半年余，见其天产地藏之丰富，人民生活情形之特殊，因将其真情实况，纳于日记册中。识见有限，复拙为此文。今兹披露，粗草不文，惟自信所述皆事实，尚祈关心边区事业者予以明教也。

一、地　理

天全县偏处川西之一隅，东与芦山县交界，东南与雅安毗连，东北与邛崃大邑懋功等县交界，北接宝兴，南界荥经，西与西康泸定之鱼通接壤，计东西长三百余里，南北宽二百余里。全境东南低平，农产丰富，人烟稠密，西北多山，居民稀少，森林遍野。全县中十分六七之面积，向为人迹所罕到也。

宝兴县东西宽约二百里，南北长三百余里，县境内四面皆为大山。现有人口三千余户（未同化之夷人估计十分之一，分住硗碛一带），居民沿东西两河及各溪流谷而居，鲜与外人通往来。各种出产至丰，惟经营不得其法，且为洋烟所害，人民生计仍多有朝不谋夕之苦。计东南与天全接壤，西与金汤（旧为康定之鱼通，现隶属四川，名金汤，预备设治）交界，东北两面与懋功灌县交界。

二、交　通

目前现况，天全宝兴虽属边荒之地，然其物产之丰富，有非外人所能推知者。现时土产之运出，日常生活品之输入，均赖商贩周转。因交通至为不便，各物所需运费，常为成本之数倍。天全县城距雅安仅七十里，商货运输往返，常耗时四五日。宝兴距雅安则为二百里，即需费十日之时光。目前，各县大道能通肩与挑担外，余如各乡镇均属羊肠小道，险峻非常，进出货物，概系人力背运。更有附岩之偏桥，一树所成之独木桥，岩壁穿通之石道。土人经惯不惊，而初往边地者则视为畏途。有此千山万水阻隔，足致十分七八之男女，（女子占十分），始终存亡活动于不出十里以外之世界。天宝交通，实如前述，亟须改良，固不待言。在目前内战外患，官民经济交困之际，欲创修铁道及汽车路，决难实现，而促成各处之人行道，则为刻不容缓。其中有如天宝线、天芦线、宝鱼线、宝懋线，以上诸线皆为天宝交通命脉。如修通后，不但进出货物方便，物价低廉，灌输文化，开发产业，亦将赖之次第进行。又边地所在皆有牧场，设能多养牛马以替人运，则更经济多矣。

三、物　产

在内地常见许多人费劲心力去谋生活，仍终身不得温饱。今来边地，却羡随地可以谋生。但现时边地居民，多守贫守弱，啼饥号寒，因边人智识落伍，不善开发。且以滥吸洋烟者居泰半，作事者除老弱妇孺外更无几许，故每人工作所得代价，仅足个人衣食及洋烟之消耗，或尚不足，带账累累，狼狈不堪。至内地人亦有不少在边地谋生者，大都经商居多。每以山川道途险阻，盗匪出没无常，多数商贩常遭抢劫，因多裹足不前。政府即无招来之方法，又无保障之权威，此殆内地人宁愿饿死家乡，不肯冒险边地之一最大原因乎。兹将边地各种财源，略数如下，以供有志边事者之参考，并盼能引起其经营边地之兴趣焉。

甲、动物

（一）家畜

边区山多无田，除不宜水族动物生活外，如牛羊猪马鸡犬猫兔鸽等，各处均可发现。惟因人民生活简陋，饲养者少，食用者不多。

（二）野牲

边地山大林茂，凡森林所在之地，皆为野产禽兽之栖息所。种类之多，质料之美，尤非家畜者能比拟。对于人生，颇可利用。少数有害者，亦能设法制服，或竟可化无益为有用，兹举常见者数种类如下：

1. 鹿子。各大山均有之。土人常往猎取，其嫩角名鹿茸，入药价极昂贵，每架大者可值二百余元，小者亦数十元不等，皮可制革，肉乳可食。

2. 獐子。产量较鹿子尤多，故有人终年在山中作绳捕捉。割其雄者脐部生殖腺之一部，名麝香，为上品香料，其价格昂贵，每两可值六七十元。皮质柔软，为用最大。毛可作枕褥，肉亦可食。

3. 白熊。此为华西特产之新种，为数不多，极难捕得。美人视之为至宝，曾悬赏数百美元，迄未获得。今土人偶有猎得者，但以不善饲养，又不善剥制，均为死坏无用矣。腹部有斑纹，极美丽，富者用为卧褥。俗卧此者，有祸福至，立可预知，至为可笑，其他用途未见书知。

4. 野牛。体大如家牛，毛金黄色，形态凶猛。肉可食，皮毛作褥，四蹄及角可用为药用。牛肚尤其为珍奇，以其常食药用植物，消化力强，相传可医诸般杂症，故每得一牛，售价可三四十元。

5. 野猪。野猪在边地繁殖极速，常数十成群，下山掘食农作物。农家极苦之，无法驱除。肉可食，味甚美。全身肌肉多，脂肪少，故行动极速。每头重约二三百斤。

6. 老熊。此兽为害农作物不亚于野猪。其胆及四掌，均可入药。掌肉可食，皮毛作褥。此外如山羊、猴子、雪猪、刺猪、鹿子、黄连鸡、贝母鸡、野鸡等，殆难尽举。取之不竭，用之有济，故土人有赖此以谋生者，有靠此以致富者。

乙、植物

（一）农作物

天全产稻区域，约占十分之三，宝兴则全无。年前由川康屯殖部派人在羊村改土成田。实验种稻已成功，尚未推广。惟其他高山地带，以受气候土壤水量之限制，尚无办法。农作物中以玉属黍、马铃薯、豆类为大宗，亦主要民食所繁也。蔬菜亦与内地相仿，不过较少耳。至于施肥锄草，多未讲究。所有播种，或系烧山，或仅给一次施肥，一遇天灾及虫害，则束手无策，以致生产不多，民食恐慌。故目前各地可耕荒地，所在皆有，现据各处残留之屋基，推知清末民初此地人民，尚较目前稠密。穷其荒地日多，人口顿减少之原因，不外：（子）对政府之负担过重而他徙。（丑）病疫发生，医药难求，而至全家死绝。（寅）受土豪劣绅之层层剥削，不堪其扰。（卯）缺乏智识，一切均为听天由命。工作不求改良，以致不得不丧失。以上四者，而今犹然，当局者宜加以注意焉。

（二）森林

天全宝兴两县森林之广多殆为内地人所难想像者。记者曾数度工作于川省各边区，然未见有如天宝森林之繁茂者。全面积除十分之一二为耕地（海拔 900 ~ 1 000 米），十分之一为草坡（碱山），十分之一为杂木林（1 500 ~ 2 200 米），其余全属大好森林，最大树高达二十余丈，直径五六尺。主要树种为泡杉、麦吊子、铁杉、白杨、赤麻柳树等，均为建筑良材。惜因交通不便，运输困难，始终自生自长，自花自宝，平时受天灾（冰雪将树压倒）人祸（烧山）损坏者，殆难以数计。前数年川康军曾在天全境内大举伐木，数百人砍三两年，尚未去九牛之一毛，森林之大，可以想见。如交通方便，将全部木材运至内地求售，当不知值若万万元也。是天宝富源，固藏于如此偌大之森林矣。

（三）药材

天宝药材，产量最丰，且价廉物美。其中如虫草（每斤价值十余元）、贝母（每斤价约三四元）、每年夏末秋初，各地赖此以生者，凡数千人。至于每年产量，尚无统计。除羌活、大黄、独活、香本、条芍、木香、牛膝等数十种产量尤多、价最廉。以上诸药，均系山野生产，任人采取。惟产虫草贝母各山，概为各县照管征税。如政府能于各山提倡栽培药用植物，就地育苗繁殖。将来产量增多，政府税收，人民生计，均能维持矣。

（四）果树

天宝果树虽多，而质味多不及内地者之佳。常见种类，有桃子、胡桃、柑子、李子、杏子、梅子、枇杷等。其野生可供食用者尤多，兹不赘述。其中桃子产量特丰，味尤佳美。胡桃亦所在皆有。又有山胡桃，果实较家胡桃为坚硬，含油量极大。如能略事培植，增加产量，可供大规模榨油之用。果仁可佐食，木材又为用具良材。

（五）鸦片

天宝种烟者特多，在小春中约占豆麦面积之大半，现更以全部土地种烟者。各地人民已经黑化，今后殆将以鸦片果腹矣。

丙、矿物

天宝两县不但天产极多，地藏也富，所至均有人谈各种矿产所在地以及过去经营之情形。惜以交通限制，墨守旧法，办理者常遭失败。或以已有成效而遭捐税之重苛，土匪之蹂躏，以致不能进行者亦所在多有。目前能勉力撑持者，尚有天全之磺厂、宝兴之铁矿厂和磺厂。早已停办者，如宝兴之铜锑等厂，天全之银厂煤矿等。各处燃烧料均赖森林供给。煤则无人开采，仅天全附城有人少数取用。兹将办理成绩素著者达来西铁矿厂概况，调查如下：

1. 厂名：达来西铁厂。

2. 产地：金汤铜陵沟。

3. 厂主：徐正泰。

4. 性质：私资独办。

5. 成立时间：民国二十年。

6. 资本：自开办至今，各种设备及消耗已达三万元，将来无定额。

7. 矿山分布：自厂地附近起，东北与宝兴县交界，北与懋功交界，长凡百余里，宽也数十里，系一山脊，矿石裸露地表。据测量结果，约深十余丈，矿量埋藏之丰富，当可概见。

8. 成份：据地质学家刘丹梧氏分析报告，含有亦铁矿百分之七十以上，又据厂方自称土法提炼，亦有六成以上。

9. 架炉材料：该厂最初用本地岩石作炉，殊不久烧化，对于治铁工作影响极大。后乃派人在荥经购买耐火炉石，铁炉之建筑始克成功。

10. 每日出品量：目前只有一炉提炼，自加炉后，与杠炭合烧，经一日一夜（名一炉水，生火后继续上矿，可经数十日不熄），可出生铁板 3 000 斤，用杠炭 6 000 斤以上下。

11. 销场：打箭炉附近几县，及懋功丹巴灌县成都等地。惟以山路困难，过去概用人背。目前正积极修建金懋（金汤至懋功）马路，将来改用马或者牛来运输，铁价当可便益。

12. 工人及待遇：全厂及矿山柴山共计三百余人，除少数技术工人系由外间请去者外，属于用力者（如运铁、砍柴、烧炭、修路、打杂等），概征调夷人使用，每人仅供给伙食。一切使用食物，亦由被征调夷人自带。（按厂方每日给每人口量可值八九仙至一角大洋）此法似觉欠妥。为厂方事业永久计，对征调夷人办法，宜筹改善之策也。

四、教 育

天全宝兴等处，目前交通不便，风气未开。此种环境之下，文化自难输入。一切事业，无由进展，所有宝藏无法开采，人民生命异常简陋，根本救济之法当以普及教育为首。兹就所观察所及，简述两县教育如下：

甲、学校教育

（一）天全方面，现有男高三所（一在城内，一在始阳，一在灵关），及各乡镇初中小学二十余所。校内学生，多至六七十人，（指高小）少至数人。教职员薪俸高级全年 200 元，初级 100 ~ 140 元，至于一切设备，因无款项，均付缺如。各种教育法，亦多有需改良之处，每年毕业后，学生多数不出外升学，（一因学力不足，二因经济缺乏）故留学雅安或成都者，有如凤毛麟角。

（二）宝兴全县高级小学一所，在城内。（宝兴街上旧名穆坪，无城市）有教职员四五人，学生四十余人，全年经费八百元。至于闾甲虽有初小五六所，内仅教师一人，总揽一切。学生多者余人，少者数人，至于校内设备，仅高低长短之桌凳而已。且常有教员嗜洋烟者，学识办法皆无。学生混数年，而对已教课本，尚不能完全认过者。

乙、社会教育

边区学校教育，尚且简陋如此，社会教育，当可想见。惟天全有一私人捐款设立之图书馆，惜军匪之蹂躏，目前存书无几。至于其他乡镇，即报纸亦均无人订阅，国事、川事，多系信口传说，真假虚实，无法证明。人民眼光，可以概见。前年川康军屯殖部，曾在各县较大乡镇设立民众夜校，推行民众教育，惜属创办，未见效果，已因战事而关门久矣。

五、宗　教

甲、本地迷信

边区人民，因无受相当教育之机会，识见有限，迷信自深，更有人焉，每日不务实际工作，专赖说神谈鬼欺骗乡人，取得优厚供给。故无论男女老幼，士农工商，对于起居饮食，出作入息，皆未忘鬼神之所赐。一切事业之成败，亦莫不赖诸鬼神之庇护，而不求进步也。是以每家早晚，必焚香祷告，以消灾而求福，因此精神、时间、金钱，均有极多之消耗，庸人自扰，实可概也。

乙、教会势力

教会事业在边区异常伟大，过去土人认为不可耕种之地，外人则以贱价收买，加以开劈，逐一变而为可种之地，租与土人耕种，坐收粮食。于是日积月累，权势渐次扩充，吸引男女入堂，念诵礼拜。贫苦者常由教堂贷与粮食钱物，以济急需。例付息金，常较汉人为轻，故一般愚妇愚夫，对于洋人之信仰特深，相处日久，被其同化入教者亦多，凡教会势力所及之地，无一人不为吸引加入。且进一步，各处教堂并代理民间诉讼，及调解一切纠纷，以其较汉官评理教公，要钱较少故也。常有少数教民，昧尽良心，欺压同类，当双方起诉于教堂时，教民又少有不胜诉者。因此，教堂之权威，直有县府而代之之势，目前政府当局，不但不设法制止，尚出示保证，谓之有关邦友，现状如此，后患何堪设想也！

六、工商业

甲、工业

天宝两地，因交通不便，文化闭塞之故，大规模之工业无法筹办，人民除农作外，亦有作简易之小手工业，以维持生活者。若能改良扩充，其裨益国计民生，当非浅鲜。兹就目前状况，详述如下：

（一）伐木

伐木事业，过去均私人小本经营，失败者多，成功者少，后为川康军所探得，知有开伐之价值，乃由少数军政人员发起，集资伐木，以士兵任运木工作，至于砍树锯木，则雇木匠及土人任之。经二三年之久，颇有收获。以现有森林而论，尚未去千分之二三。惟江河险阻，运输较为困难，若能将河滩石，稍加开錾，对于运输木材，当更利便。计能运木之河流，有天全河（即天全西北面蜂子河）、银厂坪及白沙河上游附近森林极广，采伐便利。至宝兴方面东西两河，均可放木，惟河流距森林稍远耳。目前因政局变动，战争未息，即此官厅中私人所办之伐木事业，亦早停办。人民更无此种能力资本，以继其后，似此大量之木材厂置无用，深为可惜。

（二）扯圈

圈之为用颇广，如内地常见之蒸笼和箩圈（外间多用竹），均为此为之。所有木料，概系云杉（俗名麦吊子），产量极丰。至于工作人及组织，则甚简单，各厂仅有百余元资本，即可开办，除运输伐木为当地土人担任外，扯圈则另有专门技艺者任之。销场以成都周边数十县居多。

（三）刳瓢

刳瓢事业更易成功，所需技艺不高用具不多，边区任何人均可为之，故每至农闲时，各山均有瓢厂（仅二三人），所有木材，全为山麻柳，销场之广，获利之厚，当推此业。

（四）编草鞋

边区各市场上虽有草鞋出售，然消耗者概为商旅。各处居民，皆系自编自穿，无须求诸他人。所需材料，全属山胡桃之嫩树皮，包谷（即玉蜀黍）壳，及其他有纤维质之树皮。常见山居农民，无论贫富，全家男女老幼，均终身终年穿草鞋，包毛织（详后），原料采自山中，成品出自己手，其金钱之不外出有如此者，其简朴之精神有如此者。

（五）织毛织

毛织为羊毛织成。先以羊毛用手纺线，再织成布，质厚而暖，可抵风霜。

人民衣裤多用之，虽家境贫寒，亦必着此方法能过冬。包脚缠腿，则终身不离。故边区妇女，皆能自织。惟本地羊毛，产量不多（天宝两县牧场本宽，一因人民性懒散，二因猛兽太多，牧畜之事未能推广），每年消耗，均赖西康各地成品供给，亦如内地供给边民之粗布然。如能讲求牧畜，力事生产，则本地可以自给，以免金钱外溢，岂不美哉。

以上各种小工业，除伐木未进行外，余以销场便利及消耗之急需，时刻均在加紧工作中，尚有供不应求之势。所需材料，除羊毛不敷应用外，余均取诸森林。以区区之砍伐，即再经数年，料亦足可供给也。

乙、商业

边地因交通不便，人民生活简陋，故县乡镇商务，异常萧条。虽有商贩往返，然资本太少，规模不大。仍将目前详情，分述于下：

1. 行商。行商者，买卖无一定场所，常在各地奔走之谓也。概系小本经营，自数元以至二三元不等，且自身负运输买卖责任。所有货物，多系由内地购来之日用品，用如米、盐、糖、茶、土布、针、剪、线、麻，及零星日用品。或售现金，或易土产，如山药材之类，除赴市镇销售外，闲时则负重提筐，深入乡村，直与乡人男女通往来。每三五日一周转，获利颇厚。

2. 坐买。为当地绅富，就市场或家中，附带经营各项生理。于输入品则整买零卖，于输出品则零买整卖，坐以取乡人之厚利，以致边民常遭此种土豪劣绅之盘算，更受奸商之高价剥削。试举一例，以概其余：某绅士常坐家中兼营小贸。当秋冬苞谷成熟时，穷民无鸦片，即以苞谷数斗，与富商换鸦片乙两。如春夏鸦片成熟，穷民又无苞谷果腹，则须鸦片数两始得向富商换苞谷乙斗。又或以布匹、油、盐、粮食先期借给穷人，至数月后往山间挖得多量药材，高价偿还。如是循环，获利极厚。

3. 通用货币及以物易物。边区因民穷财尽，川中通用大洋流入乡间者为数不多，即或有之，换用诸多不便。常用者为成都厂造银元及当二百铜元，但散布乡间亦极有限。一切交易，均以钏为单位。至于货品交易，多以日用品、布匹、针线、油盐等物若干，换土产山货药材若干。现金交易，颇不多见。

七、人民生活

大凡人民生活之繁简，常以交通、教育、产物、制造等优劣之情形为转移。今天宝各县，处于千山万水之间，云乎交通，则商旅视为畏途；云乎教育，则老幼皆为文盲；云乎生产，则遍地宝藏，尚未开发；云乎制造，则沿用旧法，不知改良。有此诸种之限制，一切情形，若与内地一较，皆相背而行，极少进化。情形如后：

甲、耕作

1. 作物品种。大宗为苞谷洋芋，次为稻麦小菜鸦片。内地所有者，边区也能生产，不过收获欠丰，盖因工作不良有以致之。

2. 犁地。边地翻土，概有牛拖人犁，虽山坡之外，也能工作。惟人与牛极费力，故任劳者，全属壮年男子。

3. 播种及施肥。边地对于操作，均较马虎。以播种而论，仅苞谷系用点播法，余均撒播，以其省工故也。至于施肥锄草，更不认真。各项作物，仅给一次灰肥，或在下种前，举火烧山。至人畜粪肥，除蔬菜施用外，余均抛弃，少于利用，至可惜。

乙、挖药

人除在犁土播种外，即于夏末初秋，集数十群之男女，上山挖药，直至严冬，山上积雪，而后下山。全县靠药山而生活者，十常居六七。药山均有一定组织及规定，颇有原始社会酋长制遗风。

兹特摘录俞季川先生日记中药山调查一文，以补本文之缺漏。

药材为宝兴重要出产之一宗，其中较贵重者，虫草贝母。虫草散生于高山地带，随时可以自由采取，为量不多。贝母则生产固定山区，为量极大，掘取者众。全县年产一二千百余斤，值三四千元。因此巨额贵重药材之出产，遂有集合之组织，当地称为座棚。其目的在管理山场，保护治安。在宝兴全境四面皆高山，俗称药山。此山大多官产，私有者甚少。事前先有当地绅富向县府投标，承包山地，开办座棚。年终下山向政府缴纳贝母若干斤，以当租税。每年二月至六月间开棚，即招附近居民来山挖药，谓之药夫子。开座棚者，曰棚老板，药夫子初来即在附近各地掘取杂药，如羌活大黄木香之类，寄住药棚中，并不取费。一切饭食，皆自背运筹备，但亦可由老板处以药材交换之。至一定时期集合少数药夫子后，始可开挖贝母。由老板分附近各山为几个正处，定期分区采掘。开锄之日，并由老板规定各种上山规章，说明每日所挖何处，在棚中交换苞谷腊肉油盐巴草鞋布匹等该贝母若干斤两，同时分派内管事（经理各种米粮交易及斤称事项，管理棚中一切杂务），外管事（又谓清山管事，管理山上各处界限，及解决山上药夫子争执事项），跑堂管事（由各棚推举代表，向老板交涉接洽各种事项），以经理各事。

药夫子每日清晨烧苞谷面作饼，早饭后即上山，携带雨具锄头及干粮等，按规定处所，挖取贝母。日暮始归，即有内管事代为分称，某人若干两钱，其中最多者谓之大刀手，次者为二刀手，再次者为么刀手。至晚饭后围火团座，以竹篾编成之方盘，放生鲜贝母其中，置火旁烘之。初用微火，渐加烈火，大约一二小时后，即可干燥为粉白色之小颗粒，再入口袋中摇转，除去泥沙，另装口袋，即为上市之药材。至几处正处挖完后，不规定日期，各自掘取遗落下之贝母，则谓之清期。至全部挖毕之后，药夫子依所掘之多少，分纳贝母若干，缴于老板，以作偿报棚费之意。例如大刀手出十六两、二刀手出十四两、三刀手出十二两之款。至于老板之利益，除抽药夫子贝母之外，则经营各项生意，如米麦盐巴布匹草鞋油酒鸦片之类，皆以贝母若干斤两互易若干，大约山价之贝母最廉，而以贝母易取各项货物之价又甚高，即可从中取利。且药夫所余贝母，亦可由老板以廉价购买，大批发运外售。如此以物易物之法，在高山上成一临时小社会焉。

丙、烧硷

边区随处均有草山，人民每于秋间上山割草，晒干后，集中焚烧。所留之灰，取入木桶，和水搅拌，滤水锅中，煮干即可出硷。当地百斤，可值洋六十七元，每年出口极多，销路颇广。所占硷山，按年须向地主给课金若干，然后使能照指定区域工作。此尚不如采取木材，可以自由砍伐之方便，则硷山之重要可知矣。

丁、捕猎

边地森林茂密，禽兽丰产，已如前述。故终年以猎为生者，亦不乏其人。猎者技术极精，且熟悉动物之可性，有用枪打者，有作绳套者，有猎犬追捕者，有置刀于要路，以刺杀者。猎者在山野时，可以视察阴晴气候之变化，而知禽兽之出没，视植物茎叶之倾倒残缺，而定禽兽之种类；见道路上之足迹，而知禽兽之去向；循序追捕，常可立得。类此之技艺，均非常人所能及，故善猎者终年业此，荷枪带狗，生活于深山之间，不以为苦，因无衣食缺乏之虑地。

戊、养蜂

天全宝兴两县，因山多田少，森林广大，植物种类繁多，边民除挖药捕猎以助生计之不足外，尤喜养蜂。盖以各处十之六七之地方，概属草坡或森林，四季除严冬外，皆有不少奇花异草，故于蜂之食料，至为丰富，凡至边地旅行，一入山居人家，即可见住屋周围，墙壁阶石之上，以至岩腔树下，均莫不有蜂桶之搁置。每桶长约二尺，为尺余直径之整树刳成。多以白果（桂科植物）麻柳木为之。上端盖以薄石或木板，用以遮风雨，但每以管理不善，不久即行他去者甚多。山中又有一种野蜂，常住深山大林间，不用人力照料，而自作蜂房者，其数量且较家蜂多，土人除直接招蜂饲养外，更随时至山中寻野蜂而割取蜂蜜。每年产量亦不亚于家蜂，皆因山花满地，食料丰富故也。苟得其人，参以新旧方法，对蜂桶作法稍加改良，注意清洁管理，则费事有限，收效必宏。如以养蜂百余桶计，除临时所需人工不计，平时只用一二人管理已足。每桶每年取蜜，最低限度以三十斤计，则可得蜂蜜三千斤。在当地市价可值六〇〇元，在雅安值千二百元，在成渝市场可值二〇〇〇元，此种收入，全属天赐，而边民竟未锐意经营，力事改良扩充，以畅生产，至可惜也。

边地出蜂蜜，价值异常低廉，但品质之优良，若非内地产者所能及。盖边地广产药材，蜜蜂所取花粉花蜜，多自药用价值，故酿出之蜜，若与外产比较，优点极多。举其优点；质优沙粗，此其一也；糖味极佳，宜于入食，此其二也；药性虽较重，稍带苦味，然食之裨卫生，此其三也。记者特将实情详细介绍，深愿内地养蜂专家，试往边地从事调查，进而开始经营，当不难为边区之一大新兴事业也。

己、衣食住

1. 衣料及来源。边区一切事业，尚未开发，人民生活简陋异常。普通穿着，除粗布之外，人多以毛织作冬季棉服，以度严寒。一切布类，均来自仁寿、夹江、简阳等县，故来往商贩中，买卖布匹者常居多数。毛织则由西康各地购来，或自己纺织。本地衣服原料，一无所出。至于贫穷人民，常衣裤破烂，体不遮羞，虽属粗布，价至昂贵，也无力购买，生活之苦至为可怜。

2. 食品种类方法。食品中除盐巴，由外间输入，其余出自本地。边民终年劳碌，辛苦得来可以自给。主要食品，则以玉属黍（苞谷）、马铃薯（洋芋）为大宗。辅助者为小麦、豌豆、蚕豆及各种蔬菜。至于白米肉类，则非过年过节，不得进口，甚或经年而未得试尝者。边地盐贵，除富绅常食盐外，贫民终年淡食。偶然得之商旅，即视为佳肴。而食品之简陋，又莫如乡村及山野工作之人，每食仅为苞谷馒头，有时并小菜而无之，其余油盐，更勿论矣。如入山挖药扯圈刳瓢之力夫，上山仅带苞谷面及烧水的铁锅，虽数十日不食油盐及小菜，亦能生存，工作如常。或仅在山野寻觅野菜生食。如此简章而有趣之生活，也久经惯习，饱尝其中滋味矣。

3. 建筑形式及材料。边区房屋建筑材料及形式，视贫富而分为两种。所用概属土、石、树板等。每不讲究多开窗户，以通空气。富者较高大，以石为墙，厚达三四尺，一可御盗匪来侵，二可防地动之震摇。（据乡老者云，地动，在边地二三年可遇一次，故去岁曾因松茂之大地震，而波及边区地动，土人皆习惯不惊，记者则属初遇）且多碉房，高达四五丈，顶盖杉板或瓦片。至于贫民所住房屋，则异常矮小，仅支柱梁，壁夹杉板或竹篱，或以杉板为盖，或以山草代之。

庚、一般嗜好

1. 鸦片烟。洋烟危害，尽人皆知。近年来虽高唱禁吸之美训，迄今仍未收到若何效果。且分布广，病民日深，此中原因，一为政府令人种烟，可抽税；二则各界常用之以为招待品。愚夫愚妇，视为病者良药，珍贵补品，西南各省产量之多，吸者之众，全世界全国，殆无其比。即以天全宝兴两个极贫之小县而论，黑化程度，已可惊人。稍有家产者男女老幼终年不离烟灯。即使时患饥寒之民众，虽衣食无着，但也须想法设法，大过其瘾。前据宝兴当局调查，全县户口仅三千余家，烟具四千余套。于此足证边民吸烟普及之一般。如斯社会，危害万状也。

2. 叶烟及丝烟。边地不论男女老幼，不嗜烟（当地叫叶子烟），实属寥寥。是以一般人均认此为日常生活绝不可少之物件。无论何事何地，男女老幼，每人均有烟具一套，系于腰间，或藏于包中，每工作一二小时，必烧烟良久。平常则终日不离口。如有人苟不惯吸烟者，众皆轻视，或讥为不才。其愚之甚，有如此者。

八、最后盼望

甲、盼于政府者

一事业之成败，或国家之兴衰，人民与政府负有莫大责任。苟仅有民众努力建设，而政府不但不加以保护，而反予以蹂躏，如是事业，未有不失败者。今值边疆多事，内忧外患之秋，一切事业尤望积极建设。宜先由政府鼓励商民集资开发各种生产事业；开发之后，更兴以强有力保障，使事业得日有起色，则全国人均有作事之机会与勇气。一切天产地藏，可以尽力开发，大批制造，除供本身需用外，尚可运销他国，以挽回利权。

乙、盼于资本家者

有事有人，然而非钱不能兴力。以现在而论，农村处于破产，拥有财产者常安居于交通方便，文化发达、物质文明之都市，而银行界尤以都市为贸易中心。边远之区，经济枯窘竟未见有一小规模之借贷所或银行，以贷于乡民作种小事业之经营。故盼银行家资本家努力向边地投资，以建设交通事业，开辟生产事业，推进文化事业。如此，则不但有赖政府武力之保护奖励，亦须资本家之帮助，始克有效也。

丙、盼望于努力建设事业者

一事业成功之三要素，不外一为原料，一为财力，一为人力。其中尤以人力占重要位置，每一项须得一专门人才，从事设计，认真工作，而后始有成效。故盼内地热心实业者，能尽量在边地设计经营，举办有关国防，有关民生之各种事业，能大量生产，前途发展，正未可限量也。

综观以上述天全宝兴两县之富源无穷，随处可以兴利，随处可以建设，凡有识者见之，亦当知何者利兴办，何者宜改良，何者关系国计民生，最宜及早为之计。值此民穷财尽，国将不保之时，政府即无法以维持现状，人民尤难以固目前之生存。舍努力从事生产建设之道，其余皆不为功。如全国物产之亟待详细调查也，水路交通亟待建设也，地下宝藏之亟待开采也，各种工业之亟待创办也，农产品亟待改良也，以及森林教育科学等，无不在亟待力谋发展之列。至于天宝两县，虽处交通不便，文化落后之区，一切事业，亦不容缓。当此之时，专赖政府首先提倡设计，并颁发规程，明文奖励，则参加努力工作之民众自多，事业成功之效率，亦可加速。如此，使人得以丰衣足食，从事生产，亦国家之策也。

（原载《新世界》1934 年 54 期、第 55 期）

附录 3

天全植物采集记

孙祥麟

今岁采集，为本院五年计划中川康植物调查的最末一年，原计划分为两组，一组赴川北一带之通南巴及陕边境各地，一组赴西北一带之北川、平武、松潘、茂县等处工作。适以出发前，四川省政府建设厅为建筑成渝铁路需用枕木，拟就地取材，以免购自外国，乃以调查之事托本院生物研究所，而其调查区域则为吾川天（全）、芦（山）、宝（兴）三县。

（一）成雅途中

（民国）二十五年三月念四日由（北）碚出发渝城，略为购置必须之品，次日搭汽车往蓉，途经两日抵成都，即赴建（设）厅办理一切手续并购置应用物件妥善后，于念八日与曲仲湘主任、杨宏清助理并建厅所派办事员漆联金君参加调查。步行往雅，经过凡四日，深感成雅公路远不及成渝公路之佳，尤以名山雅安段中间金鸡岭（关）最坏，坡度太大、泥土太重，而车辆常行至此间，雇民夫掩拉，其危险之多，亦可想见也。兹将成雅途中常见植物录后，以作参考：

成雅途程三百余里，而高度（海拔）700 公尺至 900 公尺，林木亦不少，多常绿叶与落叶之阔叶树的混合林，如桤木此种多生长在河岸或沙坝多水份之沃土，柳、杨、麻柳（或枫杨树）、泡桐、柏树、家杉、马尾松、银杏，前四种皆软木质，生长迅速，栽培容易；次三种皆为针叶树，宜植山岗之地，木质较前者为硬，亦可作建筑之材料，惟银杏之木质较细致，可作雕刻佳材，或作为园庭之道旁行树用，此种日本多为行道林。

雅安县附近，仍以楠、樟、桤为习见之树木，但以楠木为最著名，然砍伐过甚，难成大观，现仅见宅院中有之而已，多为栽培作观赏用，其类别有两种：雅楠、桢楠，惟木质甚佳，木材中之上好等材料也。

由雅安向天全出发，经西门沿清衣江上行，路颇平坦，约三十里地，经飞仙关，则为新建成之马路，系兵工所建，路宽约三丈二尺许，路基以黄色粘土及石子合成，路沿封以石条，或于山坡处，架置木栏杆。路面铺沙一层，工程颇为伟大。除山脚桥梁坡度数处，不能通车外，其余均完整平坦。全路计七十华里，河水流急，水量颇大，利用运输，决不成问题，沿途植物情况与成雅无异。

（二）到天全去

天全县经赤匪患后，刻有大兵云集，该地生活程度较之全川昂贵两倍，所食粮米均由成（都）洪（雅）嘉（定）运来，而该县遭赤匪扰害，庄稼践踏已尽，人民生计概用剿匪军运粮米来聊度终朝，生活之惨苦可以想见也。吾人在该县稍有勾留，办理接洽手续，并探询森林区域，购置伙食物品等事件。在天全计四日始完毕，继往小路村调查，于四月八日，由天全出发，亦从此开始采集初春植物。沿途工作期间，平均海拔 2 000 公尺，途程多依山沿河，而少宽阔之农田。只见丘陵起伏，倾斜极大，惟麦陇青葱，山岸边夹多丛林小树，有木犀科植物，像桤木、柘树、家杉、棣棠、枫香树等参差枝干，绿阴如盖。道傍有小草多种，如堇菜、龙胆、石兰、天南星等各着美花，而平铺点缀道旁之岩上，如远志、樱桃、梨树、灰木、苦楝树皆已着花。我等在该村小住数日，分组作采集工作。

小路村

天全境小路村之獭子沟、两路口，在县之西南，而接近竹积、马鞍两山，距县域二百余里，平均海拔 1 500 公尺，地较阔平，农作适宜，春季作物为油菜、马铃薯，夏季作物则种玉米、豆类。土质肥沃，雨量充足，年中收获，亦很丰富，但今岁遭赤匪侵害，多数民众避赤远逃，下种时间因而错过，又有剿匪军重兵聚集，而粮食更感困难矣。

我等到达小路村之大人沿便分头工作，一组往两路，曲主任皆同漆联金君前往详细调查该处之森林情况，我与杨宏清君往该地附近工作。沿上行，羊肠险阻，藤棘栽道，水流溅花，声撼山谷，途中多依岩行，架木而过，俗称偏桥。有时渡河，则在两岸寄一二粗索，几渡往返，称索桥。在水枯时期，则用一树干支持之，亦可渡过，即独木桥也。若更上行，山益陡险，溪流渐小，非跣足涉水不能通过。登 2 000 公尺之山，林木渐丰，落叶灌木林与常绿树木混合丛生，渐上则为针叶林，中则常有黄猴（金丝猴）十数成群，攀援树上，彼等优游山泉，终年度共安乐之生活也。

大人沿

大人沿（海拔）高 1 400 公尺，村落稀疏，开垦尚少，所出农作物则为玉米、小麦、豆类。所惜者山中野兽，如老熊野猪之类甚多，时来践踏掘食，蛰伏夜出，农民无法防御，岁中收获，难以糊口，是农田大半放窠，荆棘丛生，其中常见植物为柳树、悬钩子、胡颓子、山花椒、八仙花、艾蒿、蓬菊、苦苣菜、泥胡子，以及禾本科、莎草科之小草与少数之蕨类而已，则均不适宜采集工作也。

茨角坪

我等自大人沿上行，沿青衣江上游支流到大河头，向西北进发，中途两日抵达茨角坪。旅程中所见观查（察）之植物林地，都是一些丛生荒林，已受人砍伐过重新生长，而荆棘载道，似很少人行路也。在沿途所见之森林，仅河之两岸绝顶处，皆有少数森林可见，河之行岸皆成荒区之域。询其原因，在光绪年间，受人摧残过甚，至今尚无一株成林之木材，实为可惜。邛州河两岸远望着一些青蓝密生之森林区域，都是在积雪终岁不化之地带为多，可看得出原始自然林，亦可想着过去该区域森林丰富繁复情形。在此流域，亦可作成渝线铁路枕木之用有余，惜乎运输稍有困难。若遇大水时期，或可运输出去也。

自觉坪

从自觉坪上漩漩沟，沿溪旁有数种柳树成细密枝条，可遮天日，中间复杂以醉鱼草、八仙花、荚蒾。山梅花、忍冬、丁香、铺地蜈蚣等灌木，乔木林中则以山麻柳、臭桃、方氏鹅耳枥、索荆叶最为普通，皆新叶萌发，花枝始放。上至 3 000 公尺中，则冷杉、云杉渐多，林下点缀以桦、槭与悬钩子、忍冬、花楸、白蔷薇等，耐寒落叶乔木或灌木与常绿之杜鹃花。3 000 公尺以上，几乎全为冷杉之占领区域，林下苔藓厚植，矮竹丛生，阔叶树木已不多观矣。

大河头

天全大河头一带，村落稀少，而农作者因便利易防野兽，便耕种之，均已一季之收获则不够敷，全以副业收入补助，经营药用植物为大宗出产，如牛膝、当归、大力子，全年产额约两三万斤，当地市价亦可值三四千元之谱。因有此巨额的药材出产，而资产家乘机垄断市场，种药者皆为贫农，靠资产家之借贷始能工作。而新药偿债，以最低价值售出，所以人民苦心经营，远不够糊口，徒为资产家作牛马耳。盖穷人着眼点，只在窘时得粮糊口，免成饿莩，亦不计后来之药价多少也。在此处村庄附近，大多数栽培一种经济植物，木兰科之厚朴甚多，高达三十许尺，花色乳白正盛开，树皮灰黑色粗糙，中医取以入药，有补肺化痰之功，此为川省特产药材之一，年中有大批出口。大河头之北银厂坪一带，则阔叶树木渐多，如樱桃。珙桐树花色纯白，时逢盛开，且甚美丽，为观赏植物中最著名者，则过去美国之植物采集家威尔生（今翻译为威尔逊）曾在四川采得，并出重价收买，实为学术研究上放一异彩，定名大卫木，而四川分布很广，如峨眉山、峨（边）、马（边）、天（全）、宝（兴）等县均有之。至该地之农民，在春种为农忙时期，夏季上山工作期以作副业之收入，如烧硷。收集杂草再烧为灰烬之后煮水取硷，除供日常洗涤、食料肥料之用，并可运销各处，以作意外收获，而补助其糊口不足之用。此外常有不劳而获之利益，则为鋆木筒，置于悬崖壁旁，引诱蜂其中，任其繁殖，至秋季可获大量之蜂蜜，盖以山花遍野，蜜源植物最为丰富之故。所以边民是享天然幸福也，制蜂筒最常用木材，为山麻柳、方氏鹅耳枥、紫荆叶（俗名三白果）三种，其木质柔软细密易于施工，或常伐云杉之干材，取其最大之树而无节者，开扯为圈，制为蒸笼或作为瓦板之用。或取之山麻柳木材，刳为瓢形，用以取水。以种种上，皆是山居民农民冬秋之副业工作也。

银厂坪

自银厂坪北上沿鸦雀河进发，路益险峻，一日之间渡独木桥四五次，行程不过三十余里，桥皆圆滑，用木制成，旅客颇少，往往不加修整，则桥置于两山之谷间，又有波涛涧流之于下，人渡其间，魄飞九霄，无任惊恐！途中所见针叶树与阔叶树之混合林，有铁杉、云杉、红杉、桧柏、木兰、鹅儿枥、山麻柳、杜鹃，林下多柳、悬钩子、丁香、山梅花、白色蔷薇等，灌木枝叶密生，不易插足也。鸦雀河至冰水河，行程不过六七十里，因山路崎岖，皆为上行，则途中不敢稍滞，帐幕未支，天将晚矣。而天宝之间亦有大山重重，若取简途，必经最高之青草坡，山高路险，空气稀薄，终年皆有雪不化，路径难寻，登山时呼吸紧促，一步一喘，体弱者常到晕倒。我等过此山时，在夏季冰雪渐化亦无冷冻之苦，很舒适而过，尚无困难也。

青草坡

青草坡在冷水河之北，林木茂密，落叶乔木与常绿针叶树混合存在，亦很显著以针叶树占优势，其他落叶乔木很稀少，而林下则以苔藓积厚，浅竹密生，阔叶树亦未多观矣。牛井圈棚位在山谷中，林木深幽，泉水清澈，春初之间麋鹿数十成群往来其见，而冷杉林中，亦有金线（丝）猴数十集对，攀援树上，而彼等优游山泉，度其快乐生活也。

青草坡附近，则山高寒重，林木渐少，均为高山草原、浅绿平铺，一望无际，中点缀以粉红色之马先蒿、牻牛儿苗、秋牡丹、乌足兰、白色蓬菊、山蓼、独活、全黄色之毛茛、金丝桃、紫堇、龙胆、紫蓝色之鸢尾、泡参、樱草、猩红色之大黄、芍药、岩韭星罗棋步，点缀其间，远望之啻一幅嵌花绒毡也。近岩避风阴润之处，则有矮小之灌木，如杜鹃林、金梅林与盘香柏、矮柳等铺地蔓生，枝叶细密，皆可为该山草原植物代表。以上则为乱石林立草原疏散，春秋冬之季则常年积雪不化，在夏季之间渐化，而沙石中偶见多年生之景天科、蓼科、樱草科等小草植物。山顶岩石裸露，奇峰插天，时有烟雾笼罩，除少数之苔藓地衣之类，则不见植物之踪迹也。

（三）天全一瞥

天全县境自东北之西南，斜长约四百余里，平均宽度亦在百余里上下。除县治区域始阳、灵关、十八道水，各处人口较密，阔地较多外，其余地广人稀，触目皆荒，如小路村长约二百里，而人烟不足三百户。自冒水孔之二郎口五六十里间皆是老林荒地，虽海拔较高，他种作物可产也，当地人民不特挟此扩大区域，不知利用，且日呻吟粮食不足之苦，每年所种之粮，仅足敷半年，或八九月之用。此处利农隙时间，背茶赴康，或背山货赴雅，以劳力挣钱度日，补助缺粮之季，亦云苦矣。该县接近寒带之康藏山脉，四周皆有环抱之高山草原地带，不知利用，实为可惜。在靠近高山的居民，每年掘药作副业生活者，约百分七八十，主要收入之一也。

药用植物

惟药材之种类繁多，即多成熟采掘之期间而亦不同，如在阴历二三月间，采掘独活、赤芍、绵茂、虫草；在四五月间，掘贝母或设井捕鹿以取麝香；七八九月间掘取羌活、大黄、木香等，其中最贵者为贝母、虫草。虫草亦特为冬虫夏草，为一种菌类植物，则属为肉座菌科，寄生于昆虫体内，在早春期间从虫头部伸出孢子囊体均可采取，虫体色为褐黄色，菌柄深褐色，其体长五六公分，而分布四川之西北各县，如宝兴、天全、金汤、松潘、茂县等地，最著名者为西康、松潘则驰名全中国。此种之物皆为高山有之，所出产之数量无定，每年出口贩卖，中医作为滋补上品，有抗毒之效。贝母为百合科之一种（*Fritillaria*）之地下鳞茎，烘干后成尖卵形、乳白色，直径的长短大小不等，中医入药，有止咳退热之功，为疗肺病喉病之珍品也。

以上两种之产量，全年二三千斤，当地市价值约洋七千元之谱，因今岁产量较少（是遭赤匪扰后之区缺少粮食，故掘者尚稀少），若加以人工经营可增到而万斤，产量的收获是据土人谈话。

植物社会

就上在途中匆匆观查，天全境内之植物社会大半可保持自然状态，其分布约可分为四段。

1. 底山地带

1 200 公尺至 2 200 公尺之平地小山或丘陵为农垦地带，此带多年山荒芜或灌木林，其主要成分为各种柳树、杨树、山麻柳、马桑、悬钩子、火棘、胡桃、绒线菊等为常见之物。

2. 落叶阔叶林

2 200 公尺至 2 800 公尺地带为落叶林，主要成份为槭树、桦树、榛、杨、椴、麻柳、鹅耳枥、珍珠梅、茶树、冬青、牛金子，诸属亦为常见之种。

3. 高山松杉林

2 800 公尺至 3 400 公尺地带为常绿针叶树，最多繁茂之区域，其主要成份之物为杉树，有冷杉、云杉、铁杉等物，其林之下，则以常绿阔叶之多种杜鹃占优势，次则为矮竹林。

4. 高山草原

3 400 公尺以上之高山带，均为草原区域，常见之植物以草本，如樱草、龙胆、毛莨，以及菊科、兰科、唇形花科、禾木科，莎草科等小草，间有矮小之灌木林，为杜鹃林、矮桧林，也有少许之蛮青岗林，但分布亦不广也，但此种植物社会情况，亦可代表高山草原植物社会也。

至于地理上之分布，各地差异甚少，惟面积之广狭不同。而天全位居近西，群山万谷中，居民稀少之小路村与自觉坪一带交通不便，各地林木多未砍伐，为獭子坪、昂州河、漩漩沟、雅雀河、冷水河等数处，纵横之森林一二百里，直径三四尺之树极普通，但交通困难，无人开伐利用也。

（原载《北碚月刊》1937 年 1 卷 8 期）

附录 4

大熊猫“碚碚”青睐重庆火锅?

2021 年 7 月，雅安市城区大兴二桥上安装了 36 尊姿态不同的熊猫塑像，其中不乏出国留洋、人气名气爆棚的国礼熊猫、明星熊猫。不少市民好奇地问，有一只叫“碚碚”的熊猫没有“洋”经历和背景，为何跻身这 36 尊雕塑之一？它有怎样的故事与传奇？真如塑像的文字介绍那样，“1938 年去到重庆北碚，从此爱上了火锅美食，是一位享受生活的大熊猫”？

鲜为人知的是，这只来自宝兴县，被称为“碚碚”的大熊猫，为中国动物园饲养展出的第一只大熊猫，其死后制成的标本为国内博物馆最早收藏并展出的大熊猫标本。

● 雅安市城区大兴二桥上大熊猫“碚碚”的塑像

一、1931 年北碚平民公园饲养“猫熊”的是大熊猫吗？

重庆市北碚公园建园九十余年，20 世纪 30 年叫“平民公园”，其创建与被称为“北碚之父”的卢作孚有关。卢作孚（1893—1952）是中国现代著名的爱国实业家，以创办经营民生实业公司和主持重庆北碚乡村建设著称于世，被毛泽东称为四个“不可忘记”的中国实业家之一。在抗日战争初期的危急关头，卢作孚指挥了被誉为“中国实业史上的敦刻尔克”的宜昌大撤退，率领民生公司船队，将大量后撤重庆的人员和迁川工厂物资抢运到了四川，保住了民族工业的血脉，为抗日战争作出了卓越贡献。

峡防局本是当年在江北、巴县、璧山、合川四县交接处的嘉陵江三峡地区的治安联防机构，1927 年卢作孚出任峡防局局长后，作政治、军事、经济、文化等方面的建设，力求“打破苟安的现局，创造理想的社会”，开展以北碚为中心的嘉陵江三峡乡村建设运动。

1930 年，卢作孚率人拆毁东岳庙神像，建立峡防局博物馆，展出他组织少年义勇队学生采集的动植物标本、以及收集的少数民族社会风物 10 余万件，其中也有在雅安及周边区域获得的数万号动植物标本。同年，他创建了中国西部科学院，以“从事于科学之探讨，以开发宝藏，富裕民生”为目的，其下设理化、地质、生物、农林 4 个研究所，以及博物馆、图书馆和兼善学校。中国西部科学院创设于军阀混战时期，是当时西部地区唯一冠以‘中国’二字的学术研究机关，抗战时期为中国民族科学的发展、经济建设和科普教育做出了巨大贡献。

中国西部科学院成立后接管峡防局博物馆，更名为中国西部科学院博物馆，开展火焰山公园设计，在博物馆陈列室周边开辟二十多亩墓地和三十多亩荒坡、农地，建公园、动物园，取名“北碚火焰山公园”，后来更名为“北碚平民公园”，现为北碚公园。平民公园最初饲养良种禽畜，后逐步改为饲养展出野生动物。

潘洵是西南大学历史文化学院教授，对中华民国史，特别是对中国西部科学院的历史研究有很高的造诣。他在与笔者沟通时说，1931 年在中国西部科学院动物园中，已经饲养有一只“猫熊”，但何时采集到，目前还未查到资料，他们也在查找当时北碚的一些报刊资料，以期获取更多信息。

潘洵将在档案馆拍摄的《中国西部科学院民国二十年度工作报告》发送给我，根据动物园的兽类统计表，当时饲养有“猫熊”一只，产地为“穆坪”（今四川省雅安市宝兴县）。当时动物园已经建熊屋、雀房、鸭舍、松鼠台、狐室、菱形笼、猴台、圆形鸟笼、豹窟、石洞等饲养设施，并标注“熊屋”为北碚棉纱帮捐款建造。“熊屋”排在饲养设施之首，可以理解为“熊屋”饲养的动物备受关注。

小熊猫可不是大熊猫的幼崽，而是与大熊猫同域分布的一种野生动物，是大熊猫重要的伴生动物。因翻译和语言习惯等原因，大熊猫与小熊猫一度共享“猫熊”之名，“猫熊”是指小熊猫，还是大熊猫，要根据当时的语景、相关描述和相关史料综合判定。

1932 年《中华（上海）》第 14 期刊载了专题《四川之模范镇北碚场》，配有黄警顽撰写的《四川新村概况》，有介绍中国西部科学院的图文介绍，其中一实景图片是一只颈部套有铁链的小熊猫，图片说明为“科学院动物园中之猫熊”。此实拍的小熊猫图片，是当年中国西部科学院动物园饲养有“猫熊”（小熊猫）最直接和直观的铁证。

郭倬甫（？—1994），1930—1936 年在中国西部科学院期间，曾为博物馆、动物部助理，负责野生动物标本的采集、制作，新中国诞生后曾任四川中药研究所研究室主任。经考证，这只小熊猫由郭卓甫等人与英国人史密斯合作，在大熊猫的故乡宝兴县采集到，1931 年 10 月前被带回北碚饲养展出。

虽然，平民公园饲养的“猫熊”不是大熊猫，而是小熊猫，但这只来自宝兴县的小熊猫也创下一个“中国第一”，即中国动物园最早人工饲养并展出的小熊猫。

二、中国西部科学院捕捉到大熊猫？

20 世纪 20 年代末期至 30 年代，我国的科研机构，如中国西部科学院、静生生物调查所、中国科学社生物研究所等，开始深入四川西部大熊猫产区进行科学考察与标本采集，意在获得大熊猫等珍稀动植物的活体及标本供展出与研究。资料显示，国内机构与人士最早制作展出大熊猫标本、饲养活体大熊猫，均始于这一时期。

中国西部科学院生物研究所多次与静生生物调查所、中国科学社、地质调查所等机构的联合考察，1931 年至 1935 年间开展的较大规模调查就有 20 余次，足迹遍布西康、四川、青海、云南等地。侯江是重庆自然博物馆研究馆员，她在《中国西部科学院研究》说："中国西部科学院还与瑞典人郝满尔、美国人苏密斯、瑞典植物学家司密斯等合作考察青海昆虫、宝兴动物（重点是大熊猫），以及西康动植物等。"朱珠在《卢作孚对中国科学文化事业所作贡献之管窥》中说："'中国西部科学院是中国最早研究大熊猫的科研单位'，1930 年成立后，派出了出更多的科学考察队或考察团，其中有'与美国人苏密斯合作到宝兴调查动物，重点是捕捉大熊猫'。"

郭倬甫在宝兴县勾留一年以上，向当地人学习了很多狩猎方法。郭倬甫在《川康狩猎法》具体介绍了大熊猫、猴、野猪等 15 类动物的狩猎方法。关于大熊猫的捕捉方法时写道："此兽为四川省特产，近年来已为美国人运活兽至美，饲于该国动物园。该兽独居大山之竹林内，专以竹笋为食，性甚驯服，粪浅黄色，大如拳，两端尖，常来人家附近舐咸味器具，捕猎用极有训练之猎犬围猎或寻猎之，近有用关闭法，亦极著成效。"此文述及大熊猫的生活习性，对其粪便也有详细描写，不知是亲自观察所得，还是从其他资料或猎人口中得知。

现有史料、档案表明，卢作孚在 20 世纪 30 年代就曾派人前往川西等地采集各种动植物标本，包括希望采得熊猫标本，但未能如愿。那 1939 年平民公园饲养的大熊猫由何机构、何人捕捉?

三、平民公园饲养的大熊猫何人捕捉?

近代西方饲养大熊猫最早的是美国芝加哥动物园，1936 年饲养一只汶川籍的雄性大熊猫"苏琳"。而我国饲养大熊猫最早的是重庆北碚平民公园（今北碚公园）和上海兆丰公园（今中山公园），曾于 1939 年分别饲养一只大熊猫。

《儿时北碚琐忆》(原载《万象》2007年11月刊)作者白化文生于1930年，因抗战随家逃难入川。1939年初至1942年初，在重庆北碚度过小学时代。作者回忆说，他就读于北碚实验小学，北碚公园在学校右侧一个小山包上，园内随便通行，不用买票。(公园方)顺山势挖了十几个山洞形约两间屋子大小的洞穴，外面用铁柱拦上，穴内开后门，料想后面定有机关。穴内豢养十几种珍奇哺乳类动物。有大熊猫约四五只，分养在两个洞里。小熊猫也有四五只，合养在一个洞穴中。

今在北碚公园当年饲养大熊猫和小熊猫的笼舍上，可看到一木制标牌，上面写着："北碚公园是我国西南地区第一个成立动物园的公园，此笼舍为建园初世界第一个圈养熊猫展出场所。"而实际上，北碚公园并不是世界第一个饲养展出大熊猫或小熊猫的机构，而是第一个饲养展出大熊猫、小熊猫的国内机构。

大熊猫研究权威专家胡锦矗在《中国科技术语》2009年第1期中发表的《关于大熊猫的中文名称》中说："1939年8月11日，一只大熊猫从成都华西大学运到重庆北碚平民公园展出。在展出时从左至右横书其名为'猫熊'，但读者习惯直书从右至左读认，而成'熊猫'。于是，从此后，'大猫熊'就变成了'大熊猫'。"而事实上，大熊猫的名称来源和演化有多个版本、多条路径。

胡锦矗关于北碚养大熊猫的说法，被《嘉陵江日报》1939年7月4日二版刊载的《动植物研究所赠区署白熊一只》所印证。当年的新闻稿如下："此间国立中央研究院动植物研究所，以赠有外人史密斯(即史密斯)，往西康采集标本，得有珍贵之白熊一只，赠送该署饲养，该所现将其转送此间实验区署，该所决交平民公园动物园内饲养，供众观览，该署已派专人前往成都装运，不久即可来碚云。"同年8月11日，《嘉陵江日报》头版显要位置，刊载新闻稿《平民动物园运到白熊一只》，表示"平民公园动物数量减少，故为充实内容……特赠北碚平民公园白熊一只……白熊珍贵，需留心饲养，禁止游人惊扰击打。"在20世纪三十年，国人普遍把大熊猫称为"白熊"。

当年《嘉陵江日报》报道中所指的英国标本商人史密斯(F. T. Smith)，在西方有"熊猫王"之称，是"向欧美动物园出售大熊猫活体数量最多的人"，他在我国大熊猫产区待了 20 年，在四川建立多个据点，以猎捕和收购方式获取 12 只大熊猫野生动物活动体及多具大熊猫标本，贩卖到西方国家。

1930 年，史密斯接揽为美国芝加哥费尔德自然历史博物馆采集标本的订单。史密斯到达重庆北碚，与中国西部科学院接洽工作后，中国西部科学院派出人员随同即赴宝兴等地考察。就此次合作考察，《中国西部科学院民国二十年度报告书》这样记载："1930 年 12 月 19 日，中国西部科学院派出郭卓甫、洪克昭，与为美国芝加哥博物馆采集动物标本的特派员史密斯，合组赴穆坪（又名木坪、木平，今四川省雅安市宝兴县）采集，于次年 15 日方始到达，就穆坪、鱼通、懋功等诸山详细收集至次年 10 月 13 日返院。"

史密斯 1930 年底从上海出发开始到川边时，《申报》摄影记者王小亭、刘硕甫随同。王小亭是我国著名摄影记者，以拍摄《上海南站日军空袭下的儿童》著称。1931 年初，王小亭跟随史密斯、郭卓甫等人到达宝兴赶羊沟，与当地猎获人共同生活了一段时间，本想拍摄记录史密斯等人狩猎大熊猫的过程，但未能如愿，但拍摄了当地人狩猎野牛、野鸡、豹子等的影像资料。王小亭整理选用了其中的 13 张图片，配以文字介绍，以《川边猎记 》为标题，刊发在 1934 年第七期的《大众画报》。王小亭与史密斯分开返回上海时，曾经在重庆北碚演讲其川边见闻时说："我们没有一幅精详的新地图，而史密斯则有；向官方问路和出产等问题，很难得到确切答复，但问教堂的人，便极清楚。"

史密斯当年在雅安市宝兴县、阿坝州汶川县等处均设有营盘，雇佣当地猎人为其采集标本。当年的西康省包括今天的雅安市、凉山州、甘孜州。阿坝州汶川县当时属于四川省。到目前为止，没有发现史密斯在凉山州、甘孜州采集大熊猫标本或其他动物标本的记述记载。中国保护大熊猫研究中心的官方网站 2009 年刊发了《大熊猫圈养繁殖进展》，文中这样表述："1938 年 11 月，宝兴县捕获一大熊猫运重庆北碚平民公园（今北碚公园）饲养。"此资料中的"1938 年 11 月"，可能为大熊猫的捕捉时间，而大熊猫运到北碚的时间应该如《嘉陵江日报》所言为 1939 年 8 月，其间被暂养在成都的华西协合大学。

史密斯靠买卖动物标本和活体养家糊口，他为什么舍得将好不容易到手的大熊猫送给中央研究院动植物研究所？这源于当时国民政府对我国生物资源的管理。20 世纪 20 年代末，随着我国生物学事业的发展，国内生物学界认为，调查研究本土生物是中国生物学家分内的事，不应由外国人“越俎代庖”，西方人在华恣意采集生物的情形不能再继续。为了维护国家的主权和本国学术机构的合法权益，当时国民政府中央研究院及其所属的自然历史博物馆（后改为中央研究院动植物研究所），通过与西方考察队签订协议，限制西方国家在华的生物学考察和采集标本活动。协议的内容一般包括：派一人或数人随同参加考察；在经过中央研究院代表审查后，考察团应该留下两套完整的标本中的一套作为礼物给中国收藏。如果出现采集的标本由于采集时安全的原因不足以提供两套，和数量少总数不足以提供的情况，经中央研究院审查后，允许其作为原始的一套保留运出国外。基于此，史密斯“赠送”中央研究院动植物研究所的大熊猫并非友情赠送，而是遵照管理规定上缴。

四、“碚碚”的皮张标本藏身何处?

大熊猫不惧寒湿、从不冬眠，它们生活在海拔约 1 600 米至 3 500 米的茂密竹林里，以食竹子为生，那里气候温凉潮湿，湿度常在 80%以上，气温低于 20 摄氏度。大熊猫不喜欢火辣滚烫的火锅，更不可能将爱吃的竹笋在火锅里涮着吃。“碚碚”喜欢重庆火锅，是创作雕塑的设计师设定。

重庆和南京、武汉并称为三大火炉城市，意即夏天特别热。在没有空调的那个年代，生活在重庆的大熊猫受得了吗？当年，前往观看者人山人海，因酷暑难耐，公园管理方不得不想方设法给大熊猫消暑。

据《重庆市民集体命名了大熊猫》，1939 年北碚平民动物园饲养大熊猫时，为了给大熊猫降温避暑，还把大熊猫抬到了缙云山。

几经折腾，这只大熊猫还是不到一年就死了，尸体被送到借住惠宇楼的中国科学社生物研究所。中国科学社生物研究所及复旦大学（抗战时期内迁至重庆北碚）生物系教授卢于道等人视这具大熊猫遗体为珍贵材料，故对其进行全方位的研究和利用，分别制作了皮张标本、骨骼标本、内脏标本等。卢于道等研究人员还特别制作了其脑标本，对其进行全方位的观察解剖，完成和发表《大熊猫（*Aeluropus melanoleucus*）脑之初步报告》《大猫熊脑子之外形》《大猫猫之脑血管分布》等相关论文，这些论文均为我国学者关于大熊猫解剖研究最早的研究成果。据我市组织编印《大熊猫标本之源》，中国科学社生物研究所后来参与中国西部博物馆筹办，负责动物标本整理，可能顺便将他们制作的大熊猫皮张、骨骼、内脏等标本一并贡献出来。而这一套完整的大熊猫标本，源自曾经在北碚平民公园饲养展出的宝兴籍大熊猫。

1943 年，由中国西部科学院以及因抗战而内迁的国立中央研究院动植物研究所（后分设动物及植物两研究所）、气象研究所、经济部中央地质调查所、中央工业实验所、矿冶研究所、农林部中央农业实验所、中央林业实验所、中央畜牧实验所、中国科学社生物研究所、国立江苏医学院、中国地理研究所等 13 个科研院所，共同发起在文星湾筹建中国西部博物馆。1944 年 12 月 25 日，以惠宇楼为展览大楼的中国西部博物馆成立，展品来自参加筹建的 13 个学术机关与社会捐赠，这是中国人自己创办的第一家综合性自然科学博物馆。

动物标本共陈列 7 个房间，其中 1 间为“中华白熊自然环境”。1947 年编印的《中国西部博物馆概况》这样记载：“白熊（即大熊猫）及小红猫熊（即小熊猫）为川康特产，名传全球，本馆所藏二者之剥制标本，装置完整，姿态生动，今春特辟专室陈列，按照白熊之自然生态环境，配合竹林山坡，景况逼真，后壁用油画配置远景。……解剖陈列室陈列各种动物骨骼内脏，内以白熊全身骨骼及脑标本最为名贵。”

在中国西部博物馆标本清单中，有“白熊皮”，登记的收录时间是“33/12/24”（民国 33 年，即 1944 年），特别注明：“下体灰白，腹侧灰黑，下尾简白，全长 150CM。四肢、肩部及头额中央毛色棕黑，其他各部分毛色均为白色。”“产地或制造处”栏标注为“宝兴”。这一档案资料及相关研究表明，中国西部博物馆是我国最早拥有大熊猫标本，并对公众展出的博物馆，其标本源自宝兴县籍大熊猫。

中国现代文学馆馆长、老舍之子舒乙，从 1943 年到重庆市北碚区上小学，到 1950 年离开，在北碚度过了 7 年难忘的童年时光。2009 年接受《重庆晨报》记者电话采访时，舒乙回忆说：“在嘉陵江边，有一个很大的公共体育场，从体育场往嘉陵江上游的方向，穿过一个隧道（即现在的文星湾隧道），就是博物馆。那里有许多珍贵的动物标本，各种鱼类的标本非常齐全，我印象最深的就是在那里第一次看到了大熊猫的标本。”

遗憾的是中国西部博物馆档案中、舒乙回忆中的大熊猫皮张标本，目前下落不明，仅见于历史档案和留存至今的珍贵图片。在与西南大学生命科学学院何学福教授交流中，他还提到一件令他难以释怀的事，他供职的西南师范大学生物系（今西南大学生命科学学院），曾经培养出了大熊猫研究专家胡锦矗，却至今还没有大熊猫标本，而重庆自然博物馆一大一小的大熊猫标本，却在 20 世纪 80 年代（实为 2000 年左右）的展出中失窃，公安部门也未能破案，失踪大熊猫标本的制作年代可能较久远。

重庆自然博物馆坐落在缙云山麓、北碚区文星湾，集科普、文物、园林于一体。目前，馆藏动植物标本 12 万余件，其中不少是中国西部科学院及中国西部博物馆制作的动植物标本。几年前与博物馆生命科学部副主任胥执清研究馆员曾经有过电话交流沟通。他介绍说：“博物馆历经战争、文革等动荡和受保藏条件的制约，馆藏物品有损毁，很多原始资料、一手资料遗失。至于中国西部科学院最早制作展出的熊猫皮张充填标本是否还在，需要进一步查实与清理。”

宝兴籍大熊猫“碚碚”水土不服，客死北碚，生前名气不大，也没有名字，多被人淡忘，死后其毛皮制成的标本虽然在博物馆展出过，而今却下落不明。几年前，雅安市政建设单位准备在大兴二桥安置 30 余尊熊猫雕塑，笔者受托整理上桥熊猫名单，基于其在北碚饲养展出的史事，将其取名为“碚碚”，以期让世人了解这只熊猫，了解我国动物园最早饲养大熊猫、我国博物馆最早收藏展出大熊猫标本的历史。

（作者：杨铧　杨杰新）

附录 5

贝母采挖成往事

四川省雅安市宝兴县中药材资源十分丰富，素有“药材之乡”“川药基地”之称，其中贝母为大宗药材之首。四五十年前，采挖贝母是众多宝兴人代代相传的谋生或增收手段。遗憾的是而今野生贝母稀少，挖野生贝母的人也少，野生贝母和挖贝母这一传统行业也逐渐淡出宝兴人的视野。

一、宝兴有多少种贝母？

从生物分类上讲，贝母属是百合科中的一个大属，为多年生草本植物，全世界约 60 种，主要分布于北半球温带地区，特别是地中海区域、北美洲和亚洲中部。我国产 20 种和 2 个变种，除广东、广西、福建、台湾、江西、内蒙古、贵州外，其他省区均有分布，其中四川种类最丰富，有 8 种，新疆次之，有 6 种。

药材“贝母”为贝母属植物的干燥鳞茎，在我国有悠久的使用历史。贝母因其形状得名，《本草经集注》有“形似聚贝子”之说，故名贝母。唐代以来，以贝母属植物作为中药贝母正品一直沿用至今。根据产地与药性，药材“贝母”有浙贝、川贝、炉贝、伊贝（生贝）和平贝之分。浙贝苦寒，多用于外感咳嗽；川贝苦甘微寒，多用于虚劳咳嗽；炉贝、伊贝、平贝通常作川贝使用。

川贝母是中药贝母中药用价值最高的类群，主要分布在横断山区。据《中国植物志》，四川省有 8 种贝母属植物，代表种有川贝母、甘肃贝母、暗紫贝母、梭砂贝母、米贝母等，均生长在海拔 2 800 ~ 4 700 m 的高山灌丛或草地中。贝母属植物中，雅安有多少种？宝兴有多少种？

据 2000 年版的《宝兴县志》记载，宝兴县有三种贝母，分别是米贝母、甘肃贝母、梭砂贝母。而事实上，宝兴县至少有 4 种贝母。国家植物标本资源共享平台显示，20 世纪 50 年代，我国著名的生物学家宋滋圃、张秀实、任有铣等人均在宝兴县采集到华西贝母（*Fritillaria sichuanica* S. C. Chen）标本。1954 年，华西贝母的模式标本由宋滋圃采集于宝兴县；1982 年，中国科学院资深研究员、著名植物学家陈心启为华西贝母订名。同属夹金山系区域的天全、芦山等县的高海拔草甸，均有华西贝母分布。

米贝母（*Fritillaria davidii* Franch）的模式标本产地也在宝兴县。1869 年，大熊猫的科学发现者戴维采集到米贝母的模式标本，标本送回法国后，由植物学家弗朗谢（Franch）研究后命名。弗朗谢为感念戴维，将戴维的命用在其拉丁学名中。

雅安还有一种贝母，中文名称叫中华贝母，拉丁学名 *Fritillaria sinica* S. C. Chen，收录在《中国生物物种名录》（2017），性状特征与华西贝母相近，其模式标本由四川大学的蒋兴麟、西南农学院（现西南大学）的熊济华采集，采集时间为 1953 年 5 月 27 日，采集地点为天全县二郎山麻柳桥大乐塘，此地海拔 3 400 米左右。中华贝母也由中国科学院资深研究员、著名植物学家陈心启鉴定命名。

二、挖药人如何区分贝母？

俞德浚（1908—1986），植物分类学家和园艺学家，曾任中国科学院植物研究所研究员、北京植物园首任主任，1980 年当选为中国科学院学部委员（院士）。他任中国西部科学院生物研究所植物部主任期间，于 1932 年和 1933 年，两次到雅安市考察植物资源。其中 1933 年春夏季节，在天全县与宝兴县考察。

俞德浚惊叹于宝兴县生物资源丰富，以一个植物学家眼光看待和记述了宝兴县的药用植物及利用现状，并在《四川植物采集记》作了详细介绍：“宝兴全县四界均为群山环抱，三千五百公尺以至四千余公尺之地带，皆为高山草原，此种丰美草原，除可供畜牧之外，每年复有大量药材之出产。居民赖以生活者约十之七八，为农家重要副产之一。药材之种类既多，成熟挖掘之时间亦不同。例如旧历二三月间采集独活、赤芍、绵芪并掘虫草。四五六月间掘贝母。或设阱捕麈以取麝香。七八九三月间掘取羌活、大黄、木香等。”

在调查植物资源和采集植物标本工作中，俞德浚还攀登上了海拔 3 000 多米的高山草甸区域，与采集药材的农民交流，了解药材的分类、采集组织形式等。当时，采药人被称为“药夫子”。俞德浚在其《四川植物采集记》中，不惜笔墨记载了虫草与贝母的生物学特性、药用价值，记下了从采药人那里得到的信息，如：“贝母为百合科一种之地下部鳞茎，烘干后尖卵形、乳白色、直径长自五公厘至十公厘不等。中医认为药有止嗽退热之功，为疗肺病喉病之珍品，全年产额约一二千斤，当地市价值洋五六千元。至于所采贝母，仅为植物学上之同一种类，而在药山上为认识便利计，复依其花叶数目及形状，分为以下诸品种：丰母苗初生时，高二三寸，仅具一叶时谓之一匹草；两叶者谓之双飘带；若更生长高至六七寸，有叶十余片者称为树儿子；同上而无顶芽者称之糖颠子；已开花者则称灯笼花，结果之苗则谓八卦种。此皆同为一种，而在药夫眼光中，因其地下部鳞茎之大小，与其在药物上之价值各异，故亦不厌烦琐，而分别之也。”

有“灯笼花”之称的华西贝母苗（高华康摄影）

贝母从种子萌发到开花结果，一般要四五年时间，不同年份的贝母叶片数量、鳞茎大小不同，要生长至一定年限才开花结果。按照俞德浚的观点，采药人口中的“一匹草”“双飘带”“树儿子”“糖颠子”“灯笼花”“八卦种”，从物种分类上讲，其实都是“贝母”这一物种，是同一物种的不同的生长阶段，即长出一叶的贝母苗就是“一匹草”，长出两叶的贝母苗就是“双飘带”、长有十余片叶的贝母植株为“树儿子”、已经开花的贝母植株则称为“灯笼花”，已经结果的贝母苗植物则是“八卦种”。事实果真如俞德浚所言？

贝母类鳞茎的增大是通过鳞茎的更新来完成的，新鳞茎是由更新芽的芽鞘基部膨大增厚而形成。在新鳞茎形成过程中，老鳞茎上的子贝（新鳞茎）靠老鳞茎的营养或自行制造的营养逐渐长大。老鳞茎养分耗尽干瘪后，新鳞茎脱离母体形成新的独立的鳞茎，并依靠植物地上部分制造的营养继续长大。以浙贝为例，从种子萌发到开花结果一般要 4 ~ 5 年或更长的时间，通常秋季种子下土后，次年春天生长出一片针状的叶，叶枯萎后地下留有一个直径 3 ~ 4 毫米的鳞茎；第 2 年从小鳞茎生长出 1 ~ 2 片披针形的叶子，鳞茎继续膨大，直径达 7 ~ 8 毫米；第 3 年一般能长出几片更大的基生叶，少数还有主茎，地下的鳞茎多为一个，少数为两个，直径可达 1.5 ~ 1.8 厘米；第 4 年一般都有主茎并具花蕾或能开花，但不结果，生成两个新鳞茎；第 5 年则大多数都能开花结果，地下生成的两个新鳞茎都比较大，可供药用。贝母产生的子贝是生产上的主要繁殖材料，即生产意义上的种子，而生物学意义上的种子藏于开花所结的果实中。

家父杨明福今年 82 岁，年轻时在药山上挖药多年，熟悉贝母的生长习性。最近，我将华西贝母、米贝母、梭砂贝母、甘肃贝母的图片交给他辨认。他一眼就认出“一匹草”。他说，“一匹草”较普遍，药农在药山上主要挖“一匹草”，其叶越大，鳞茎就越大，鳞茎像独蒜，不分瓣，多呈倒心形，周围许多米粒状小鳞片，烘干后被为“尖贝”，药效最好，卖价高。笔者认为，“一匹草”可能多为未生长到开花结果年限的米贝母或其他贝母。

据家父辨认，被称为“树儿子”“糖颠子”的贝母又叫“风车子”，为生长有几片叶的贝母，因叶在茎上轮生或对生，呈风车状而得名，其鳞茎像有多个蒜瓣的大蒜。查证相关资料，被称为“树儿子”“糖颠子”或“风车子”的贝母，可能为未生长到开花结果年限的华西贝母、甘肃贝母等。

家父把开花的华西贝母、米贝母都叫“灯笼花”，可能是因为其花多为黄色，呈倒钟形，有点像灯笼的缘故。他还指着开花的华西贝母的图片说，这类贝母多生长阴山，鳞茎小，成熟晚，一般药夫子均不屑于挖。

家父把梭砂贝母称为“知母”，此类贝母生长在比其他贝母生长海拔高的流沙中，鳞茎像有多个蒜瓣的大蒜，鳞茎比其他种类的贝母大，但质地松，干不出，药效相对较差，卖不上价，一般药夫子也不屑于挖。多为采挖贝母季快结束时，若此前挖药人挖到的“尖贝”数量不足，才爬到高海拔流沙地带挖“知母”充数。挖“知母”时，得用脚蹬在“知母”苗的上方，否则一挖，其上方的泥沙会下滑，覆盖所挖之处。

如此看来，俞德浚所述也不完全正确，当时药夫子是多种贝母、不同生长期的贝母混采，叫“灯笼花”的可能为已经开花的华西贝母、米贝母，而叫“树儿子”“糖颠子”的可能为未开花的华西贝母、甘肃贝母、中华贝母。叶片多少、是否开花不是区分贝母种类的特征，但可作为判定贝母生长年龄、鳞茎大小、药效的依据。

三、民国时期贝母的采挖模式

综合俞德浚及其助理杜大华记述，宝兴县与天全县药材极为丰富，且价廉物美，其中虫草、贝母每市斤分别值十余元、三四元，每年夏秋末，上山采药的人有好几千人。虫草最为贵重，但数量较少，散生于高山地带。除贝母以外的大宗野生药材和虫草，不受限制，任由农民自主采集，而较贵重的、数量较大的贝母则由政府管理征税。据周宝韩的《宝兴视察记》，宝兴县有17处贝母场，1931—1933年三年租息累计为254.77斤（贝母）。当年政府是如何管理的呢？

当时产贝母的山被称为药山，产权归政府所有。事先由当地有经济实力、有号召力的人士，以经营者身份向县政府投标，承包药山，开办座棚，开办座棚的人被称为“老板”。老板每年下山，向政府缴纳一定数量的贝母作为税金（租息）。座棚为就地取材，用木料、草料等建成的简易居所，每个座棚可住十余人不等，甚至上百人，在棚里建有简易的食宿设施，准备了生活用品，如苞谷、腊肉、油盐、布匹、草鞋等。每年农历二至六月间开棚后，由老板召集山民前来挖药，挖药人被称为“药夫子”。药夫子上山初期，寄住在座棚，此时贝母并没有出苗或未能成熟，尚不能采挖，药夫子就地挖取杂药，如大黄、木香等，这时住在棚中，是免费的，所需食物等自理，或用采挖的药材与老板交换。到采挖贝母季节，棚里也来了很多药夫子后，统一开挖贝母。

据家父讲，不到季节，未成熟的贝母不能采挖，此时鳞茎内的物质呈汁液状，就像一包水，若此时挖，烘干后只剩下干瘪的鳞茎皮，药的品相不好，药效也差，卖不上价，所以采药农民均尊崇自然法则，在合适的季节采挖成熟的贝母。

在贝母采挖季，老板将药山分为若个区域，定期组织药夫子分区采集。开锄挖贝母之日，老板还要宣布各种规定，例如：指明每日采集的地点，规定上缴药材数量的规则，用采集来的药材交换苞谷、腊肉、油盐、布匹、草鞋等生活品的细则，同时任命管事、外管事、跑堂管事等。管事负责药材与生活用品的交易，管理棚内一切事务。外管事又称清山管事，负责管理山上各处界限，解决药夫子之间争执。跑堂管事为各棚推举的代表，负责与老板交涉接洽各事项。

1954 年采集于宝兴县的华西贝母主模标本，现存中国科学院植物研究所标本馆（据中国数字植物标本馆）

每天清晨，药夫子早饭后，即带上玉米饼等干粮，携带雨具和锄头上山，到规定地点采挖贝母。天黑后，各人回到棚里夜宿，由管事称量登记每人的采集量。采集总冠军称为“大刀手”，二三名分别称为“二刀手”“么刀手”。当日采集新鲜的贝母，须放置在竹或藤制的筐或容器中，当晚用小火烘干。指定地点的贝母挖完后，不限时间与地点，由药夫子自行挖遗落下的贝母，谓之“清期”。当季贝母全部挖完后，药夫子依所挖贝母多少，按一定比例缴纳贝母给老板，作为住棚挖药的食宿费用和药山的管理费用，余下的贝母则自主处理，可带走自行买卖，也可以就地卖给老板，还可与老板换取生活用品，甚至换鸦片。

对于这种贝母采挖管理模式，规则透明，解决了政府管理与征税问题，可防止争抢资源而引发治安问题，提高了政府、药山老板管理药山的积极性，有效防止放牧、垦荒和过度采挖而导致资源破坏、枯竭。采用实物事后交纳相关税金、费用，减少了市场价格波动对多方利益的影响，减轻了老板、药夫子等群体的经济压力，让贫困的山里人，甚至一无所有的山里人也能通过挖贝母讨一口生活。这让人不得不佩服管理者的智慧，至于这种制度起源于何时，终止于何时，限于资料原因，未能详细考证。

当年，杜大华考察后认为，药山管理与药材采挖在高山上形成了一种独特的小社会，故写道：“人除在犁土播种外，即于夏末秋初，集数十成群众之男女，上山挖药，直至寒冬，山中积雪，而后下山。全县中靠药山而生活者十常居六七，药山均有一定组织规定，颇有原始社会的遗风。”他还提出了人工种植贝母的观点：“如政府能于各山提倡栽培药用植物，就地繁殖，将来产量增多，故政府税收、人民生计，均能维持矣。”

俞德浚等登山采集植物标本时，正值采挖贝母季节，其组织方式和活跃景象给他留下了深刻印象，他写道：“宝兴境内，如西河上之两河口、城墙岩，赶羊沟之香草塘、中梁子，东河上硗碛之咔日沟、马蝗沟、泥巴沟，高上草原地带皆有药棚之设立，每棚中数十人至百十人不等。昼间集合登山掘取贝母，夜则围火团坐，歌笑互怡，遂使此幽静壮丽之高山旷野，增加一种熙攘活跃之现象。而于食品之供给，力夫之雇请，道路桥梁之恢复，亦与而采集旅行有若干便利焉。”

四、采挖贝母是苦活

据家父讲，挖贝母是很苦很累的活，需要身体强壮、吃得苦才能胜任。20 世纪六七十年代，他年轻时曾经数次上山挖贝母。当年家父挖贝母时，还是人民公社时的大集体，挖贝母算是搞副业，得如数带回交给生产队，由生产队统一销售给供销社，然后折算成工分。有时为贴补家用，不得不私自销售一点给供销社。因治病需要，也留一些在家里自用，我小时就见过留在家里自用的贝母。

● 被称“树儿子”“糖颠子”或“风车子”的贝母苗（高华康摄影）

一般农历四月底或五月初就可上山采挖贝母，采挖贝母的适宜时节至农历六七月。“五月端阳阴阴天，药夫子要上贝母山。没有什么相送你，送你几匹兰花烟”，这首歌谣，应该是情歌类，说的就是多情女子相送药夫子上山采挖贝母的情形，就提到挖贝母的时节。

宝兴县的贝母主要生长在硗碛藏族乡，出门挖贝母要背两个多月的口粮，即六七十斤玉米面，还有少量油盐，以及被褥、做饭的用具、挖药的工具等用品，行李达 120 斤左右。用背夹子背着行李，从大池山家里步行到硗碛挖贝母的山上，要走 3 天。在途中要在盐井、锅巴岩各宿一晚。挖完贝母，加上贝母与其他杂药，所背物品重量也在一百多斤左右，同样要步行 3 天才能返家。两个月多待在山上，洗衣洗澡不便，返家时早已胡子拉碴，蓬头垢面，身上与衣服均散发出阵阵臭味。

负重步行到贝母山后，要在海拔约三四千米的山谷中，选有树有水的地方扎营，就地砍杜鹃树等搭棚子。一般用杜鹃树干，搭成像瓦房屋顶的三角状结构，大小以能供人食宿为原则，可以住一人或几人，并可生火做饭、烤火烘药。那个年代，没有帐篷，没有塑料布。山上的沟边或湿润的地方，生长有俗名叫“草窝子”的草，这种草的根系发达，将泥土紧紧粘合在一起，成簇生长，一簇草像成年公鸡大小而得名。用树干树枝搭好主体结构后，就连土带根挖这种草，一锄一窝带土的草，将泥土面向外，垒在三角状结构的两面，即可起到防雨保暖的作用。为了相互照应，一般结伴当地人或同行的几个人住一棚。有一次，家父先于其他人上药山，他独自一个人住在棚里，黑灯瞎火，不时听见狂风扫过的声音与野兽、鸟类的叫声，还是很害怕，睡不踏实。好在几天后，同村的人上山与他汇合同住一个棚子。

在山上挖药，出门时得将贵重的干贝母用布口袋装好，背在后背，带上锄头等工具，即上山挖药。一般先挖阳上的药，因为光照多的因素，阳山的贝母先成熟。挖完阳山的贝母，再挖阴山的贝母。住的地方与挖药的地方还有一段距离，近的得走一小时左右，远的得走数小时。一般天亮起床，然后做饭，吃过早饭，带上玉米馍作干粮就出门，天黑才返回住的棚子。由于山上雨多雾大，往往返回都是一身湿。挖贝母的地方，由于海拔较高，不能大声说话或歌唱，否则会引发空气振动而下雨。

（作者：杨铧）

参考文献

[1] 侯江. 中国西部科学院研究[M]. 北京：中央文献出版社，2012.

[2] 唐润明. 民国时期中国西部科学院档案开发[M]. 重庆：西南师范大学出版社，2018.

[3] 牛天玉. 民国时期中国西部科学院的自然资源调查及其影响[D]. 重庆：西南师范大学，2010.

[4] 潘洵. 中国西部科学院创建的缘起与经过[J]. 中国科技史杂志，2005（1）：23-30.

[5] 高代华，高燕. 高孟先文选[M]. 重庆：西南师范大学出版社，2016.

[6] 俞德浚. 四川植物采集记（一）[J]. 中国植物学杂志，1934，1（3）：325-344.

[7] 俞德浚. 四川植物采集记（二）[J]. 中国植物学杂志，1935，1（4）：442-464.

[8] 杜大华. 天宝见闻录[J]. 新世界，1934（54）：20-29.

[9] 曲仲湘. 四川之森林. 四川省建设厅内部资料，1938.

[10] 常隆庆，施怀仁，俞德浚. 雷马峨屏调查记[J]. 中国西部科学特刊第一号，1935.

[11] 常隆庆，杨敬之. 青衣江流域地质矿产调查[J]. 地质丛刊，1941（3）：43-79.

[12] 卢国模. 八十年前的北碚少年义勇队[J]. 红岩春秋，2010（2）：64.

[13] 李萱华. 北碚乡建故事. 内刊，2012.

[14] 凌耀伦，熊甫. 卢作孚集[M]. 武汉：华中师范大学出版社，1991.

[15] 刘重来. 卢作孚与民国乡村建设[M]. 北京：人民出版社，2007.

[16] 潘洵，彭星霖. 抗战时期大后方科技事业的“诺亚方舟”——中国西部科学院与大后方北碚科技文化中心的形成[J]. 西南大学学报（社会科学版），2007（6）：178-184.

[17] 孙祥麟. 天全植物采集记[J]. 北碚月刊，1937，1（8）：69-73.

[18] 西部科学院调查天芦宝大森林[J]. 川边季刊，1936，2（2）：150-151.

[19] 杨宏清. 天芦宝三县之采集工作[J]. 工作月刊，1936，1（3）：115-116.

[20] 郭倬甫. 川康狩猎法[J]. 生物学报，1939，1（1）：15-27.

[21] 王希成. 四川鸣禽之研究. 中国西部科学院生物研究所内部资料，1935.

[22] 中国西部博物馆. 中国西部博物馆概况. 内部资料，1947.

[23] 龙丹梅，赵迎昭. 原来大熊猫首次与游客见面是在 80 年前的北碚？这个展览告诉你[N]. 重庆日报客户端，2019-01-31.

[24] 姜鸿. 科学、商业与政治走向世界的中国大熊猫（1869—1948）[J]. 近代史研究，2021（1）：74-89，161.

[25] 罗桂环. 近代西方识华生物史[M]. 济南. 山东教育出版社，2005.

[26] 方文培，章树枫. 川康植物标本采集记[J]. 科学，1929，13（11）：1509-1521.

[27] 罗桂环. 中国生物学史近现代卷[M]. 南宁：广西教育出版社，2018.

[28] 侯德础，赵国忠. 爱国实业家卢作孚与中国西部科学院[J]. 四川师范大学学报（社会科学版），2000（1）：76-83.

[29] 施怀仁. 四川两栖类与爬虫类之记载[J]. 师大月刊，1937（31）：198-204.

[30] 黄警顽. 四川之模范镇北碚场[J]. 中华（上海），1932（14）：26-29.

[31] 吴洪成，郭丽平，等. 教育开发西南——卢作孚的事业与思想[M]. 重庆：重庆出版集团，2006.

[32] 朱珠. 卢作孚对中国科学文化事业所作贡献之管窥[C]//杨光彦，刘重来. 卢作孚与中国现代化研究. 重庆：西南师范大学出版社，1995.

[33] 侯江，欧阳辉. 重庆自然博物馆溯源——中国西部科学院博物馆和中国西部博物馆[J]. 上海科技馆，2010，2（4）：84-92.

[34] 孙前. 大熊猫文化笔记[M]. 北京：五洲传播出版社，2009.

[35] 高富华. 大熊猫史话[M]. 成都：四川民族出版社，2019.

[36] 朱昱海. 法国来华博物学家谭卫道[J]. 自然辩证法通讯，2014，36（4）：102-128.

[37] 卢于道. 中国动物学会论文提要：大熊猫（*Aeluropus melanoleucus*）脑之初步报告[J]. 读书通讯，1943（79-80）：47.

[38] 卢于道. 大猫熊（Giant panda，*Aeluropus melanoleucus*）脑子的外形[J]. 解剖学报，1957（3）：221-231.

[39] 朱昊. 中国西部科学院科学传播方式研究（1930—1938 年）[J]. 科普研究，2018，13（4）：91-103.

[40] 耿俊杰，王杰. 雅安史略[M]. 成都：四川大学出版社，2010.

[41] 《雅安市志》编纂委员会. 雅安市志[M]. 北京：方志出版社，2020.

[42] 俞季川. 一年来边地采集的旅行生活（十二月十八夜在本公司讲演）[J]. 新世界，1934（37）：1-5.

[43] 《四川资源动物志》编辑委员会. 四川资源动物志（第一卷总论）[M]. 成都：四川人民出版社，1982.

[44] 胡锦矗. 关于大熊猫的中文名称[J]. 中国科技术语，2009，11（1）：28-29.

后 记

20 世纪 80 年代中期，笔者就读于位于重庆市北碚区的西南师范大学生物学系，大二的动物学有半天课程就是从学校徒步到文星湾，参观重庆自然博物馆陈列的动物标本。该博物馆陈列的标本远比学校标本室丰富，而且多为姿态标本，安放布置在模拟的自然生活环境中，其中陈列着学校没有的大熊猫标本，而大熊猫的模式标本就产在我的老家——四川省雅安市宝兴县蜂桶寨乡，大熊猫模式标本制作地——邓池天主教堂距离我就读过的盐井中学只有几公里。我印象最深的是一种叫“宝兴树蛙”的标本，我当时就想这只蛙标本来源于我的老家宝兴吗？有多少种生物以我的老家命名？这座博物馆有多少动植物标来自我的老家？它们是如何来到距离家乡几百公里的博物馆的？它们若有灵性，想念它们世代生活的家园吗？

几十年来，我苦苦探寻重庆自然博物馆等机构中雅安籍动植物标本的“根”。因机缘巧合和研究的深入，逐渐了解到重庆自然博物馆的前身为诞生于 1930 年的中国西部科学院和诞生于 1944 年的中国西部科学博物馆，收藏展出来自雅安的大熊猫、小熊猫、金钱豹、果子狸、红狐等动物标本，以及中国西部科学院员工采集自雅安的六百多号植物标本。初步统计，一百五十余年，中外学者在雅安发现命名 700 余个新物种，有 160 余个物种以发现地命名。其中，中国西部科学院的学者在雅安发现 48 个植物新种，11 种以发现地天全、宝兴命名，如宝兴景天、宝兴列当、宝兴雪莲、天全银莲花等。

中国西部博物馆的馆址所在地为中国西部科学院旧址。1944 年，中国西部科学院将历年调查采集所得的动植物标本贡献出来，联络抗战内迁北碚的中央研究院动植物研究所、经济部中央地质调查所、中国科学社等 13 个学术机关，以中国西部科学院和北碚民众博物馆为基础，创办了中国西部科学博物馆。1945 年 7 月，改名为北碚科学博物馆，次年 10 月 1 日又更名为中国西部博物馆。并将陈列品进行全面整理，精选陈列品 7 万余件展出。

通过近些年的资料收集与整理，我对中国西部科学院及其关联机构在雅安的资源调查和标本采集，特别是涉及生物方面的内容，有较全面的掌握。为了让更多的人了解中国西部科学院在考察雅安丰富的生态资源、森林资源、矿产资源等方面所作的工作，铭记老一辈科学工作者科学报国救国的使命情怀，不畏艰难、勇于探索、敢于献身的精神品格，并从他们身上以及所做的工作中汲取智慧与力量，现将多年来的研究成果集结成《中国西部科学院雅安考察记》一书。此书系统梳理中国西部科学院在雅安的科学考察史，重点考证在动植物标本采集、森林调查、种质资源调查、大熊猫栖息地考察、科学普及宣传、社会民情调查等方面的历史，呈现在雅安科学考察的历史背景、艰辛历程、考察研究成果，还原民国时期雅安的经济、社会、文化现状，分析评述当年的科学考察对雅安发展的影响和当代价值。书中还附一些原始文献、图文线索，以期能为后来的研究者提供线索与指引。

生于斯，长于斯，从大熊猫科学发现之乡走出的我，对养育我的这土地有着深厚的感情，对山川河流孕育的多样生物，以及发现、保护、利用生物多样性的历史与故事，有着强烈的好奇心。我离开就读的西南师范大学（现与西南农业大学合并更名为西南大学）、离开大学四年的就读地重庆市北碚区已三十多年，此书算是家乡情结、母校情结、北碚情结、生物学情结的一种表达，也是传播人与自然和谐共生理念、挖掘地方历史文化、弘扬科学精神的一种探索与尝试。

在此，我要真诚感谢对此书出版予以经费支持和项目立项支持的四川蜂桶寨国家级自然保护区管护中心，敬佩其在开展野生动植物科普方面的远见卓识和务实工作，2019 年以来，他们编撰的四川蜂桶寨国家级自然保护区丛书已经出版了 10 册，此书为第 11 册。感谢重庆自然博物馆研究馆员、中国西部科学院旧址陈列馆主任、西南师范大学校友侯江，她分享了其专著《中国西部科学院研究》（中央文献出版社 2012 年版）和分类整理的相关资料，并对文稿进行严谨、细致、专业的校审，提出了很多修改意见，并补正了很多我没有掌握的资料和文献。感谢大学同学、西南大学生命科学学院教授刘彬引荐侯江及相关人士，并帮助拍摄相关影像资料。感谢西南大学潘洵教授的指导，他提供了一些民国史料和线索；感谢雅安日报社高级记者、挚友高富华，他对此书的撰写提出了很多真知灼见，并将其积累的很多珍贵资料分享给我。同时，也要感谢亲人、好友、同事的理解、支持与鼓励。

本书部分资料和图片，无法与著作权人取得联系，在此深表歉意。请著作权人与我们联系，以按标准奉上稿酬。

由于编著者的学识水平有限，收集掌握的资料难免挂一漏万，差错和疏漏在所难免，敬请专家学者、广大读者批评指正、交流探讨。

杨 铧

2023 年 12 月